U0227830

科学出版社"十三五"普通高等教育本科规划教材
普通高等院校创新思维训练教材
普通高等院校少数民族预科教材

高等数学基础同步训练

刘　满　　奉黎静　　曾　伟
丁可伟　　刘基良　　曾纯一　编
林屏峰　　冀小明　　赵　青
刘延涛　　蒋永红　　周晓阳

科 学 出 版 社
北　京

内 容 简 介

本书是为科学出版社"十三五"普通高等教育本科规划教材、普通高等院校创新思维训练教材和普通高等院校少数民族预科教材《高等数学基础》编写的教材配套辅导书. 按照教材的章节, 给出了每章的基本要求、知识框架、典型例题、课后习题全解、拓展训练和自测题. 本书旨在帮助学生熟悉教材, 提高解题能力, 形成创新思维, 为今后的学习和工作奠定坚实的数学基础.

本书主要供普通高等院校民族预科班和高职高专院校的学生学习使用, 也可供相关学生自学使用和教师教学参考使用.

图书在版编目 (CIP) 数据

高等数学基础同步训练/刘满等编. —北京: 科学出版社, 2018.9
科学出版社"十三五"普通高等教育本科规划教材
ISBN 978-7-03-058602-5

Ⅰ. ①高… Ⅱ. ①刘… Ⅲ. ①高等数学-高等学校-习题集 Ⅳ. ①O13-44

中国版本图书馆 CIP 数据核字 (2018) 第 195596 号

责任编辑: 张中兴 梁 清 孙翠勤/责任校对: 彭珍珍
责任印制: 张 伟/封面设计: 迷底书装

科学出版社 出版
北京东黄城根北街 16 号
邮政编码: 100717
http://www.sciencep.com

北京凌奇印刷有限责任公司 印刷
科学出版社发行 各地新华书店经销
*
2018 年 9 月第 一 版 开本: 787×1092 1/16
2023 年 7 月第八次印刷 印张: 14
字数: 277 000
定价: 39.00 元
(如有印装质量问题, 我社负责调换)

前　言

为落实《国家中长期教育改革和发展规划纲要》中提出的"要进一步办好高校民族预科班"精神，规范少数民族预科教育教学，进一步提高少数民族预科数学课程的教学质量，我们组织力量，依照教育部民族教育司和教育部少数民族预科教育教学管理指导委员会组织制定的一年制本科预科数学教学大纲(2016版)，编写了针对民族预科特点，融创新思维培养和知识讲授为一体的《高等数学基础教程》。两年多的教学实践证明，这一教材的编写还是相当成功的。但教学实践中我们注意到，由于预科学生基础参差不齐，很多学生面对概念抽象、运算繁杂的高等数学，往往感到力不从心。为此我们进行改版修订，出版了《高等数学基础》，又编写了《高等数学基础同步训练》，宗旨是帮助学生熟悉教材、做好习题、形成创新思维，为今后的学习和工作奠定坚实的数学基础。

本书有下述三方面的特点。

(1)指导引领性。本书每章第一节列出了2016版一年制预科数学教学大纲对该部分内容的基本要求。第二节以结构图的形式对该章节知识及其内在联系进行梳理，便于学生预习、复习和总结。第三节编写了该部分的典型例题，更便于学生把握基本内容，把握重点。最后给出了自测题目，为学生自我检验学习效果提供了抓手。

(2)全面详尽性。教材中所有的习题，包括所有带*部分的习题，均有解答，解题过程详尽。这主要是考虑到预科学生的基础差异太大，各种问题可能都会遇到，给出全解和详尽解题过程，可以使学生对解题过程有一个全面清晰的了解，以加强对概念的理解和方法掌握，更能满足不同基础的学生的需求。

(3)层次兼顾性。编写教材时，在习题的安排、选择上，就兼顾了各层次民族预科学生的学习状况，编排了多种程度的习题供不同层次学生选择练习，兼顾了初等数学知识复习、高等数学基础夯实和创新思维培养。本书更进一步地体现了这种层次兼顾性，在前述的全面详尽的基础上，又在每章第五节编入了拓展训练的题目，为学有余力和有进一步追求的学生追求更高理想启蒙。

同时，应该指出，虽然本书可以说是学习《高等数学基础》的工具书，但要合理使用。我们不赞成学生自己不动脑筋，依赖于本书的解答。我们的忠告是，所有习题，学生首先应靠自己的力量去做。能独立完成的习题，做题后再与本解答对照，并检查解题步骤是否繁复、方法是否最简等；对于做不上来的习题，认真思考后再看解答，弄懂做会。这样做必有更大的收获。

参加本书编写的有大连民族大学刘满老师、刘延涛老师、周晓阳老师；西南民族大学曾伟老师、刘基良老师、林屏峰老师、曾纯一老师、丁可伟老师、冀小明老师、赵青老师；中南民族大学奉黎静老师、蒋永红老师。本书的出版得到了大连民族大学、西南民族大学、中南民族大学的大力支持, 借此机会, 深表感谢!

由于时间仓促以及对民族预科教育的特殊性把握不足, 编写中难免有疏漏和不妥, 还望同仁和读者不吝赐教. 如果本书能在节省学生宝贵时间、提高学习效率、培养创新思维等方面有一点作用的话, 我们将深感欣慰!

编　者

2018 年 6 月

目　　录

第一章 函 数

一、基本要求

1. 理解集合、映射、函数的概念、反函数的概念、复合函数的概念；会求函数的定义域和值域；掌握函数的复合运算；会求一些简单函数的反函数.

2. 掌握幂函数、指数函数、对数函数的概念、性质和图像.

3. 掌握三角函数(正弦、余弦、正切、余切、正割、余割)的概念、性质和图像；掌握三角函数的常用变换公式.

4. 掌握反三角函数(反正弦、反余弦、反正切、反余切)的概念、性质和图像.

5. 理解初等函数的概念.

6. 了解函数的极坐标和参数方程的表示.

二、知识框架

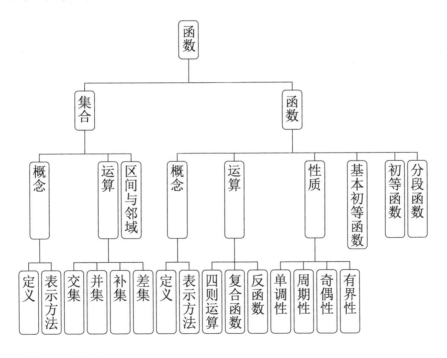

三、典型例题

例 1 已知 $f(x) = \begin{cases} x^2 + x + 1, & x \geqslant 0, \\ x^2 - 1, & x < 0, \end{cases}$ 求 $f(-x)$.

解 $f(-x) = \begin{cases} (-x)^2 + (-x) + 1, & -x \geqslant 0, \\ (-x)^2 - 1, & -x < 0 \end{cases} = \begin{cases} x^2 - x + 1, & x \leqslant 0, \\ x^2 - 1, & x > 0. \end{cases}$

例 2 已知 $f(x)=\mathrm{e}^{3x}$，$f[\varphi(x)]=2-x$，求 $\varphi(x)$ 并写出它的定义域.

解 由 $f[\varphi(x)]=\mathrm{e}^{3\varphi(x)}=2-x$，解得 $\varphi(x)=\dfrac{1}{3}\ln(2-x)$．由对数函数的定义域可知，$2-x>0$，即 $x<2$，所以 $\varphi(x)$ 的定义域是 $(-\infty,2)$．

例 3 已知 $f(x)=\begin{cases} x, & x<0, \\ 1, & x\geqslant 0, \end{cases}$ $g(x)=x^2+x+1$，求 $f[g(x)]$ 和 $g[f(x)]$．

解 因为 $g(x)=x^2+x+1>0$，所以 $f[g(x)]=1$，

$$g[f(x)]=[f(x)]^2+f(x)+1=\begin{cases} x^2+x+1, & x<0, \\ 3, & x\geqslant 0. \end{cases}$$

四、课后习题全解

习 题 一

1. 设集合 $A=\{a,b,c\}$，下列式子中正确的是（　　）.

(A) $\varnothing\in A$　　　(B) $A\subseteq A$　　　(C) $b\subset A$　　　(D) $\{a\}<A$

分析 选 B. (A) $\varnothing\subseteq A$；(C) $b\in A$；(D) $\{a\}\subset A$．

2. 数集 $\left\{x\left|\dfrac{1}{2}<x<\dfrac{3}{2},x\neq 1\right.\right\}$ 还可表示为（　　）.

(A) 去心邻域 $\mathring{U}\left(1,\dfrac{1}{2}\right)$ 　　　　(B) 邻域 $U\left(1,\dfrac{1}{2}\right)$

(C) 开区间 $\left(-\dfrac{1}{2},\dfrac{1}{2}\right)$ 　　　　(D) 开区间 $\left(\dfrac{1}{2},\dfrac{3}{2}\right)$

分析 选 A. $\left\{x\left|\dfrac{1}{2}<x<\dfrac{3}{2},x\neq 1\right.\right\}=\left\{x\left|1-\dfrac{1}{2}<x<1+\dfrac{1}{2},x\neq 1\right.\right\}=\mathring{U}\left(1,\dfrac{1}{2}\right)$．

3. 下列集合是空集的是（　　）.

(A) $\{x|x+5=0\}$ 　　　　(B) $\{x|x\in\mathbf{R},$ 且 $x^2+y^2=0\}$
(C) $\{x|x>0$ 且 $x^2+5=0\}$ 　　(D) $\{x|x^2+y^2=0,$ 且 $x,y\in\mathbf{R}\}$

分析 选 C. (A) $\{x|x+5=0\}=\{-5\}$；(B) $\{x|x\in\mathbf{R},$ 且 $x^2+y^2=0\}=\{0\}$；(D) $\{x|x^2+y^2=0,$ 且 $x,y\in\mathbf{R}\}=\{0\}$．

4. 设集合 $M=\{x|x^2>4\}$，$N=\{x|x<3\}$，下列式子中正确的是（　　）.

(A) $M\cup N=N$ 　　　　(B) $M-N=\varnothing$
(C) $M\cap N=\{x|2<x<3\}$ 　　(D) $N-M=\{x|-2\leqslant x\leqslant 2\}$

分析 选 D. $M=\{x|x^2>4\}=\{x|x>2$ 或 $x<-2\}$，$N=\{x|x<3\}$，则 (A) $M\cup N=\mathbf{R}$；(B) $M-N=\{x|x\geqslant 3\}$；(C) $M\cap N=\{x|2<x<3$ 或 $x<-2\}$．

5. 用区间表示下列不等式的解：

(1) $x^2\leqslant 9$；　　(2) $|x-1|>1$；　　(3) $(x-1)(x+2)<0$；　　(4) $0<|x+1|<0.01$.

解 (1) $x^2 \leqslant 9$ 表示为 $[-3,3]$.

(2) $|x-1| > 1$ 表示为 $(-\infty,0) \bigcup (2,+\infty)$.

(3) $(x-1)(x+2) < 0$ 表示为 $(-2,1)$.

(4) $0 < |x+1| < 0.01$ 表示为 $(-1.01,-1) \bigcup (-1,-0.99)$.

习 题 二

1. 下列函数 $f(x)$ 与 $g(x)$ 是否为同一个函数？为什么？

(1) $f(x) = \sqrt{x}$，$g(x) = \sqrt[4]{x^2}$；   (2) $f(x) = (\sqrt{x})^2$，$g(x) = x$；

(3) $f(x) = \sqrt{\dfrac{x-2}{x+1}}$，$g(x) = \dfrac{\sqrt{x-2}}{\sqrt{x+1}}$；   (4) $f(x) = \dfrac{x^2-1}{x-1}$，$g(x) = x+1$；

(5) $f(x) = \ln x^2$，$g(x) = 2\ln x$；   (6) $f(x) = \sqrt{1-\sin^2 x}$，$g(x) = \cos x$.

解 (1) 不是同一函数, 因为 $f(x)$ 定义域为 $[0,+\infty)$, $g(x)$ 定义域为 $(-\infty,+\infty)$, 即定义域不同.

(2) 不是同一函数, 因为 $f(x)$ 定义域为 $[0,+\infty)$, $g(x)$ 定义域为 $(-\infty,+\infty)$, 即定义域不同.

(3) 不是同一函数, 因为 $f(x)$ 定义域为 $(-\infty,-1) \bigcup [2,+\infty)$, $g(x)$ 定义域为 $[2,+\infty)$, 即定义域不同.

(4) 不是同一函数, 因为 $f(x)$ 定义域为 $(-\infty,1) \bigcup (1,+\infty)$, $g(x)$ 定义域为 $(-\infty,+\infty)$, 即定义域不同.

(5) 不是同一函数, 因为 $f(x)$ 定义域为 $(-\infty,0) \bigcup (0,+\infty)$, $g(x)$ 定义域为 $(0,+\infty)$, 即定义域不同.

(6) 不是同一函数, 虽然 $f(x)$ 和 $g(x)$ 定义域都为 $(-\infty,+\infty)$, 但

$$f(x) = \sqrt{1-\sin^2 x} = |\cos x| \geqslant 0, \quad g(x) = \cos x,$$

显然对应法则不同.

2. 求下列函数的定义域:

(1) $y = \ln \dfrac{1}{1-x} + \sqrt{x+2}$;   (2) $y = \sqrt{1-|x|}$;   (3) $f(x) = \begin{cases} \dfrac{1}{x}, & x < 0, \\ 2x, & 0 \leqslant x \leqslant 1, \\ 1, & 1 < x \leqslant 2. \end{cases}$

解 (1) 函数 $y = \ln \dfrac{1}{1-x} + \sqrt{x+2}$ 有意义, 必有 $\begin{cases} 1-x > 0, \\ x+2 \geqslant 0, \end{cases}$ 解不等式组得 $-2 \leqslant x < 1$, 则函数定义域为 $[-2,1)$.

(2) 函数 $y = \sqrt{1-|x|}$ 有意义, 必有 $1-|x| \geqslant 0$, 解得 $-1 \leqslant x \leqslant 1$, 则函数定义域为 $[-1,1]$.

(3) 显然函数 $f(x) = \begin{cases} \dfrac{1}{x}, & x < 0, \\ 2x, & 0 \leqslant x \leqslant 1, \\ 1, & 1 < x \leqslant 2 \end{cases}$ 在 $(-\infty,0)$, $[0,1]$ 和 $(1,2]$ 上 (内) 有定义, 故定义域为

$(-\infty,2]$.

3. 求下列函数的值域:

(1) $f(x) = \lg x$, $x \in [10, +\infty)$;　　　　　(2) $f(x) = \sqrt{x - x^2}$, $x \in [0, 1]$;

(3) $f(x) = \dfrac{1}{1 + \sin^2 x}$, $x \in (-\infty, +\infty)$;　　　　(4) $f(x) = \dfrac{1}{1 - x}$, $x \in (0, 1)$.

解　(1) 当 $x \geqslant 10$ 时, $f(x) = \lg x \geqslant \lg 10 = 1$, 因此函数的值域为 $[1, +\infty)$.

(2) 根据二次函数的性质知 $x - x^2$ 在 $x = \dfrac{1}{2}$ 处取得最大值 $\dfrac{1}{4}$, 因此当 $0 \leqslant x \leqslant 1$ 时,

$0 \leqslant f(x) \leqslant \dfrac{1}{2}$, 故函数值域为 $\left[0, \dfrac{1}{2}\right]$.

(3) 由于 $0 \leqslant \sin^2 x \leqslant 1$, 则 $\dfrac{1}{2} \leqslant f(x) = \dfrac{1}{1 + \sin^2 x} \leqslant 1$, 所以函数值域为 $\left[\dfrac{1}{2}, 1\right]$.

(4) 当 $0 < x < 1$ 时, $0 < 1 - x < 1$, 故 $\dfrac{1}{1 - x} > 1$, 于是函数值域是 $(1, +\infty)$.

4. 讨论下列函数在指定区间内的单调性:

(1) $y = x^2, (-1, 0)$;　　　(2) $y = \dfrac{x}{1 + x}$, $(-1, +\infty)$;　　　(3) $y = \sin x, \left(-\dfrac{\pi}{2}, \dfrac{\pi}{2}\right)$.

解　(1) 任取 $x_1, x_2 \in (-1, 0)$, 且 $x_1 < x_2$, 则有

$$y_1 - y_2 = x_1^2 - x_2^2 = (x_1 - x_2)(x_1 + x_2) > 0,$$

即 $y_1 > y_2$, 因此 $y = x^2$ 在 $(-1, 0)$ 内单调减少.

(2) 任取 $x_1, x_2 \in (-1, +\infty)$, 且 $x_1 < x_2$, 则有

$$y_1 - y_2 = \frac{x_1}{1 + x_1} - \frac{x_2}{1 + x_2} = \frac{x_1(1 + x_2) - x_2(1 + x_1)}{(1 + x_1)(1 + x_2)} = \frac{x_1 - x_2}{(1 + x_1)(1 + x_2)} < 0,$$

即 $y_1 < y_2$, 因此 $y = \dfrac{x}{1 + x}$ 在 $(-1, +\infty)$ 内单调增加.

(3) 任取 $x_1, x_2 \in \left(-\dfrac{\pi}{2}, \dfrac{\pi}{2}\right)$, 且 $x_1 < x_2$, 则有 $-\pi < x_1 - x_2 < 0$, $-\pi < x_1 + x_2 < \pi$, 且

$$y_1 - y_2 = \sin x_1 - \sin x_2 = 2\cos\frac{x_1 + x_2}{2}\sin\frac{x_1 - x_2}{2} < 0,$$

即 $y_1 < y_2$, 因此 $y = \sin x$ 在 $\left(-\dfrac{\pi}{2}, \dfrac{\pi}{2}\right)$ 内单调增加.

5. 判定下列函数的奇偶性:

(1) $f(x) = (x^2 + x)\sin x$;　　　　　(2) $f(x) = \ln(\sqrt{1 + x^2} - x)$;

(3) $f(x) = \dfrac{1 - x^2}{\cos x}$;　　　　　(4) $f(x) = \begin{cases} 1 - \mathrm{e}^{-x}, & x \leqslant 0, \\ \mathrm{e}^x - 1, & x > 0. \end{cases}$

解　(1) $f(x) = (x^2 + x)\sin x$ 定义域为 $(-\infty, +\infty)$. 由于

$$f(-x) = [(-x)^2 + (-x)]\sin(-x) = -(x^2 - x)\sin x \neq \pm f(x),$$

故是非奇非偶函数.

(2) $f(x) = \ln(\sqrt{1+x^2} - x)$ 的定义域是 $(-\infty, +\infty)$. 由于

$$f(-x) = \ln[\sqrt{1+(-x)^2} - (-x)] = \ln(\sqrt{1+x^2} + x) = \ln\frac{1}{\sqrt{1+x^2} - x}$$

$$= -\ln(\sqrt{1+x^2} - x) = -f(x),$$

所以 $f(x)$ 是奇函数.

(3) $f(x) = \dfrac{1-x^2}{\cos x}$ 的定义域为 $\bigcup\limits_{k\in\mathbf{Z}}\left(k\pi - \dfrac{\pi}{2}, k\pi + \dfrac{\pi}{2}\right)$. 由于

$$f(-x) = \frac{1-(-x)^2}{\cos(-x)} = \frac{1-x^2}{\cos x} = f(x),$$

所以 $f(x)$ 是偶函数.

(4) $f(x) = \begin{cases} 1-e^{-x}, & x \leqslant 0, \\ e^x - 1, & x > 0 \end{cases}$ 的定义域是 $(-\infty, +\infty)$. 由于

$$f(-x) = \begin{cases} 1-e^{-(-x)}, & -x \leqslant 0, \\ e^{-x} - 1, & -x > 0 \end{cases} = \begin{cases} 1-e^{x}, & x \geqslant 0, \\ e^{-x} - 1, & x < 0 \end{cases} = \begin{cases} -(1-e^{-x}), & x \leqslant 0, \\ -(e^{x}-1), & x > 0 \end{cases} = -f(x),$$

所以 $f(x)$ 是奇函数.

6. 证明: 若 $f(x)$ 为奇函数, 且在 $x=0$ 有定义, 则 $f(0)=0$.

证明 因为 $f(x)$ 为奇函数, 所以 $f(-x) = -f(x)$, 进而 $f(0) = -f(0)$, 即 $f(0) = 0$.

7. 求函数 $f(x) = |\sin x| + |\cos x|$ 的最小正周期.

解 由于 $\left|\sin\left(x+\dfrac{\pi}{2}\right)\right| = |\cos x|$, $\left|\cos\left(x+\dfrac{\pi}{2}\right)\right| = |\sin x|$, 故 $\dfrac{\pi}{2}$ 是函数 $f(x)$ 的最小正周期.

8. 证明函数 $y = \dfrac{x}{x^2+1}$ 在 $(-\infty, +\infty)$ 内是有界的.

证明 取 $M = \dfrac{1}{2}$, 对任意 $x \in (-\infty, +\infty)$, 有

$$|y| = \left|\frac{x}{x^2+1}\right| = \frac{|x|}{x^2+1} \leqslant \frac{\dfrac{x^2+1}{2}}{x^2+1} = \frac{1}{2} = M,$$

故 $y = \dfrac{x}{x^2+1}$ 在 $(-\infty, +\infty)$ 内有界.

9. 求下列函数的反函数:

(1) $y = \sqrt[3]{x+1}$;   (2) $y = 3^{2x+5}$;   (3) $y = 1 + \ln(x+2)$;

(4) $y = \ln(x+\sqrt{1+x^2})$;   (5) $y = \begin{cases} 2x-1, & 0 \leqslant x \leqslant 1, \\ 2-(x-2)^2, & 1 < x \leqslant 2. \end{cases}$

解 (1) 由于 $y = \sqrt[3]{x+1}$ 的定义域是 $(-\infty, +\infty)$, 且单调增加, 故存在反函数. 由 $y =$

$\sqrt[3]{x+1}$ 解得 $x=y^3-1$，即反函数为 $y=x^3-1$，$x\in(-\infty,+\infty)$.

(2) 由于 $y=3^{2x+5}$ 的定义域是 $(-\infty,+\infty)$，且单调增加，故存在反函数. 由 $y=3^{2x+5}$ 解得 $x=\dfrac{\log_3 y-5}{2}$，即反函数为 $y=\dfrac{\log_3 x-5}{2}$，$x\in(0,+\infty)$.

(3) 由于 $y=1+\ln(x+2)$ 的定义域是 $(-2,+\infty)$，且单调增加，故存在反函数. 由 $y=1+\ln(x+2)$ 解得 $x=\mathrm{e}^{y-1}-2$，即反函数为 $y=\mathrm{e}^{x-1}-2$，$x\in(-\infty,+\infty)$.

(4) 由于 $y=\ln(x+\sqrt{1+x^2})$ 的定义域是 $(-\infty,+\infty)$，且为奇函数. 显然当 $x\geqslant0$ 时，函数单调增加，根据奇函数的性质知，当 $x<0$ 时，函数也单调增加，因此函数是单调增加函数，故存在反函数.

由 $\begin{cases}y=\ln(x+\sqrt{1+x^2}),\\ -y=\ln(-x+\sqrt{1+x^2})\end{cases}$ 得 $\begin{cases}\mathrm{e}^y=x+\sqrt{1+x^2},\\ \mathrm{e}^{-y}=-x+\sqrt{1+x^2},\end{cases}$ 解得 $x=\dfrac{\mathrm{e}^y-\mathrm{e}^{-y}}{2}$，即反函数为 $y=\dfrac{\mathrm{e}^x-\mathrm{e}^{-x}}{2}$，$x\in(-\infty,+\infty)$.

(5) 显然函数 $y=\begin{cases}2x-1, & 0\leqslant x\leqslant 1,\\ 2-(x-2)^2, & 1<x\leqslant 2\end{cases}$ 在 $[0,2]$ 上单调增加，故存在反函数. 当 $0\leqslant x\leqslant 1$ 时，由 $y=2x-1$ 解得 $x=\dfrac{y+1}{2}$（$y\in[-1,1]$）；当 $1<x\leqslant 2$ 时，由 $y=2-(x-2)^2$ 解得 $x=2-\sqrt{2-y}$（$y\in(1,2]$），综上反函数为 $y=\begin{cases}\dfrac{x+1}{2}, & -1\leqslant x\leqslant 1,\\ 2-\sqrt{2-x}, & 1<x\leqslant 2.\end{cases}$

10. 在下列各题中，求由所给函数复合而成的函数，并求出这函数分别对应于所给自变量值的函数值：

(1) $y=u^2$，$u=\sec x$，$x_1=\dfrac{\pi}{6}$，$x_2=\dfrac{\pi}{3}$；

(2) $y=\ln u$，$u=1+x^2$，$x_1=0$，$x_2=2$.

解 (1) $y=\sec^2 x$，$y\big|_{x=\frac{\pi}{6}}=\sec^2\dfrac{\pi}{6}=\dfrac{4}{3}$，$y\big|_{x=\frac{\pi}{3}}=\sec^2\dfrac{\pi}{3}=4$.

(2) $y=\ln(1+x^2)$，$y\big|_{x=0}=\ln 1=0$，$y\big|_{x=2}=\ln 5$.

11. 求下列函数的定义域，并且指出由哪些函数复合而成：

(1) $y=(2x+1)^{10}$；　　　　(2) $y=2^{\sin^2 x}$；　　　　(3) $y=\sin^3(\ln x)$.

解 (1) $y=(2x+1)^{10}$ 的定义域是 $(-\infty,+\infty)$，由 $y=u^{10}$，$u=2x+1$ 复合而成.

(2) $y=2^{\sin^2 x}$ 的定义域是 $(-\infty,+\infty)$，由 $y=2^u$，$u=v^2$，$v=\sin x$ 复合而成.

(3) $y=\sin^3(\ln x)$ 的定义域是 $(0,+\infty)$，由 $y=u^3$，$u=\sin v$，$v=\ln x$ 复合而成.

12. 设 $f(x)$ 的定义域是 $[0,1]$，求下列函数的定义域：

(1) $f(\ln x)$；　　　　(2) $f(\cos x)$.

解 由于 $f(x)$ 的定义域是 $[0,1]$，所以

(1) $0\leqslant\ln x\leqslant 1$，即 $1\leqslant x\leqslant\mathrm{e}$，于是 $f(\ln x)$ 的定义域是 $[1,\mathrm{e}]$；

(2) $0 \leqslant \cos x \leqslant 1$，即 $2k\pi - \dfrac{\pi}{2} \leqslant x \leqslant 2k\pi + \dfrac{\pi}{2}$（$k \in \mathbf{Z}$），于是 $f(\cos x)$ 的定义域是

$$\bigcup_{k \in \mathbf{Z}} \left[2k\pi - \dfrac{\pi}{2}, \ 2k\pi + \dfrac{\pi}{2} \right].$$

13. 求下列函数的表达式:

(1) 设 $\varphi(\sin x) = \cos^2 x + \sin x + 5$，求 $\varphi(x)$；

(2) 设 $g(x-1) = x^2 + x + 1$，求 $g(x)$；

(3) 设 $f\left(x + \dfrac{1}{x}\right) = x^2 + \dfrac{1}{x^2}$，求 $f(x)$.

解 (1) $\varphi(\sin x) = \cos^2 x + \sin x + 5 = 1 - \sin^2 x + \sin x + 5 = -\sin^2 x + \sin x + 6$，所以 $\varphi(x) = -x^2 + x + 6$；

(2) $g(x-1) = x^2 + x + 1 = (x-1)^2 + 3(x-1) + 3$，所以 $g(x) = x^2 + 3x + 3$；

(3) $f\left(x + \dfrac{1}{x}\right) = x^2 + \dfrac{1}{x^2} = \left(x + \dfrac{1}{x}\right)^2 - 2$，所以 $f(x) = x^2 - 2$.

14. 设 $f(x) = x + \dfrac{1}{x}$，$g(x) = x^2$，求 $g[f(x)] - f[g(x)]$.

解 $g[f(x)] - f[g(x)] = f^2(x) - \left[g(x) + \dfrac{1}{g(x)} \right] = \left(x + \dfrac{1}{x}\right)^2 - \left(x^2 + \dfrac{1}{x^2}\right) = 2$.

15. 设 $f(x) = \begin{cases} x, & x < 0, \\ x^2, & x \geqslant 0, \end{cases}$ 求 $f(f(x))$.

解 当 $x < 0$ 时，$f(x) = x < 0$，所以 $f(f(x)) = f(x) = x$；当 $x \geqslant 0$ 时，$f(x) = x^2 \geqslant 0$，所以 $f[f(x)] = f^2(x) = (x^2)^2 = x^4$. 因此 $f(f(x)) = \begin{cases} x, & x < 0, \\ x^4, & x \geqslant 0. \end{cases}$

习　题　三

1. 若 $0 < a < 1$，试比较 $\ln a$，$\ln(a+1)$，$[\ln(a+1)]^2$ 的大小.

解 由于 $0 < a < 1$，所有 $\ln a < 0$，$0 < \ln(a+1) < 1$，于是 $0 < [\ln(a+1)]^2 < \ln(a+1)$，因此 $\ln a < [\ln(a+1)]^2 < \ln(a+1)$.

2. 试比较 $m_1 = \log_2 5$，$m_2 = 2^{0.5}$，$m_3 = \log_4 15$ 的大小.

解 由于

$$m_2 = 2^{0.5} = \sqrt{2} = \log_4 4^{\sqrt{2}} < \log_4 4^{\frac{3}{2}} = \log_4 8 < m_3 = \log_4 15$$

$$= \dfrac{1}{2} \log_2 15 = \log_2 \sqrt{15} < \log_2 5 = m_1,$$

所以 $m_2 < m_3 < m_1$.

3. 若 a, b 满足 $0 < a < b < 1$，试比较 a^a，a^b，b^a 的大小.

解 显然 $f(x) = x^a$ 在 $(0, +\infty)$ 内单调增加，则当 $0 < a < b < 1$ 时，$f(a) < f(b)$，即 $a^a < b^a$.

又由于 $g(x) = a^x(0 < a < 1)$ 是单调减少函数, 则当 $0 < a < b < 1$ 时, $g(a) > g(b)$, 即 $a^b < a^a$.

综上当 $0 < a < b < 1$ 时, $a^b < a^a < b^a$.

4. 已知 $\sin(\alpha + \beta) = 1$, $\sin \beta = \dfrac{1}{5}$, 求 $\sin(2\alpha + \beta)$.

解 由于 $\sin(\alpha + \beta) = 1$, 所以 $\cos(\alpha + \beta) = 0$. 所以

$$\begin{aligned}
\sin(2\alpha + \beta) &= \sin[2(\alpha + \beta) - \beta] = \sin 2(\alpha + \beta)\cos \beta - \cos 2(\alpha + \beta)\sin \beta \\
&= 2\sin(\alpha + \beta)\cos(\alpha + \beta)\cos \beta - [1 - 2\sin^2(\alpha + \beta)]\sin \beta \\
&= 2 \times 0 \times \cos \beta - (1 - 2)\sin \beta = \frac{1}{5}.
\end{aligned}$$

5. 设 $x \neq k\pi$, $k \in \mathbf{Z}$, 证明: $\tan \dfrac{x}{2} = \csc x - \cot x$.

证明 $\tan \dfrac{x}{2} = \dfrac{\sin \dfrac{x}{2}}{\cos \dfrac{x}{2}} = \dfrac{2\sin^2 \dfrac{x}{2}}{2\cos \dfrac{x}{2}\sin \dfrac{x}{2}} = \dfrac{1 - \cos x}{\sin x} = \dfrac{1}{\sin x} - \dfrac{\cos x}{\sin x} = \csc x - \cot x.$

6. 设 $x \neq (2k-1)\pi$ 且 $x \neq k\pi + \dfrac{\pi}{2}$, $k \in \mathbf{Z}$, 证明: $\dfrac{1 + \tan \dfrac{x}{2}}{1 - \tan \dfrac{x}{2}} = \sec x + \tan x$.

证明 $\dfrac{1 + \tan \dfrac{x}{2}}{1 - \tan \dfrac{x}{2}} = \dfrac{\cos \dfrac{x}{2} + \sin \dfrac{x}{2}}{\cos \dfrac{x}{2} - \sin \dfrac{x}{2}} = \dfrac{\left(\cos \dfrac{x}{2} + \sin \dfrac{x}{2}\right)^2}{\left(\cos \dfrac{x}{2} - \sin \dfrac{x}{2}\right)\left(\cos \dfrac{x}{2} + \sin \dfrac{x}{2}\right)}$

$$= \frac{\cos^2 \dfrac{x}{2} + \sin^2 \dfrac{x}{2} + 2\sin \dfrac{x}{2}\cos \dfrac{x}{2}}{\cos^2 \dfrac{x}{2} - \sin^2 \dfrac{x}{2}} = \frac{1 + \sin x}{\cos x}$$

$$= \frac{1}{\cos x} + \frac{\sin x}{\cos x} = \sec x + \tan x.$$

7. 求下列各式的值:

(1) $\sin\left[\arccos\left(-\dfrac{\sqrt{2}}{3}\right)\right]$;　　　　　　　　(2) $\cos^2\left(\dfrac{1}{2}\arccos \dfrac{3}{5}\right)$;

(3) $\cos\left[\arccos \dfrac{4}{5} + \arccos\left(-\dfrac{5}{13}\right)\right]$;　　　　(4) $\sin(\arctan 2\sqrt{2})$.

解 (1) 设 $x = \arccos\left(-\dfrac{\sqrt{2}}{3}\right)$, 则 $\cos x = -\dfrac{\sqrt{2}}{3}$ 且 $x \in \left(\dfrac{\pi}{2}, \pi\right)$, 所以 $\sin x = \dfrac{\sqrt{7}}{3}$, 即

$$\sin\left[\arccos\left(-\frac{\sqrt{2}}{3}\right)\right] = \frac{\sqrt{7}}{3}.$$

(2) 设 $x = \arccos \dfrac{3}{5}$, 则 $\cos x = \dfrac{3}{5}$ 且 $x \in \left(0, \dfrac{\pi}{2}\right)$, 所以 $\cos^2 \dfrac{x}{2} = \dfrac{1 + \cos x}{2} = \dfrac{4}{5}$, 即

$$\cos^2\left(\frac{1}{2}\arccos\frac{3}{5}\right)=\frac{4}{5}.$$

(3) $\cos\left[\arccos\frac{4}{5}+\arccos\left(-\frac{5}{13}\right)\right]$

$=\cos\arccos\frac{4}{5}\cos\arccos\left(-\frac{5}{13}\right)-\sin\arccos\frac{4}{5}\sin\arccos\left(-\frac{5}{13}\right)$

$=\frac{4}{5}\times\left(-\frac{5}{13}\right)-\sqrt{1-\left(\frac{4}{5}\right)^2}\cdot\sqrt{1-\left(-\frac{5}{13}\right)^2}=-\frac{4}{13}-\frac{3}{5}\times\frac{12}{13}=-\frac{56}{65}.$

(4) $\sin(\arctan 2\sqrt{2})=\sqrt{1-\cos^2(\arctan 2\sqrt{2})}=\sqrt{1-\dfrac{1}{\sec^2(\arctan 2\sqrt{2})}}$

$=\sqrt{1-\dfrac{1}{\tan^2(\arctan 2\sqrt{2})+1}}=\sqrt{1-\dfrac{1}{(2\sqrt{2})^2+1}}=\sqrt{\dfrac{8}{9}}=\dfrac{2\sqrt{2}}{3}.$

8. 在下列各题中，求由所给函数复合而成的函数，并求出这函数分别对应于所给自变量值的函数值：

(1) $y=e^u$, $u=v^2$, $v=\cot x$, $x_1=\dfrac{\pi}{4}$, $x_2=\dfrac{\pi}{2}$;

(2) $y=u^2$, $u=e^v$, $v=\cot x$, $x_1=\dfrac{\pi}{4}$, $x_2=\dfrac{\pi}{2}$.

解 (1) $y=e^{\cot^2 x}$, $y\big|_{x=\frac{\pi}{4}}=e^{\cot^2\frac{\pi}{4}}=e$, $y\big|_{x=\frac{\pi}{2}}=e^{\cot^2\frac{\pi}{2}}=e^0=1.$

(2) $y=e^{2\cot x}$, $y\big|_{x=\frac{\pi}{4}}=e^{2\cot\frac{\pi}{4}}=e^2$, $y\big|_{x=\frac{\pi}{2}}=e^{2\cot\frac{\pi}{2}}=e^0=1.$

9. 求下列函数的定义域，并且指出由哪些函数复合而成：

(1) $y=\arccos\sqrt[3]{\dfrac{x-1}{2}}$; (2) $y=(\arcsin\sqrt{1-x^2})^2$; (3) $y=\ln(\csc e^{x+1}).$

解 (1) $y=\arccos\sqrt[3]{\dfrac{x-1}{2}}$ 的定义域是 $[-1,3]$，由 $y=\arccos u$，$u=\sqrt[3]{v}$，$v=\dfrac{x-1}{2}$ 复合而成.

(2) $y=(\arcsin\sqrt{1-x^2})^2$ 的定义域是 $[-1,1]$，由 $y=u^2$，$u=\arcsin v$，$v=\sqrt{w}$，$w=1-x^2$ 复合而成.

(3) $y=\ln(\csc e^{x+1})$ 的定义域是 $\bigcup\limits_{k\in\mathbf{Z}}(\ln 2k\pi-1,\ln(2k+1)\pi-1)$，由 $y=\ln u$，$u=\csc v$，$v=e^w$，$w=x+1$ 复合而成.

10. 设 $f(x)$ 的定义域是 $[0,1]$，求函数 $f(\arctan x)$ 的定义域.

解 由于 $f(x)$ 的定义域是 $[0,1]$，所以

$$0\leqslant\arctan x\leqslant 1,\quad 即\ 0\leqslant x\leqslant\tan 1,$$

于是 $f(\arctan x)$ 的定义域是 $[0,\tan 1]$.

复 习 题 一

1. 选择题

(1) 函数 $y = 3^{|x|}$ 的图形 (　　).

(A) 关于 y 轴对称 　　　　　　　　　(B) 关于 x 轴对称

(C) 关于原点对称 　　　　　　　　　　(D) 关于原点和坐标轴都不对称

(2) 设 $[x]$ 是取整函数, 则 $y = x - [x]$ 是 (　　).

(A) 无界函数　　　　(B) 单调函数　　　　(C) 偶函数　　　　　(D) 周期函数

(3) 函数 $f(x)$ 为奇函数, 则 (　　) 仍为奇函数. (注: 此题为多选题)

(A) $f(x+a) - f(x-a)$ 　　　　　　(B) $f(x+a) + f(x-a)$

(C) $f(a+x) - f(a-x)$ 　　　　　　(D) $f(a+x) + f(a-x)$

(4) 若 $F(x)$ 为奇函数, 则函数 $y = F(x)\left(\dfrac{1}{a^x - 1} + \dfrac{1}{2}\right)$ (其中 $a > 0, a \neq 1$) 为 (　　).

(A) 偶函数 　　　　　　　　　　　(B) 奇函数

(C) 既是奇函数又是偶函数 　　　　(D) 非奇非偶函数

(5) 设 $M > 0$, 函数 $y = \lg(x+1)$ 在区间 (　　) 内有界.

(A) $(-1, 0)$ 　　　　(B) $(0, +\infty)$ 　　　　(C) $(-1, M)$ 　　　　(D) $(0, M)$

(6) 若函数 $y = 3 + a^{x-1}$ $(a > 0, a \neq 1)$ 的反函数图形恒过定点 P, 则点 P 是 (　　).

(A) $(3, 1)$ 　　　　(B) $(3+a, 2)$ 　　　　(C) $(4, 2)$ 　　　　(D) $(4, 1)$

(7) 当 (　　) 时, 函数 $f(x) = b^{-cx}$ 在 $(-\infty, +\infty)$ 内单调增加.

(A) $b > 1, c > 0$ 　　(B) $b > 1, c < 0$ 　　(C) $0 < b < 1, c \geqslant 0$ 　　(D) $0 < b < 1, c < 0$

(8) 下面函数中, 不是初等函数的是 (　　).

(A) $y = \begin{cases} x, & 0 \leqslant x \leqslant 1, \\ 2 - x, & 1 < x \leqslant 2 \end{cases}$ 　　　　(B) $y = \begin{cases} x, & x \geqslant 0, \\ -x, & x < 0 \end{cases}$

(C) $y = \operatorname{sgn} x$ 　　　　　　　　(D) $y = \sin x$

(9) 函数 $y = \sin \dfrac{\pi x}{2(1 + x^2)}$ 的值域是 (　　).

(A) $[-1, 1]$ 　　　(B) $\left[-\dfrac{\sqrt{2}}{2}, \dfrac{\sqrt{2}}{2}\right]$ 　　(C) $[0, 1]$ 　　(D) $\left[-\dfrac{1}{2}, \dfrac{1}{2}\right]$

分析 (1) 选 A. 因为 $y = 3^{|x|}$ 是偶函数.

(2) 选 D. (A) 是有界函数, 因为 $|y| = |x - [x]| < 1$; (B) 不是单调函数, 因为 $y|_{x=0} = 0 = y|_{x=1}$, $y|_{x=0.2} = 0.2 > 0.1 = y|_{x=1.1}$, $y|_{x=3.7} = 0.7 < 0.9 = y|_{x=1.9}$; (C) 不是偶函数, 因为 $y|_{x=1.2} = 1.2 - [1.2] = 0.2$, 但 $y|_{x=-1.2} = -1.2 - [-1.2] = 0.8 \neq y|_{x=1.2}$; (D) 是周期函数, 因为 $(x+1) - [x+1] = x - [x]$, 即 1 是周期.

(3) 选 BC. (A) $f(-x+a) - f(-x-a) = -f(x-a) + f(x+a) = f(x+a) - f(x-a)$;

(B) $f(-x+a) + f(-x-a) = -f(x-a) - f(x+a) = -[f(x+a) + f(x-a)]$;

(C) $f(a-x) - f(a+x) = -[f(a+x) - f(a-x)]$;

(D) $f(a-x) + f(a+x) = f(a+x) + f(a-x)$.

(4)选 A. $y=F(x)\left(\dfrac{1}{a^x-1}+\dfrac{1}{2}\right)$ 定义域是 $F(x)$ 的定义域去掉原点，并且

$$F(-x)\left(\frac{1}{a^{-x}-1}+\frac{1}{2}\right)=-F(x)\left(-\frac{a^x}{a^x-1}+\frac{1}{2}\right)=F(x)\left(\frac{a^x}{a^x-1}-\frac{1}{2}\right)$$

$$=F(x)\left(\frac{a^x-1+1}{a^x-1}-\frac{1}{2}\right)=F(x)\left(\frac{1}{a^x-1}+\frac{1}{2}\right),$$

所以 $y=F(x)\left(\dfrac{1}{a^x-1}+\dfrac{1}{2}\right)$ 是偶函数.

(5)选 D. 对任意充分大的正数 X,

(A)存在 $x_A=\dfrac{1}{10^{X+1}}-1\in(-1,0)$，使得

$$\left|\lg(x_A+1)\right|=\lg 10^{X+1}>X,$$

故 $y=\lg(x+1)$ 在 $(-1,0)$ 内无界;

(B)存在 $x_B=10^X\in(0,+\infty)$，使得

$$\left|\lg(x_B+1)\right|>\lg 10^X=X,$$

故 $y=\lg(x+1)$ 在 $(0,+\infty)$ 内无界;

(C)存在 $x_A=\dfrac{1}{10^{X+1}}-1\in(-1,M)$，使得

$$\left|\lg(x_A+1)\right|=\lg 10^{X+1}>X,$$

故 $y=\lg(x+1)$ 在 $(-1,M)$ 内无界.

(D)取 $X=\lg(M+1)$，对任意 $x\in(0,M)$，使得

$$\left|\lg(x+1)\right|=\lg(x+1)\leqslant\lg(M+1)=X,$$

所以函数 $y=\lg(x+1)$ 在 $(0,M)$ 内有界.

(6)选 D. $y=3+a^{x-1}$ 图形恒过点 $P'(1,4)$，根据反函数定义及性质知，反函数图形恒过定点 $P(4,1)$.

(7) 选 B. $f(x)=b^{-cx}$ 由函数 $f(x)=b^u$, $u=-cx$ 复合而成. 当 $0<b<1$ 时，$f(x)=b^u$ 单调减少，只要 $u=-cx$ 单调减少，即 $c>0$，函数 $f(x)=b^{-cx}$ 在 $(-\infty,+\infty)$ 内单调增加；当 $b>1$ 时，$f(x)=b^u$ 单调增加，只要 $u=-cx$ 单调增加，即 $c<0$，函数 $f(x)=b^{-cx}$ 在 $(-\infty,+\infty)$ 内单调增加.

(8)选 C. 根据初等函数定义显然有 $y=\sin x$ 是初等函数，而(A)，(B)

$$y=\begin{cases}x, & 0\leqslant x\leqslant 1,\\ 2-x, & 1<x\leqslant 2\end{cases}=1-\sqrt{(x-1)^2}\quad(x\in[0,2]),$$

$$y=\begin{cases}x, & x\geqslant 0,\\ -x, & x<0\end{cases}=\sqrt{x^2},$$

即(A), (B)两项的分段函数也是初等函数. (C) $y = \text{sgn}\, x$ 不能由基本初等函数通过有限次四则运算和复合运算而得, 故不是初等函数.

(9)选 B. 根据均值不等式易知: 对任意 $x \in (-\infty, +\infty)$, 有

$$-\frac{1+x^2}{2} \leqslant x \leqslant \frac{1+x^2}{2},$$

所以有

$$-\frac{\pi \cdot \dfrac{1+x^2}{2}}{2(1+x^2)} \leqslant \frac{\pi x}{2(1+x^2)} \leqslant \frac{\pi \cdot \dfrac{1+x^2}{2}}{2(1+x^2)},$$

即

$$-\frac{\pi}{4} \leqslant \frac{\pi x}{2(1+x^2)} \leqslant \frac{\pi}{4},$$

进而

$$-\frac{\sqrt{2}}{2} \leqslant \sin \frac{\pi x}{2(1+x^2)} \leqslant \frac{\sqrt{2}}{2}.$$

2. 填空题

(1)函数 $f(x) = \dfrac{1}{\ln(2-x)} + \sqrt{100-x^2}$ 的定义域是_____;

(2)设 $f(x) = \begin{cases} 2^x, & -1 \leqslant x < 0, \\ 2, & 0 \leqslant x < 1, \\ x-1, & 1 \leqslant x \leqslant 3, \end{cases}$ 则 $f(x)$ 的定义域为_____, $f(0) =$ _____,

$f(1) =$ _____;

(3)设 $f(x) = \ln \dfrac{3+x}{3-x} + 1$, 则 $f(x) + f\left(\dfrac{3}{x}\right)$ 的定义域为_____;

(4)若 $f(x) = \sqrt{1-x}$, $g(x) = \sin x$, 则 $f[g(x)] =$ _____;

(5)若 $f(x) = \dfrac{1}{1-x}$, 则 $f[f(x)] =$ _____, $f\{f[f(x)]\} =$ _____;

(6)设 $f(x) = \begin{cases} 0, & x \leqslant 0, \\ x, & x > 0, \end{cases}$ 则 $f[f(x)] =$ _____;

(7)已知函数 $y = 10^{x-1} - 2$, 则它的反函数是_____;

(8)已知 $y = \dfrac{2x}{1+x^2}$, 则它的值域为_____;

(9)函数 $y = 5\sin(\pi x)$ 的最小正周期 $T =$ _____;

(10)设 $f\left(\dfrac{1}{x}\right) = x + \sqrt{1+x^2}$, 则 $f(x) =$ _____;

(11) 若 $f\left(x+\dfrac{1}{x}\right)=x^2+\dfrac{1}{x^2}+3$, 则 $f(x)=$ _____.

分析 (1) $\dfrac{1}{\ln(2-x)}+\sqrt{100-x^2}$ 有意义, 必有 $\begin{cases}\ln(2-x)\neq 0,\\ 2-x>0,\\ 100-x^2\geqslant 0,\end{cases}$ 解得 $\begin{cases}x\neq 1,\\ x<2,\\ -10\leqslant x\leqslant 10,\end{cases}$ 则函数

$f(x)$ 的定义域是 $(-10,1)\bigcup(1,2)$.

(2) 显然则 $f(x)$ 的定义域为 $[-1,3]$, $f(0)=2$, $f(1)=0$.

(3) $f(x)=\ln\dfrac{3+x}{3-x}+1$ 的定义域是 $(-3,3)$, 则 $f\left(\dfrac{3}{x}\right)$ 要有意义, 必有 $\begin{cases}x\neq 0,\\ -3<\dfrac{3}{x}<3,\end{cases}$ 解得

$x<-1$ 或 $x>1$, 因此 $f(x)+f\left(\dfrac{3}{x}\right)$ 的定义域为 $(-3,-1)\bigcup(1,3)$.

(4) $f[g(x)]=\sqrt{1-\sin x}$.

(5) $f[f(x)]=\dfrac{1}{1-f(x)}=\dfrac{1}{1-\dfrac{1}{1-x}}=1-\dfrac{1}{x}$, $f\{f[f(x)]\}=\dfrac{1}{1-f[f(x)]}=\dfrac{1}{1-\left(1-\dfrac{1}{x}\right)}=x$.

(6) 当 $x\leqslant 0$ 时, $f(x)=0$, 则 $f[f(x)]=f(0)=0$; 当 $x>0$ 时, $f(x)=x>0$, 则 $f[f(x)]=$

$f(x)=x$. 所以 $f[f(x)]=\begin{cases}0, & x\leqslant 0,\\ x, & x>0.\end{cases}$

(7) $y=10^{x-1}-2$ 的值域是 $(-2,+\infty)$, 并且 $x=\lg(y+2)+1$, 所以反函数是

$$y=\lg(x+2)+1 \quad (x\in(-2,+\infty)).$$

(8) 对任意 $x\in(-\infty,+\infty)$, 有 $-(1+x^2)\leqslant 2x\leqslant 1+x^2$, 则 $-1\leqslant y=\dfrac{2x}{1+x^2}\leqslant 1$, 所以值域为

$[-1,1]$.

(9) $T=\dfrac{2\pi}{\pi}=2$.

(10) 令 $t=\dfrac{1}{x}$, 则有 $f(t)=\dfrac{1}{t}+\sqrt{1+\dfrac{1}{t^2}}=\dfrac{1}{t}+\dfrac{\sqrt{1+t^2}}{|t|}=\begin{cases}\dfrac{1}{t}+\dfrac{\sqrt{1+t^2}}{t}, & t>0,\\ \dfrac{1}{t}-\dfrac{\sqrt{1+t^2}}{t}, & t<0,\end{cases}$ 所以函数

$$f(x)=\begin{cases}\dfrac{1}{x}+\dfrac{\sqrt{1+x^2}}{x}, & x>0,\\ \dfrac{1}{x}-\dfrac{\sqrt{1+x^2}}{x}, & x<0.\end{cases}$$

(11) $f\left(x+\dfrac{1}{x}\right)=x^2+\dfrac{1}{x^2}+3=\left(x+\dfrac{1}{x}\right)^2+1$, 因此 $f(x)=x^2+1$.

3. 解答题

(1)求下列函数的定义域:

① $y = \ln(x-3) + \sqrt{x^2-3x-4}$;　　　　　② $y = \dfrac{1}{(x-4)\ln|x-2|}$;

③ $y = \arccos \ln \dfrac{x}{10}$;　　　　　④ $y = \sqrt{x^2-x+1} - \arcsin \dfrac{2x-1}{7}$.

解 ① 表达式 $\ln(x-3) + \sqrt{x^2-3x-4}$ 有意义, 必有 $\begin{cases} x-3 > 0, \\ x^2-3x-4 \geqslant 0, \end{cases}$ 解得 $x \geqslant 4$, 所以函数的定义域是 $[4,+\infty)$.

② 表达式 $\dfrac{1}{(x-4)\ln|x-2|}$ 有意义, 必有 $\begin{cases} x-4 \neq 0, \\ \ln|x-2| \neq 0, \\ x \neq 2. \end{cases}$ 解得 $x \neq 1$, $x \neq 2$, $x \neq 3$ 且 $x \neq 4$,

所以函数的定义域是 $(-\infty,1) \cup (1,2) \cup (2,3) \cup (3,4) \cup (4,+\infty)$.

③ 表达式 $\arccos \ln \dfrac{x}{10}$ 有意义, 必有 $\begin{cases} \dfrac{x}{10} > 0, \\ -1 \leqslant \ln \dfrac{x}{10} \leqslant 1, \end{cases}$ 解得 $\dfrac{10}{e} \leqslant x \leqslant 10e$, 所以函数的定义域是 $\left[\dfrac{10}{e}, 10e \right]$.

④ 表达式 $\sqrt{x^2-x+1} - \arcsin \dfrac{2x-1}{7}$ 有意义, 必有 $\begin{cases} x^2-x+1 \geqslant 0, \\ -1 \leqslant \dfrac{2x-1}{7} \leqslant 1, \end{cases}$ 解得 $-3 \leqslant x \leqslant 4$, 所以函数的定义域是 $[-3,4]$.

(2)设 $f(x)$ 的定义域是 $[0,1]$, 确定下列函数的定义域:

① $f(x^2)$;　　　　　② $f(\arccos x)$;　　　　　③ $f(x+a) + f(x-a)$.

解 因为 $f(x)$ 的定义域是 $[0,1]$, 要使

① $f(x^2)$ 有意义, 必有 $0 \leqslant x^2 \leqslant 1$, 解得 $-1 \leqslant x \leqslant 1$, 因此 $f(x^2)$ 的定义域为 $[-1,1]$;

② $f(\arccos x)$ 有意义, 必有 $0 \leqslant \arccos x \leqslant 1$, 解得 $\cos 1 \leqslant x \leqslant \cos 0 = 1$, 因此 $f(\arccos x)$ 的定义域为 $[\cos 1, 1]$;

③ $f(x+a) + f(x-a)$ 有意义, 必有 $\begin{cases} 0 \leqslant x+a \leqslant 1, \\ 0 \leqslant x-a \leqslant 1, \end{cases}$ 当 $a < -\dfrac{1}{2}$ 或 $a > \dfrac{1}{2}$ 时, 不等式组无解; 当 $-\dfrac{1}{2} \leqslant a < 0$ 时, 解得 $-a \leqslant x \leqslant 1+a$; 当 $0 \leqslant a \leqslant \dfrac{1}{2}$ 时, 解得 $a \leqslant x \leqslant 1-a$, 因此当 $a < -\dfrac{1}{2}$ 或 $a > \dfrac{1}{2}$ 时, $f(x+a) + f(x-a)$ 无意义; 当 $-\dfrac{1}{2} \leqslant a < 0$ 时, $f(x+a) + f(x-a)$ 的定义域是 $[-a,1+a]$; 当 $0 \leqslant a \leqslant \dfrac{1}{2}$ 时, $f(x+a) + f(x-a)$ 的定义域是 $[a,1-a]$.

(3)设 $f(x)$ 是 x 的二次函数, 且 $f(x+1) - f(x) = 8x+3$, 求 $f(x)$.

解 因为 $f(x)$ 是 x 的二次函数, 故可设 $f(x) = ax^2 + bx + c(a \neq 0)$, 进而

$$f(x+1)-f(x)=[a(x+1)^2+b(x+1)+c]-(ax^2+bx+c)=2ax+a+b=8x+3,$$

即 $2a=8, a+b=3$，解得 $a=4$，$b=-1$，c 可以取任意常数，因此 $f(x)=4x^2-bx+c$（其中 c 是任意常数）.

(4) 指出下列函数是怎样复合而成的：

① $y=(\arcsin x^2)^{10}$；   ② $y=2^{\sec(x^2+1)}$；   ③ $y=\ln[\ln^2(\ln^3 x)]$.

解 ① $y=(\arcsin x^2)^{10}$ 由 $y=u^{10}$，$u=\arcsin v$，$v=x^2$ 复合而成.

② $y=2^{\sec(x^2+1)}$ 由 $y=2^u$，$u=\sec v$，$v=x^2+1$ 复合而成.

③ $y=\ln[\ln^2(\ln^3 x)]$ 由 $y=\ln u$，$u=v^2$，$v=\ln w$，$w=\kappa^3$，$\kappa=\ln x$ 复合而成.

(5) 设 $f(x)=\begin{cases}2-x, & x\leqslant 0,\\ x+2, & x>0,\end{cases}$ $g(x)=\begin{cases}x^2, & x\leqslant 0,\\ -x, & x>0,\end{cases}$ 求 $f[g(x)]$.

解 当 $x<0$ 时，$g(x)=x^2>0$，$f[g(x)]=f(x^2)=x^2+2$；当 $x=0$ 时，$g(x)=0$，$f[g(x)]=f(0)=2$；当 $x>0$ 时，$g(x)=-x<0$，$f[g(x)]=f(-x)=2-(-x)=2+x$. 综上，

$$f[g(x)]=\begin{cases}x^2+2, & x\leqslant 0,\\ 2+x, & x>0.\end{cases}$$

(6) 设下面所考虑的函数都是定义在对称区间 $(-L,L)$ 内的，证明：

① 两个偶函数的和是偶函数，两个奇函数的和是奇函数；

② 两个偶函数的乘积是偶函数，两个奇函数的乘积是偶函数，偶函数与奇函数的乘积是奇函数.

证明 设 $f(x)$，$g(x)$ 定义对称区间 $(-L,L)$ 内的函数.

① 令 $F(x)=f(x)+g(x)$. 若 $f(x)$，$g(x)$ 是偶函数，则有

$$F(-x)=f(-x)+g(-x)=f(x)+g(x)=F(x),$$

所以 $F(x)=f(x)+g(x)$ 在对称区间 $(-L,L)$ 内是偶函数.

若 $f(x)$，$g(x)$ 是奇函数，则有

$$F(-x)=f(-x)+g(-x)=-f(x)-g(x)=-F(x),$$

所以 $F(x)=f(x)+g(x)$ 在对称区间 $(-L,L)$ 内是奇函数.

② 令 $F(x)=f(x)g(x)$. 若 $f(x)$，$g(x)$ 是偶函数，则有

$$F(-x)=f(-x)g(-x)=f(x)g(x)=F(x),$$

所以 $F(x)=f(x)g(x)$ 在对称区间 $(-L,L)$ 内是偶函数.

若 $f(x)$，$g(x)$ 是奇函数，则有

$$F(-x)=f(-x)g(-x)=[-f(x)]\cdot[-g(x)]=f(x)g(x)=F(x),$$

所以 $F(x)=f(x)g(x)$ 在对称区间 $(-L,L)$ 内是偶函数.

若 $f(x)$ 是偶函数，$g(x)$ 是奇函数，则有

$$F(-x)=f(-x)g(-x)=f(x)\cdot[-g(x)]=-f(x)g(x)=-F(x),$$

所以 $F(x) = f(x)g(x)$ 在对称区间 $(-L, L)$ 内是奇函数.

(7) 定义在 **R** 上的函数 $y = f(x)$ 满足 $f(0) \neq 0$, 当 $x > 0$ 时, $f(x) > 1$, 且对任意 $a, b \in \mathbf{R}$, $f(a+b) = f(a)f(b)$.

① 求 $f(0)$;

② 求证: 对任意 $x \in \mathbf{R}$, 有 $f(x) > 0$;

③ 求证: $f(x)$ 在 **R** 上是增函数.

解　① 由于对任意 $a, b \in \mathbf{R}$, $f(a+b) = f(a)f(b)$, 则令 $a = b = 0$ 得, $f(0) = f^2(0)$, 又 $f(0) \neq 0$, 所以 $f(0) = 1$.

② 由于 $f(x)f(-x) = f(x-x) = f(0) = 1 > 0$, 所以 $f(x) = \dfrac{1}{f(-x)}$ 或 $f(-x) = \dfrac{1}{f(x)}$. 又由于当 $x > 0$ 时, $f(x) > 1$, 所以对任意 $x \in \mathbf{R}$, 有 $f(x) > 0$.

③ 任取 x_1, $x_2 \in \mathbf{R}$, 且 $x_1 < x_2$, 则有

$$\frac{f(x_2)}{f(x_1)} = f(x_2)f(-x_1) = f(x_2 - x_1) > 1,$$

即 $f(x_1) < f(x_2)$, 故 $f(x)$ 在 **R** 上是增函数.

(8) 判断函数 $f(x) = x \sin x$ 在 **R** 上是否有界? 说明理由.

解　$f(x) = x \sin x$ 在 **R** 上无界. 对任意 $M > 0$, 存在 $x_0 = \dfrac{2[M]+1}{2}\pi$, 使得

$$\left| f(x_0) \right| = \left| x_0 \sin x_0 \right| = \left| \frac{2[M]+1}{2}\pi \sin \frac{2[M]+1}{2}\pi \right| = \frac{2[M]+1}{2}\pi = [M] + \frac{\pi}{2} > M,$$

因此 $f(x) = x \sin x$ 在 **R** 上无界.

五、拓展训练

例 1　设有函数 $f(x)$ 和 $g(x)$, 其中 $f(x)$ 是单调增加函数, 且对任意 x, 都有 $g(x) \geqslant f(x)$, 证明: $f[f(x)] \leqslant g[g(x)]$.

证明　对任意 x, 都有 $g(x) \geqslant f(x)$ 以及 $f(x)$ 是单调增加函数, 可得

$$f[g(x)] \geqslant f[f(x)],$$

而对 $g(x)$, 由已知可得

$$g[g(x)] \geqslant f[g(x)],$$

所以, 对任意 x, 有

$$f[f(x)] \leqslant g[g(x)].$$

例 2　设 $f(x) = \dfrac{x}{\sqrt{1+x^2}}$, 求 $f_n(x) = f(f\cdots(f(x)))$ $(n = 1, 2, 3, \cdots)$, 并讨论 $f_n(x)$ 的奇偶性.

解 设 $f_1(x) = f(x) = \dfrac{x}{\sqrt{1+x^2}}$，则

$$f_2(x) = f[f_1(x)] = \frac{f_1(x)}{\sqrt{1+[f_1(x)]^2}} = \frac{\dfrac{x}{\sqrt{1+x^2}}}{\sqrt{1+\left(\dfrac{x}{\sqrt{1+x^2}}\right)^2}} = \frac{x}{\sqrt{1+2x^2}},$$

$$f_3(x) = f[f_2(x)] = \frac{f_2(x)}{\sqrt{1+[f_2(x)]^2}} = \frac{\dfrac{x}{\sqrt{1+2x^2}}}{\sqrt{1+\left(\dfrac{x}{\sqrt{1+2x^2}}\right)^2}} = \frac{x}{\sqrt{1+3x^2}},$$

设 $f_k(x) = \dfrac{x}{\sqrt{1+kx^2}} (k \in \mathbf{N}, k \geqslant 3)$，则

$$f_{k+1}(x) = f[f_k(x)] = \frac{f_k(x)}{\sqrt{1+[f_k(x)]^2}} = \frac{\dfrac{x}{\sqrt{1+kx^2}}}{\sqrt{1+\left(\dfrac{x}{\sqrt{1+kx^2}}\right)^2}} = \frac{x}{\sqrt{1+(k+1)x^2}},$$

由数学归纳法可知

$$f_n(x) = \frac{x}{\sqrt{1+nx^2}} \quad (n=1,2,3,\cdots).$$

显然，$f_n(-x) = -f_n(x)$，即 $f_n(x)$ 是奇函数.

六、自测题

(一)单选题

1. 下列各对函数中，$f(x)$ 与 $g(x)$ 相同的是（   ）.

(A) $f(x) = \lg x^2$，$g(x) = 2\lg x$

(B) $f(x) = x$，$g(x) = \sqrt{x^2}$

(C) $f(x) = \sqrt[3]{x^4 - x^3}$，$g(x) = x\sqrt[3]{x-1}$

(D) $f(x) = \sqrt{\dfrac{x-1}{x-2}}$，$g(x) = \dfrac{\sqrt{x-1}}{\sqrt{x-2}}$

2. 设 $f(x)$ 与 $g(x)$ 分别为定义在 $(-\infty, +\infty)$ 上的偶函数与奇函数，则 $f[g(x)]$ 与 $g[f(x)]$ 分别（   ）.

(A) 都是奇函数　　　　　　　(B) 都是偶函数

(C) 是奇函数和偶函数　　　　(D) 是偶函数与奇函数

3. 设 $f(x)$ 函数严格单调增加，$\varphi(x)$ 严格单调减少，并且可以构成下面所见的复合函数，则（　　）.

(A) $f[\varphi(x)]$ 必严格单调增加　　　　(B) $\varphi[f(x)]$ 必严格单调减少

(C) $f(x)\varphi(x)$ 必严格单调增加　　　　(D) $f(x)\varphi(x)$ 必严格单调减少

4. 设 $[x]$ 表示不超过 x 的最大整数，则 $y = x - [x]$ 是（　　）.

(A) 无界函数　　　　　　　　　　(B) 周期为 1 的周期函数函数

(C) 单调函数　　　　　　　　　　(D) 偶函数

5. 下列函数是奇函数的是（　　）.

(A) $f(x) = \dfrac{1}{2}(e^x + e^{-x})$　　　　　(B) $\varphi(x) = \dfrac{x}{a^x - 1}$

(C) $g(x) = 10^x$　　　　　　　　　(D) $h(x) = \lg\dfrac{1+x}{1-x}$

(二)多选题

1. 可以作某个函数 $y = f(x)$ 的图像的是（　　）.

(A)　　　　　　　　(B)　　　　　　　　(C)　　　　　　　　(D)

2. 若 $f(x)$ 是 $(-\infty, +\infty)$ 上的奇函数，$f(1) = a$，且对任何实数 x 均有 $f(x+2) - f(x) = f(2)$，则（　　）.

(A) $f(0) = 0$　　　　　　　　　(B) $f(2) = 2a$

(C) $f(3) = 3a$　　　　　　　　　(D) $f(x) = \dfrac{f(x+2) - f(x-2)}{2}$

(三)判断题

1. 复合函数 $f[g(x)]$ 的定义域即 $g(x)$ 的定义域.　　　　　　　　　　（　　）

2. 任意两函数 $y = f(u)$ 及 $u = \varphi(x)$ 必定可以复合成 y 为 x 的函数.　　（　　）

3. 设 $y = f(x)$ 在 (a,b) 内处处有定义，则在 (a,b) 内一定有界.　　　　（　　）

4. 分段函数不是初等函数.　　　　　　　　　　　　　　　　　　　　（　　）

5. 由基本初等函数经过无限次四则运算而成的函数不是初等函数.　　　（　　）

6. 不单调的函数一定没有反函数.　　　　　　　　　　　　　　　　　（　　）

7. 设有 $f(x)$ 和 $g(x)$，其中 $f(x)$ 是单调增加函数，且对任意的 x，$g(x) \geqslant f(x)$，则 $f[f(x)] \leqslant f[g(x)]$.　　　　　　　　　　　　　　　　　　　　　（　　）

(四)计算题

设 $f(x) = \begin{cases} x, & x < 0, \\ x^2, & x \geqslant 0, \end{cases}$ 求 $f[f(x)]$.

(五)证明题

1. 设 $f(x) = \dfrac{e^x + e^{-x}}{2}$，$g(x) = \dfrac{e^x - e^{-x}}{2}$，证明 $f(x)$ 是偶函数，$g(x)$ 是奇函数；

2. 设 $F(x)$ 是 $(-a,+a)$ $(a>0)$ 内的任意函数, 证明 $F(x)$ 总可以表示为一个奇函数与一个偶函数的和.

(六) 应用题

表 1 是 A 市某快递公司快递包裹的资费标准. B 市距离 A 市 2700 km. 试写出通过该快递公司从 A 市快递一个包裹到 B 市的快递费 E 与包裹重量 m 之间的函数关系.

表 1　某快递公司快递包裹的资费标准　　　　　　　　　　　(单位: 元)

运距	首重 1kg	5kg 及以内续重每 0.5kg	5kg 以上续重每 0.5kg
500km 及 500km 以内	5.00	2.00	1.00
500km 以上至 1000km	6.00	2.50	1.30
1000km 以上至 1500km	7.00	3.00	1.60
1500km 以上至 2000km	8.00	3.50	1.90
2000km 以上至 2500km	9.00	4.00	2.20
2500km 以上至 3000km	10.00	4.50	2.50
3000km 以上至 4000km	12.00	5.50	3.10
4000km 以上至 5000km	14.00	6.50	3.70
5000km 以上至 6000km	16.00	7.50	4.30
6000km 以上	20.00	9.00	6.00

第二章 极 限

一、基本要求

1. 理解极限概念和性质.
2. 掌握左右极限的求法；掌握极限存在与左右极限存在的关系.
3. 了解单调有界数列必收敛准则；会用夹逼准则求简单极限.
4. 掌握极限四则运算法则；理解复合函数的极限运算.
5. 掌握用两个重要极限求极限的方法.
6. 理解无穷小量、无穷大量的概念及性质；掌握无穷小量阶的比较.
7. 掌握利用"有界函数和无穷小的积仍是无穷小"求极限的方法.
8. 掌握用等价无穷小替换求极限的方法.
9. 掌握分段函数在分段点处极限存在性的讨论方法.

二、知识框架

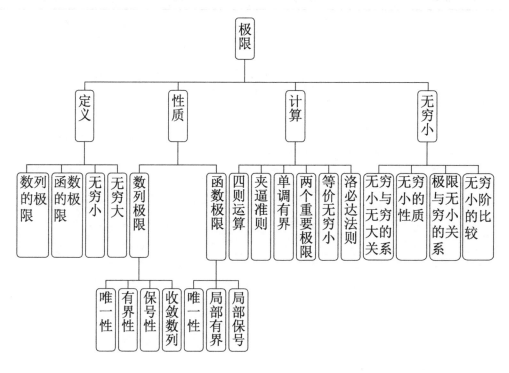

三、典型例题

例 1　求 $\lim\limits_{x \to \infty} x(\sqrt{x^2+1} - x)$.

解　$\lim\limits_{x \to +\infty} x(\sqrt{x^2+10}-x) = \lim\limits_{x \to +\infty} \dfrac{10x}{\sqrt{x^2+10}+x} = \lim\limits_{x \to +\infty} \dfrac{10}{\sqrt{1+\dfrac{10}{x^2}}+1} = 5,$

$$\lim\limits_{x \to -\infty} x(\sqrt{x^2+10}-x) = \lim\limits_{x \to -\infty} \dfrac{10x}{\sqrt{x^2+10}+x} = \lim\limits_{x \to -\infty} \dfrac{10x}{(-x)\sqrt{1+\dfrac{10}{x^2}}+x}$$

$$= \lim\limits_{x \to -\infty} \dfrac{10}{-\sqrt{1+\dfrac{10}{x^2}}+1} = \infty,$$

所以 $\lim\limits_{x \to \infty} x(\sqrt{x^2+1}-x)$ 不存在.

例 2　已知 $\lim\limits_{x \to 1} \dfrac{x^2+ax+b}{x-1} = 3$，求 a, b 的值.

解　因为 $\lim\limits_{x \to 1}(x-1) = 0$，并且 $\lim\limits_{x \to 1} \dfrac{x^2+ax+b}{x-1} = 3$，所以有 $\lim\limits_{x \to 1}(x^2+ax+b) = 0$，即 $b = -(a+1)$. 因此，

$$\lim\limits_{x \to 1} \dfrac{x^2+ax+b}{x-1} = \lim\limits_{x \to 1} \dfrac{x^2+ax-(1+a)}{x-1} = \lim\limits_{x \to 1} \dfrac{(x-1)[x+(1+a)]}{x-1}$$

$$= \lim\limits_{x \to 1}[x+(1+a)] = 2+a,$$

所以 $3 = 2+a$，即 $a = 1$, $b = -2$.

例 3　已知 $f(x) = \dfrac{px^2-2}{x^2+1} + 3qx + 5$，当 $x \to \infty$ 时，p, q 取何值时 $f(x)$ 为无穷小量？p, q 取何值时 $f(x)$ 为无穷大量？

解　(1) $\lim\limits_{x \to \infty} f(x) = \lim\limits_{x \to \infty}\left(\dfrac{px^2-2}{x^2+1} + 3qx + 5\right) = \lim\limits_{x \to \infty} \dfrac{3qx^3+(p+5)x^2+3qx+3}{x^2+1} = 0$，此时，分子的最高次项的指数低于分母的最高次项的指数，则 $3q = 0, p+5 = 0$. 所以若 $q = 0, p = -5$，当 $x \to \infty$ 时，$f(x)$ 为无穷小量.

(2) $\lim\limits_{x \to \infty} f(x) = \lim\limits_{x \to \infty}\left(\dfrac{px^2-2}{x^2+1} + 3qx + 5\right) = \lim\limits_{x \to \infty} \dfrac{3qx^3+(p+5)x^2+3qx+3}{x^2+1} = \infty$，此时，分子的最高次项的指数高于分母的最高次项的指数，则 $3q \neq 0$. 所以若 $q \neq 0$，当 $x \to \infty$ 时，$f(x)$ 为无穷大量.

例 4　求 $\lim\limits_{x \to \infty} \dfrac{x^2+2x-\sin x}{2x^2+\sin x}$.

解　因为 $\lim\limits_{x \to \infty} \dfrac{1}{x^2} = 0$，且 $x \to \infty$ 时，$\sin x$ 有界，所以，

$$\lim\limits_{x \to \infty} \dfrac{x^2+2x-\sin x}{2x^2+\sin x} = \lim\limits_{x \to \infty} \dfrac{1+\dfrac{2}{x}-\dfrac{1}{x^2}\cdot\sin x}{2+\dfrac{1}{x^2}\cdot\sin x} = \dfrac{1}{2}.$$

例 5　求 $\lim\limits_{x\to 0}\dfrac{x-\sin x}{x+\sin x}$.

解　$\lim\limits_{x\to 0}\dfrac{x-\sin x}{x+\sin x}=\lim\limits_{x\to 0}\dfrac{1-\dfrac{\sin x}{x}}{1+\dfrac{\sin x}{x}}=0$.

例 6　求 $\lim\limits_{x\to\infty}\left(\dfrac{2x+1}{2x+3}\right)^{x}$.

解　$\lim\limits_{x\to\infty}\left(\dfrac{2x+1}{2x+3}\right)^{x}=\lim\limits_{x\to\infty}\left(\dfrac{1+\dfrac{1}{2x}}{1+\dfrac{3}{2x}}\right)^{x}=\lim\limits_{x\to\infty}\dfrac{\left[\left(1+\dfrac{1}{2x}\right)^{2x}\right]^{\frac{1}{2}}}{\left[\left(1+\dfrac{3}{2x}\right)^{\frac{2x}{3}}\right]^{\frac{3}{2}}}=\dfrac{\mathrm{e}^{\frac{1}{2}}}{\mathrm{e}^{\frac{3}{2}}}=\dfrac{1}{\mathrm{e}}$.

例 7　求 $\lim\limits_{x\to 0}\dfrac{\tan x-\sin x}{\sqrt{2+x^{2}}\,(\mathrm{e}^{x^{3}}-1)}$.

解　$\lim\limits_{x\to 0}\dfrac{\tan x-\sin x}{\sqrt{2+x^{2}}\,(\mathrm{e}^{x^{3}}-1)}=\dfrac{1}{\sqrt{2}}\lim\limits_{x\to 0}\dfrac{\tan x(1-\cos x)}{\mathrm{e}^{x^{3}}-1}=\dfrac{1}{\sqrt{2}}\lim\limits_{x\to 0}\dfrac{x\cdot\dfrac{1}{2}x^{2}}{x^{3}}=\dfrac{1}{2\sqrt{2}}$.

四、课后习题全解

习　题　一

1. 下列各数列是否收敛, 若收敛, 试指出其收敛于何值:

(1) $\dfrac{1}{n}$;　　　　(2) $\dfrac{n-1}{n}$;　　　　(3) $x_n=\dfrac{1}{3^n}$;　　　　(4) $x_n=2+\dfrac{1}{n^2}$;

(5) 2^n;　　　　(6) $x_n=(-1)^n n$;　　　(7) $(-1)^{n+1}$;　　　(8) $x_n=\dfrac{1+(-1)^n}{1000}$.

解　(1) $\dfrac{1}{n}$ 是单调减少数列, 且有界数列, 故是收敛数列, 收敛于 0.

(2) $\dfrac{n-1}{n}=1-\dfrac{1}{n}$, 是单调增加数列, 且是有界数列, 故是收敛数列, 收敛于 1.

(3) $\dfrac{1}{3^n}$ 是单调减少数列, 且有界数列, 故是收敛数列, 收敛于 0.

(4) $2+\dfrac{1}{n^2}$ 是单调减少数列, 且有界数列, 故是收敛数列, 收敛于 2.

(5) 2^n 是单调增加数列且无界, 故发散.

(6) $(-1)^n n$ 为无界数列, 因此是发散数列.

(7) $(-1)^{n+1}$ 在 -1 与 1 之间振荡, 不能趋近于一个固定常数, 因此是发散数列.

(8) $\dfrac{1+(-1)^n}{1000}$ 在 $\dfrac{2}{1000}$ 与 0 之间振荡, 因此是发散数列.

2. 根据数列极限的"$\varepsilon\text{-}N$"定义，证明下列各题：

(1) $\lim\limits_{n\to\infty}\dfrac{1}{\sqrt{n}}=0$;   (2) $\lim\limits_{n\to\infty}\dfrac{\sqrt{n^2+a^2}}{n}=1$;   (3) $\lim\limits_{x\to\infty}\dfrac{9-n^2}{2+4n^2}=-\dfrac{1}{4}$.

证明 (1)任意给定 $\varepsilon>0$，要使

$$\left|\frac{1}{\sqrt{n}}-0\right|<\varepsilon,$$

只要 $n>\dfrac{1}{\varepsilon^2}$.

取 $N=\left[\dfrac{1}{\varepsilon^2}\right]$，则当 $n>N$ 时，必有

$$\left|\frac{1}{\sqrt{n}}-0\right|<\varepsilon,$$

即

$$\lim_{n\to\infty}\frac{1}{\sqrt{n}}=0.$$

(2)任意给定 $\varepsilon>0$，要使

$$\left|\frac{\sqrt{n^2+a^2}}{n}-1\right|<\varepsilon,$$

由于

$$\left|\frac{\sqrt{n^2+a^2}}{n}-1\right|=\left|\frac{\sqrt{n^2+a^2}-n}{n}\right|=\left|\frac{a^2}{n(\sqrt{n^2+a^2}+n)}\right|<\frac{a^2}{n^2},$$

所以只要 $\dfrac{a^2}{n^2}<\varepsilon$，即 $n>\dfrac{|a|}{\sqrt{\varepsilon}}$.

取 $N=\left[\dfrac{|a|}{\sqrt{\varepsilon}}\right]$，则当 $n>N$ 时，必有

$$\left|\frac{\sqrt{n^2+a^2}}{n}-1\right|<\varepsilon,$$

即

$$\lim_{n\to\infty}\frac{\sqrt{n^2+a^2}}{n}=1.$$

(3)任意给定 $\varepsilon>0$，要使

$$\left|\frac{9-n^2}{2+4n^2}+\frac{1}{4}\right|<\varepsilon,$$

由于

$$\left|\frac{9-n^2}{2+4n^2}+\frac{1}{4}\right|=\left|\frac{19}{4(1+2n^2)}\right|<\frac{19}{n^2}\leqslant\frac{19}{n},$$

所以只要 $\frac{19}{n}<\varepsilon$，即 $n>\frac{19}{\varepsilon}$.

取 $N=\left[\frac{19}{\varepsilon}\right]$，则当 $n>N$ 时，必有

$$\left|\frac{9-n^2}{2+4n^2}+\frac{1}{4}\right|<\varepsilon,$$

即

$$\lim_{n\to\infty}\frac{9-n^2}{2+4n^2}=-\frac{1}{4}.$$

3. 证明：若 $\lim\limits_{n\to\infty}x_n=a$，则对任何自然数 k，有 $\lim\limits_{n\to\infty}x_{n+k}=a$.

证明　由 $\lim\limits_{n\to\infty}x_n=a$ 可知，对于任意给定 $\varepsilon>0$，存在正整数 N，当 $n>N$ 时，必有

$$|x_n-a|<\varepsilon.$$

对于任何自然数 k，当 $n>N$ 时，$n+k>N$，所以必有

$$|x_{n+k}-a|<\varepsilon,$$

即

$$\lim_{n\to\infty}x_{n+k}=a.$$

4. 证明：若 $\lim\limits_{n\to\infty}x_n=a$，则 $\lim\limits_{n\to\infty}|x_n|=|a|$. 考察数列 $x_n=(-1)^n$，说明上述结论反之不成立.

证明　由 $\lim\limits_{n\to\infty}x_n=a$ 可知，对于任意给定 $\varepsilon>0$，存在正整数 N，当 $n>N$ 时，必有

$$|x_n-a|<\varepsilon.$$

由于

$$||x_n|-|a||\leqslant|x_n-a|.$$

所以当 $n>N$ 时，必有

$$||x_n|-|a||<\varepsilon,$$

即

$$\lim_{n\to\infty}|x_n|=|a|.$$

对于数列 $x_n=(-1)^n$，$|x_n|=|(-1)^n|=1\to 1(n\to\infty)$，而原数列极限不存在. 即该结论的逆命题不成立.

5. 若数列 x_n 有界，又 $\lim_{n\to\infty}y_n=0$，证明 $\lim_{n\to\infty}(x_n\cdot y_n)=0$.

证明 由数列 x_n 有界可知，$\exists M>0$，使得数列 x_n 的每一项都满足

$$|x_n|\leqslant M.$$

由于 $\lim_{x\to\infty}y_n=0$，则根据数列极限定义可知，对于任意给定 $\varepsilon>0$，存在正整数 N，当 $n>N$ 时，必有

$$|y_n-0|=|y_n|<\frac{\varepsilon}{M}.$$

进而当 $n>N$ 时，

$$|x_n\cdot y_n-0|=|x_n|\cdot|y_n|<M\cdot\frac{\varepsilon}{M}=\varepsilon,$$

即

$$\lim_{n\to\infty}(x_n\cdot y_n)=0.$$

6. 判别数列 $\left\{x_n=\sin\frac{n\pi}{8},n\in\mathbf{N}\right\}$ 的收敛性.

解 取数列 $x_n=\sin\frac{n\pi}{8}$ 的子列 $\sin\frac{16k\pi}{8}$ 和子列 $\sin\frac{(16k+4)\pi}{8}$，当 $k\to\infty$ 时，

$$\sin\frac{16k\pi}{8}=\sin 2k\pi=0\to 0,\quad \sin\frac{(16k+4)\pi}{8}=\sin\left(2k\pi+\frac{\pi}{2}\right)=1\to 1,$$

即 $\sin\frac{16k\pi}{8}$，$\sin\frac{(16k+4)\pi}{8}$ 是数列 $x_n=\sin\frac{n\pi}{8}$ 的两个不同的收敛子列，且极限不同，因此数列 $x_n=\sin\frac{n\pi}{8}$ 发散.

习　题　二

1. 求下列极限:

(1) $\lim_{n\to\infty}\dfrac{3n^3+2n+4}{5n^3+n^2-n+1}$；

(2) $\lim_{n\to\infty}(\sqrt{n^2+2n}-n)$；

(3) $\lim_{n\to\infty}\left(\dfrac{1+2+3+\cdots+n}{n+2}-\dfrac{n}{2}\right)$；

(4) $\lim_{n\to\infty}\dfrac{(-2)^n+3^n}{(-2)^{n+1}+3^{n+1}}$.

解　(1) $\lim\limits_{n\to\infty}\dfrac{3n^3+2n+4}{5n^3+n^2-n+1}=\lim\limits_{n\to\infty}\dfrac{3+\dfrac{2}{n^2}+\dfrac{4}{n^3}}{5+\dfrac{1}{n}-\dfrac{1}{n^2}+\dfrac{1}{n^3}}=\dfrac{\lim\limits_{n\to\infty}\left(3+\dfrac{2}{n^2}+\dfrac{4}{n^3}\right)}{\lim\limits_{n\to\infty}\left(5+\dfrac{1}{n}-\dfrac{1}{n^2}+\dfrac{1}{n^3}\right)}$

$$=\dfrac{3+0+0}{5+0-0+0}=\dfrac{3}{5};$$

(2) $\lim\limits_{n\to\infty}(\sqrt{n^2+2n}-n)=\lim\limits_{n\to\infty}\dfrac{2n}{\sqrt{n^2+2n}+n}=\lim\limits_{n\to\infty}\dfrac{2}{\sqrt{1+\dfrac{2}{n}}+1}=1;$

(3) $\lim\limits_{n\to\infty}\left(\dfrac{1+2+3+\cdots+n}{n+2}-\dfrac{n}{2}\right)=\lim\limits_{n\to\infty}\left[\dfrac{n(n+1)}{2(n+2)}-\dfrac{n}{2}\right]=\lim\limits_{n\to\infty}\dfrac{-n}{2(n+2)}=-\dfrac{1}{2};$

(4) $\lim\limits_{n\to\infty}\dfrac{(-2)^n+3^n}{(-2)^{n+1}+3^{n+1}}=\lim\limits_{n\to\infty}\dfrac{\left(\dfrac{-2}{3}\right)^n+1}{-2\left(\dfrac{-2}{3}\right)^n+3}=\dfrac{\lim\limits_{n\to\infty}\left[\left(\dfrac{-2}{3}\right)^n+1\right]}{\lim\limits_{n\to\infty}\left[-2\left(\dfrac{-2}{3}\right)^n+3\right]}=\dfrac{0+1}{0+3}=\dfrac{1}{3}.$

2. 利用夹逼定理证明:

(1) $\lim\limits_{n\to\infty}\dfrac{1}{n^2}+\dfrac{1}{(n+1)^2}+\cdots+\dfrac{1}{(2n^2)}=0;$

(2) $\lim\limits_{n\to\infty}\left(\dfrac{1}{n^2+1}+\dfrac{2}{n^2+2}+\cdots+\dfrac{n}{n^2+n}\right)=\dfrac{1}{2}.$

证明　(1) 易知

$$\dfrac{1}{(2n)^2}\leqslant\dfrac{1}{(n+i)^2}\leqslant\dfrac{1}{n^2},\quad i=1,2,\cdots,n,$$

对这 n 个不等式相加得

$$\dfrac{1}{4n}=\dfrac{n}{(2n)^2}\leqslant\dfrac{1}{n^2}+\dfrac{1}{(n+1)^2}+\cdots+\dfrac{1}{(2n)^2}\leqslant\dfrac{n}{n^2}=\dfrac{1}{n}.$$

由于

$$\lim\limits_{n\to\infty}\dfrac{1}{4n}=0,\quad\lim\limits_{n\to\infty}\dfrac{1}{n}=0,$$

由夹逼定理可知

$$\lim\limits_{n\to\infty}\dfrac{1}{n^2}+\dfrac{1}{(n+1)^2}+\cdots+\dfrac{1}{(2n)^2}=0.$$

(2) 易知

$$\dfrac{i}{n^2+n}\leqslant\dfrac{i}{n^2+i}\leqslant\dfrac{i}{n^2+1},\quad i=1,2,\cdots,n,$$

所以有

$$\frac{1+2+\cdots+n}{n^2+n} \leqslant \frac{1}{n^2+1}+\frac{2}{n^2+2}+\cdots+\frac{n}{n^2+n} \leqslant \frac{1+2+\cdots+n}{n^2+1}.$$

即

$$\frac{1}{2} \leqslant \frac{1}{n^2+1}+\frac{2}{n^2+2}+\cdots+\frac{n}{n^2+n} \leqslant \frac{1}{2}\frac{n^2+n}{n^2+1},$$

由于

$$\lim_{n\to\infty}\frac{1}{2}\cdot\frac{n^2+n}{n^2+1}=\frac{1}{2},$$

由夹逼定理可知

$$\lim_{n\to\infty}\left(\frac{1}{n^2+1}+\frac{2}{n^2+2}+\cdots+\frac{n}{n^2+n}\right)=\frac{1}{2}.$$

3. 利用单调有界数列收敛准则证明下列数列的极限存在.

(1) $x_1=\sqrt{2}$, $x_{n+1}=\sqrt{2x_n}$, $n=1,2,3,\cdots$;

(2) $x_1>0$, $x_{n+1}=\frac{1}{2}\left(x_n+\frac{3}{x_n}\right)$, $n=1,2,3,\cdots$;

(3) 设 x_n 单调递增, y_n 单调递减, 且 $\lim_{n\to\infty}(x_n-y_n)=0$, 证明 x_n 和 y_n 的极限均存在.

证明 (1)易知 $x_2=\sqrt{2\sqrt{2}}$, 且 $x_n>0$. 显然

$$x_2-x_1=\sqrt{2\sqrt{2}}-\sqrt{2}>0,$$

假设 $x_k-x_{k-1}>0$, 则有

$$x_{k+1}-x_k=\sqrt{2}(\sqrt{x_k}-\sqrt{x_{k-1}})>0.$$

根据数学归纳法可知 x_n 为单调增加数列.

当 $n=1$ 时, $1<x_1=\sqrt{2}<2$. 假设 $n=k\,(k>1)$ 时, $1<x_k<2$, 则当 $n=k+1$ 时,

$$1<x_{k+1}=\sqrt{2x_k}<2,$$

所以对一切正整数 n, 有 $1<x_n<2$, 即数列 x_n 有界.

数列 x_n 单调增加且有界, 所以数列 x_n 收敛.

设 $\lim_{n\to\infty}x_n=a$, 则 $a\geqslant 1$. 由递推式得

$$\lim_{n\to\infty}x_{n+1}=\lim_{n\to\infty}\sqrt{2x_n},$$

即 $a=\sqrt{2a}$, 解得 $a=2$ 或 $a=0$(舍去), 因此 $\lim_{n\to\infty}x_n=2$.

(2)由 $x_1>0$, 易知 $x_n>0$, 且

$$x_{n+1} = \frac{1}{2}\left(x_n + \frac{3}{x_n}\right) \geqslant \frac{1}{2} \cdot 2\sqrt{x_n \cdot \frac{3}{x_n}} = \sqrt{3},$$

$$x_{n+1} - x_n = \frac{1}{2}\left(x_n + \frac{3}{x_n}\right) - \frac{1}{2}\left(x_{n-1} + \frac{3}{x_{n-1}}\right) = \left(\frac{1}{2} - \frac{3}{2x_n x_{n-1}}\right)(x_n - x_{n-1}).$$

当 $x_1 = \sqrt{3}$ 时，$x_n = \sqrt{3}$，所以此时数列收敛，且极限为 $\sqrt{3}$.

当 $x_1 \neq \sqrt{3}$ 时，则 $n > 2$ 时，$x_n > \sqrt{3}$，且

$$\frac{1}{2} - \frac{3}{2x_n x_{n-1}} > 0.$$

进而有 $x_{n+1} - x_n$ 与 $x_n - x_{n-1}$ 永远同号. 由于

$$x_3 - x_2 = \frac{1}{2}\left(x_2 + \frac{3}{x_2}\right) - x_2 = \frac{3 - x_2^2}{2x_2} < 0,$$

所以

$$x_{n+1} < x_n < \cdots < x_3 < x_2,$$

即 x_n 为单调减少数列. 又由于

$$x_2 > x_n > \sqrt{3},$$

所以 x_n 为有界数列. 因此数列 x_n 收敛.

设 $\lim\limits_{n \to \infty} x_n = a$，则 $a \geqslant 0$. 由递推式得

$$\lim_{n \to \infty} x_{n+1} = \lim_{n \to \infty}\left[\frac{1}{2}\left(x_n + \frac{3}{x_n}\right)\right],$$

即

$$a = \frac{1}{2}\left(a + \frac{3}{a}\right),$$

解得 $a = \sqrt{3}$ 或 $a = -\sqrt{3}$（舍去）. 所以 $\lim\limits_{n \to \infty} x_n = \sqrt{3}$.

(3) 由 $\lim\limits_{n \to \infty}(x_n - y_n) = 0$ 可知，存在正整数 N，使得当 $n > N$ 时，有

$$|x_n - y_n| < 1,$$

于是

$$-1 + y_n < x_n < 1 + y_n, \quad -1 + x_n < y_n < 1 + x_n.$$

由 x_n，y_n 的单调性可知，

$$x_1 < x_n < 1 + y_1, \quad -1 + x_1 < y_n < y_1.$$

因此 x_n，y_n 均为单调且有界的数列，从而 x_n 和 y_n 的极限均存在.

习 题 三

1. 设 $y = 2x - 1$，问 δ 等于多少时，有"当 $|x-4| < \delta$ 时，$|y-7| < 0.1$"成立?

解 由于

$$|y-7| = |2x-8| = 2|x-4| < 0.1,$$

所以 $|x-4| < 0.05$. 因此取 $\delta = 0.05$ 时，有 $|y-7| < 0.1$.

2. 用极限定义证明:

(1) $\lim\limits_{x\to\infty} \dfrac{1+2x^2}{5x^2} = \dfrac{2}{5}$;

(2) $\lim\limits_{x\to\infty} \dfrac{\sin x}{x} = 0$;

(3) $\lim\limits_{x\to 1}(2x-1) = 1$;

(4) $\lim\limits_{x\to -3} \dfrac{x^2-9}{x+3} = -6$.

证明 (1) 对于任意给定的 $\varepsilon > 0$，要使

$$\left|\dfrac{1+2x^2}{5x^2} - \dfrac{2}{5}\right| = \dfrac{1}{5x^2} < \varepsilon,$$

只要

$$|x| > \sqrt{\dfrac{1}{5\varepsilon}}.$$

取 $X = \sqrt{\dfrac{1}{5\varepsilon}}$，当 $|x| > X$ 时，有

$$\left|\dfrac{1+2x^2}{5x^2} - \dfrac{2}{5}\right| < \varepsilon,$$

即

$$\lim_{x\to\infty} \dfrac{1+2x^2}{5x^2} = \dfrac{2}{5}.$$

(2) 对于任意给定的 $\varepsilon > 0$，要使

$$\left|\dfrac{\sin x}{x} - 0\right| < \varepsilon,$$

由于

$$\left|\dfrac{\sin x}{x} - 0\right| = \left|\dfrac{\sin x}{x}\right| < \left|\dfrac{1}{x}\right|,$$

只要 $\left|\dfrac{1}{x}\right| < \varepsilon$，即 $|x| > \dfrac{1}{\varepsilon}$．

取 $X = \dfrac{1}{\varepsilon}$，当 $|x| > X$ 时，有

$$\left|\dfrac{\sin x}{x} - 0\right| < \varepsilon,$$

即

$$\lim_{x \to \infty} \dfrac{\sin x}{x} = 0.$$

(3) 对于任意给定的 $\varepsilon > 0$，要使

$$|(2x-1)-1| = 2|x-1| < \varepsilon,$$

只要

$$|x-1| < \dfrac{\varepsilon}{2}.$$

取 $\delta = \dfrac{\varepsilon}{2}$，当 $0 < |x-1| < \delta$ 时，有

$$|(2x-1)-1| < \varepsilon,$$

即

$$\lim_{x \to 1} (2x-1) = 1.$$

(4) 对于任意给定的 $\varepsilon > 0$，要使

$$\left|\dfrac{x^2-9}{x+3} - (-6)\right| = |x+3| < \varepsilon,$$

只要

$$|x+3| < \varepsilon.$$

取 $\delta = \varepsilon$，当 $0 < |x+3| < \delta$ 时，有

$$\left|\dfrac{x^2-9}{x+3} - (-6)\right| < \varepsilon,$$

即

$$\lim_{x \to -3} \dfrac{x^2-9}{x+3} = -6.$$

3. 设 $f(x) = \begin{cases} x, & x < 1, \\ 1, & x \geqslant 1, \end{cases}$ 问 $\lim\limits_{x \to 1} f(x)$ 是否存在?

解　由于

$$\lim_{x \to 1^-} f(x) = \lim_{x \to 1^-} x = 1, \quad \lim_{x \to 1^+} f(x) = \lim_{x \to 1^+} 1 = 1,$$

即 $\lim\limits_{x \to 1^-} f(x) = \lim\limits_{x \to 1^+} f(x) = 1$, 所以 $\lim\limits_{x \to 1} f(x) = 1$.

4. 验证 $\lim\limits_{x \to 0} \dfrac{|x|}{x}$ 不存在.

解　由于

$$\lim_{x \to 0^-} \frac{|x|}{x} = \lim_{x \to 0^-} \frac{-x}{x} = -1, \quad \lim_{x \to 0^+} \frac{|x|}{x} = \lim_{x \to 0^+} \frac{x}{x} = 1,$$

即 $\lim\limits_{x \to 0^-} \dfrac{|x|}{x} \neq \lim\limits_{x \to 0^+} \dfrac{|x|}{x}$, 所以 $\lim\limits_{x \to 0} \dfrac{|x|}{x}$ 不存在.

5. 判断极限 $\lim\limits_{x \to \infty} \arctan x$ 是否存在, 并说明理由.

解　由于

$$\lim_{x \to -\infty} \arctan x = -\frac{\pi}{2}, \quad \lim_{x \to +\infty} \arctan x = \frac{\pi}{2},$$

即 $\lim\limits_{x \to -\infty} \arctan x \neq \lim\limits_{x \to +\infty} \arctan x$, 所以极限 $\lim\limits_{x \to \infty} \arctan x$ 不存在.

6. 判断下列命题是否正确:

(1) 无穷小与无穷小的商一定是无穷小;

(2) 有界函数与无穷小之积为无穷小;

(3) 有界函数与无穷大之积为无穷大;

(4) 有限个无穷小之和为无穷小;

(5) 有限个无穷大之和为无穷大;

(6) $y = x \sin x$ 在 $(-\infty, +\infty)$ 内无界, 但 $\lim\limits_{x \to \infty} x \sin x \neq \infty$;

(7) 无穷大的倒数都是无穷小;

(8) 无穷小的倒数都是无穷大.

分析　(1) 错误. 例如, $x \to 1$ 时, $x - 1$ 和 $x^2 - 1$ 是无穷小, 但 $\lim\limits_{x \to 1} \dfrac{x-1}{x^2-1} = \lim\limits_{x \to 1} \dfrac{1}{x+1} = \dfrac{1}{2}$.

(2) 正确. 证明见教材第二章第三节定理 4.

(3) 错误. 例如, x^2 在去心邻域 $\overset{\circ}{U}(0,1)$ 内是有界函数, $x \to 0$ 时, $\dfrac{1}{x}$ 是无穷大量, 而 $x^2 \cdot$

$\dfrac{1}{x} = x \to 0$.

(4) 正确. 证明见教材第二章第三节推论 1.

(5) 错误. 例如, $x \to \infty$ 时, x^2, $1 - x^2$ 都是无穷大, 但 $x^2 + (1 - x^2) = 1$ 不是无穷大.

(6) 正确. 因为取 $x = n\pi$, 当 $n \to \infty$ 时, $x\sin x = 0 \to 0$, 而取 $x = 2n\pi + \dfrac{\pi}{2}$, 当 $n \to \infty$ 时,

$x\sin x = 2n\pi + \dfrac{\pi}{2} \to \infty$, 因此 $y = x\sin x$ 在 $(-\infty, +\infty)$ 内无界, 但 $\lim\limits_{x\to\infty} x\sin x \neq \infty$.

(7) 正确. 见教材第二章第三节定理 5.

(8) 错误; 0 也是无穷小, 它的倒数不存在.

7. 指出下列函数哪些是该极限过程中的无穷小量, 哪些是该极限过程中的无穷大量.

(1) $f(x) = \dfrac{3}{x^2 - 4}$, $x \to 2$;

(2) $f(x) = \ln x$, $x \to 0^+$, $x \to 1$, $x \to +\infty$;

(3) $f(x) = e^{\frac{1}{x}}$, $x \to 0^+$, $x \to 0^-$;

(4) $f(x) = \dfrac{\pi}{2} - \text{atc}\tan x$, $x \to +\infty$;

(5) $f(x) = \dfrac{1}{x} \cdot \sin x$, $x \to \infty$;

(6) $f(x) = \dfrac{1}{x^2} \cdot \sqrt{1 + \dfrac{1}{x^2}}$, $x \to \infty$.

解　(1) 当 $x \to 2$ 时, $x^2 - 4 \to 0$ 为无穷小, 即 $f(x) = \dfrac{3}{x^2 - 4} \to \infty$.

(2) 从 $\ln x$ 的图像可知, $\lim\limits_{x\to 0^+} \ln x = -\infty$, 即 $\ln x$ 为 $x \to 0^+$ 时的无穷大;

$\lim\limits_{x\to 1} \ln x = 0$, 即 $\ln x$ 为 $x \to 1$ 时的无穷小;

$\lim\limits_{x\to +\infty} \ln x = +\infty$, 即 $\ln x$ 为 $x \to +\infty$ 时的无穷大.

(3) 当 $x \to 0^+$ 时, $\dfrac{1}{x} \to +\infty$, $e^{\frac{1}{x}} \to +\infty$, 即 $e^{\frac{1}{x}}$ 为 $x \to 0^+$ 时的无穷大;

当 $x \to 0^-$ 时, $\dfrac{1}{x} \to -\infty$, $e^{\frac{1}{x}} \to 0$, 即 $e^{\frac{1}{x}}$ 为 $x \to 0^-$ 时的无穷小.

(4) $\lim\limits_{x\to +\infty} \arctan x = \dfrac{\pi}{2}$, 即 $\dfrac{\pi}{2} - \text{atc}\tan x$ 为 $x \to +\infty$ 时的无穷小.

(5) $\lim\limits_{x\to\infty} \dfrac{1}{x}\sin x = 0$, 即 $\dfrac{1}{x} \cdot \sin x$ 为 $x \to \infty$ 时的无穷小.

(6) $x \to \infty$, $\dfrac{1}{x} \to 0$, $\dfrac{1}{x^2} \cdot \sqrt{1 + \dfrac{1}{x^2}} \to 0 \cdot 1 = 0$, 即 $\dfrac{1}{x^2} \cdot \sqrt{1 + \dfrac{1}{x^2}}$ 为 $x \to \infty$ 时的无穷小.

习　题　四

1. 求下列极限:

(1) $\lim\limits_{x\to -2} (3x^2 - 5x + 2)$;

(2) $\lim\limits_{x\to 1} \dfrac{2x - 3}{x^2 - 5x + 4}$;

(3) $\lim\limits_{x\to 3} \dfrac{x - 3}{x^2 - 9}$;

(4) $\lim\limits_{x\to 4} \dfrac{\sqrt{x} - 2}{x - 4}$;

(5) $\lim\limits_{x\to\infty} \dfrac{6x^3 + 4}{2x^4 + 3x^2}$;

(6) $\lim\limits_{x\to 3} \dfrac{\sqrt{2x + 3} - 3}{\sqrt{x + 1} - 2}$;

(7) $\lim\limits_{x \to 1}\left(\dfrac{1}{1-x}-\dfrac{3}{1-x^3}\right)$; (8) $\lim\limits_{h \to 0}\dfrac{(x+h)^3-x^3}{h}$.

解 (1) $\lim\limits_{x \to -2}(3x^2-5x+2)=24$.

(2) $\lim\limits_{x \to 1}\dfrac{x^2-5x+4}{2x-3}=0$, 则 $\lim\limits_{x \to 1}\dfrac{2x-3}{x^2-5x+4}=\infty$.

(3) $\lim\limits_{x \to 3}\dfrac{x-3}{x^2-9}=\lim\limits_{x \to 3}\dfrac{x-3}{(x-3)(x+3)}=\lim\limits_{x \to 3}\dfrac{1}{x+3}=\dfrac{1}{6}$.

(4) $\lim\limits_{x \to 4}\dfrac{\sqrt{x}-2}{x-4}=\lim\limits_{x \to 4}\dfrac{\sqrt{x}-2}{(\sqrt{x}-2)(\sqrt{x}+2)}=\lim\limits_{x \to 4}\dfrac{1}{\sqrt{x}+2}=\dfrac{1}{4}$.

(5) $\lim\limits_{x \to \infty}\dfrac{6x^3+4}{2x^4+3x^2}=\lim\limits_{x \to \infty}\dfrac{\dfrac{6}{x}+\dfrac{4}{x^4}}{2+\dfrac{3}{x^2}}=0$.

(6) $\lim\limits_{x \to 3}\dfrac{\sqrt{2x+3}-3}{\sqrt{x+1}-2}=\lim\limits_{x \to 3}\dfrac{(\sqrt{2x+3}-3)(\sqrt{2x+3}+3)(\sqrt{x+1}+2)}{(\sqrt{x+1}-2)(\sqrt{x+1}+2)(\sqrt{2x+3}+3)}$

$=\lim\limits_{x \to 3}\dfrac{(2x-6)(\sqrt{x+1}+2)}{(x-3)(\sqrt{2x+3}+3)}=\lim\limits_{x \to 3}\dfrac{2(\sqrt{x+1}+2)}{\sqrt{2x+3}+3}=\dfrac{4}{3}$.

(7) $\lim\limits_{x \to 1}\left(\dfrac{1}{1-x}-\dfrac{3}{1-x^3}\right)=\lim\limits_{x \to 1}\dfrac{(1+x+x^2)-3}{(1-x)(1+x+x^2)}=\lim\limits_{x \to 1}\dfrac{-(1-x)(2+x)}{(1-x)(1+x+x^2)}$

$=\lim\limits_{x \to 1}\dfrac{-(2+x)}{1+x+x^2}=-1$.

(8) $\lim\limits_{h \to 0}\dfrac{(x+h)^3-x^3}{h}=\lim\limits_{h \to 0}\dfrac{(x+h-x)[(x+h)^2+x(x+h)+x^2]}{h}=3x^2$.

2. 已知 $f(x)=\begin{cases} x-1, & x<0, \\ \dfrac{x^2+3x-1}{x^3+1}, & x \geqslant 0, \end{cases}$ 求 $\lim\limits_{x \to 0}f(x)$, $\lim\limits_{x \to +\infty}f(x)$, $\lim\limits_{x \to -\infty}f(x)$.

解 由于

$$\lim\limits_{x \to 0^-}f(x)=\lim\limits_{x \to 0^-}(x-1)=-1, \quad \lim\limits_{x \to 0^+}f(x)=\lim\limits_{x \to 0^+}\dfrac{x^2+3x-1}{x^3+1}=-1,$$

所以

$$\lim\limits_{x \to 0}f(x)=-1,$$

$$\lim\limits_{x \to -\infty}f(x)=\lim\limits_{x \to -\infty}(x-1)=-\infty, \quad \lim\limits_{x \to +\infty}f(x)=\lim\limits_{x \to +\infty}\dfrac{x^2+3x-1}{x^3+1}=0.$$

3. 设 $\lim\limits_{x \to -1}\dfrac{x^3-ax^2-x+4}{x+1}=m$, 求 a 和 m.

解 因为

$$\lim\limits_{x \to -1}(x+1)=0, \quad \lim\limits_{x \to -1}\dfrac{x^3-ax^2-x+4}{x+1}=m,$$

所以

$$\lim_{x \to -1}(x^3 - ax^2 - x + 4) = 0,$$

即 $a = 4$，则

$$m = \lim_{x \to -1}\frac{x^3 - 4x^2 - x + 4}{x + 1} = \lim_{x \to -1}\frac{x^3 - x - 4x^2 + 4}{x + 1} = \lim_{x \to -1}\frac{(x-4)(x-1)(x+1)}{x+1}$$
$$= \lim_{x \to -1}(x-4)(x-1) = 10.$$

4. 设 $\lim\limits_{x \to \infty}\dfrac{(1+a)x^4 + bx^3 + 2}{x^3 + x^2 - 1} = -2$，求 a, b.

解　两个多项式在 $x \to \infty$ 时相除的极限为常数，说明分子分母的最高次相同且最高次项的系数之比为极限. 所以 $1 + a = 0$，$\dfrac{b}{1} = -2$，即 $a = -1$，$b = -2$.

5. 求下列极限:

(1) $\lim\limits_{x \to +\infty}(\sqrt{x(x+a)} - x)$;　　　　(2) $\lim\limits_{x \to +\infty}(\sqrt{x^2 + x} - \sqrt{x^2 - x})$.

解　(1) $\lim\limits_{x \to +\infty}(\sqrt{x(x+a)} - x) = \lim\limits_{x \to +\infty}\sqrt{x}(\sqrt{x+a} - \sqrt{x}) = \lim\limits_{x \to +\infty}\dfrac{a\sqrt{x}}{\sqrt{x+a} + \sqrt{x}}$

$$= \lim_{x \to +\infty}\frac{a}{\sqrt{1 + \dfrac{a}{x}} + 1} = \frac{a}{2}.$$

(2) $\lim\limits_{x \to +\infty}(\sqrt{x^2 + x} - \sqrt{x^2 - x}) = \lim\limits_{x \to +\infty}\left(\dfrac{2x}{\sqrt{x^2 + x} + \sqrt{x^2 - x}}\right) = \lim\limits_{x \to +\infty}\dfrac{2}{\sqrt{1 + \dfrac{1}{x}} + \sqrt{1 - \dfrac{1}{x}}} = 1.$

6. 若 $\lim\limits_{x \to x_0} f(x)$ 存在，$\lim\limits_{x \to x_0} g(x)$ 不存在，问 $\lim\limits_{x \to x_0}[f(x) \pm g(x)]$，$\lim\limits_{x \to x_0}[f(x)g(x)]$ 是否存在，为什么?

解　$\lim\limits_{x \to x_0}[f(x) \pm g(x)]$ 一定不存在. 如若不然，假设 $\lim\limits_{x \to x_0}[f(x) + g(x)]$ 存在，则

$$\lim_{x \to x_0} g(x) = \lim_{x \to x_0}[f(x) + g(x) - f(x)] = \lim_{x \to x_0}[f(x) + g(x)] - \lim_{x \to x_0} f(x)$$

存在，与 $\lim\limits_{x \to x_0} g(x)$ 不存在矛盾.

$\lim\limits_{x \to x_0}[f(x)g(x)]$ 不一定存在，因为当 $f(x) = 0$ 时，$\lim\limits_{x \to x_0}[f(x)g(x)] = 0$；当 $\lim\limits_{x \to x_0} f(x) \neq 0$ 时，$\lim\limits_{x \to x_0}[f(x)g(x)]$ 不存在，否则

$$\lim_{x \to x_0} g(x) = \lim_{x \to x_0}\frac{f(x)g(x)}{f(x)} = \frac{\lim\limits_{x \to x_0} f(x)g(x)}{\lim\limits_{x \to x_0} f(x)}$$

存在，与 $\lim\limits_{x \to x_0} g(x)$ 不存在矛盾.

7. 若 $\lim\limits_{x \to x_0} f(x)$ 和 $\lim\limits_{x \to x_0} g(x)$ 均存在，且 $f(x) \geqslant g(x)$，证明 $\lim\limits_{x \to x_0} f(x) \geqslant \lim\limits_{x \to x_0} g(x)$.

证明 (反证法) 假设 $\lim\limits_{x \to x_0} f(x) < \lim\limits_{x \to x_0} g(x)$，则存在 x_0 的某个邻域，使得在该邻域内，有 $f(x) < g(x)$，与题意矛盾. 故 $\lim\limits_{x \to x_0} f(x) \geqslant \lim\limits_{x \to x_0} g(x)$.

习 题 五

求下列极限:

(1) $\lim\limits_{x \to 0} \dfrac{\sin 5x}{3x}$;

(2) $\lim\limits_{x \to \infty} x \sin \dfrac{3}{x}$;

(3) $\lim\limits_{x \to 0} x \cot x$;

(4) $\lim\limits_{x \to 0} \dfrac{\tan 2x}{\sin 5x}$;

(5) $\lim\limits_{x \to 0} \dfrac{\arcsin x}{3x}$;

(6) $\lim\limits_{x \to 0} \dfrac{\arctan x}{x}$;

(7) $\lim\limits_{x \to \infty} \left(\dfrac{x}{1+x}\right)^{2x}$;

(8) $\lim\limits_{x \to \infty} \left(1 + \dfrac{1}{x^2}\right)^x$;

(9) $\lim\limits_{x \to 0} (1 - 2x)^{\frac{1}{x}}$;

(10) $\lim\limits_{x \to 0} \left(\dfrac{1+x}{1-x}\right)^{\frac{1}{x}}$;

(11) $\lim\limits_{x \to \infty} \left(\dfrac{x+4}{x+1}\right)^{x+1}$;

(12) $\lim\limits_{x \to 0} \dfrac{\sin 4x}{\sqrt{1+x}-1}$;

(13) $\lim\limits_{x \to 0} \dfrac{\cos 5x - \cos 2x}{x^2}$;

(14) $\lim\limits_{x \to a} \dfrac{\sin^2 x - \sin^2 a}{x-a}$;

(15) $\lim\limits_{x \to \infty} \left(\dfrac{3-2x}{2-2x}\right)^x$;

(16) $\lim\limits_{x \to +\infty} x[\ln(1+x) - \ln x]$;

(17) $\lim\limits_{x \to 0} (1 + 3\tan^2 x)^{\cot^2 x}$.

解 (1) $\lim\limits_{x \to 0} \dfrac{\sin 5x}{3x} = \lim\limits_{x \to 0} \dfrac{\sin 5x}{5x} \cdot \dfrac{5}{3} = \dfrac{5}{3}$.

(2) $\lim\limits_{x \to \infty} x \sin \dfrac{3}{x} = 3 \lim\limits_{x \to \infty} \dfrac{\sin \dfrac{3}{x}}{\dfrac{3}{x}} = 3$.

(3) $\lim\limits_{x \to 0} x \cot x = \lim\limits_{x \to 0} \dfrac{x}{\sin x} \cdot \cos x = 1$.

(4) $\lim\limits_{x \to 0} \dfrac{\tan 2x}{\sin 5x} = \lim\limits_{x \to 0} \dfrac{\sin 2x}{\cos 2x} \cdot \dfrac{1}{\sin 5x} = \lim\limits_{x \to 0} \dfrac{\sin 2x}{2x} \cdot \dfrac{5x}{\sin 5x} \cdot \dfrac{2}{5\cos 2x} = \dfrac{2}{5}$.

(5) $\lim\limits_{x \to 0} \dfrac{\arcsin x}{3x} \xlongequal{t=\arcsin x} \lim\limits_{t \to 0} \dfrac{t}{3\sin t} = \dfrac{1}{3}$.

(6) $\lim\limits_{x \to 0} \dfrac{\arctan x}{x} \xlongequal{t=\arctan x} \lim\limits_{t \to 0} \dfrac{t}{\tan t} = \lim\limits_{t \to 0} \dfrac{t}{\sin t} \cos t = 1$.

(7) $\lim\limits_{x \to \infty} \left(\dfrac{x}{1+x}\right)^{2x} = \lim\limits_{x \to \infty} \dfrac{1}{\left[\left(1 + \dfrac{1}{x}\right)^x\right]^2} = \dfrac{1}{e^2}$.

(8) 因为 $\lim\limits_{x \to \infty} \left(\dfrac{1}{x^2} \cdot x\right) = \lim\limits_{x \to \infty} \dfrac{1}{x} = 0$，所以 $\lim\limits_{x \to \infty} \left(1 + \dfrac{1}{x^2}\right)^x = \lim\limits_{x \to \infty} \left[\left(1 + \dfrac{1}{x^2}\right)^{x^2}\right]^{\frac{1}{x}} = e^0 = 1$.

(9) $\lim\limits_{x \to 0} (1 - 2x)^{\frac{1}{x}} = \lim\limits_{x \to 0} [1 + (-2x)]^{\frac{1}{-2x}(-2)} = \lim\limits_{x \to 0} \left\{[1 + (-2x)]^{\frac{1}{-2x}}\right\}^{-2} = e^{-2}$.

(10) $\lim\limits_{x\to 0}\left(\dfrac{1+x}{1-x}\right)^{\frac{1}{x}}=\lim\limits_{x\to 0}\dfrac{(1+x)^{\frac{1}{x}}}{(1-x)^{\frac{1}{x}}}=\dfrac{\lim\limits_{x\to 0}(1+x)^{\frac{1}{x}}}{\lim\limits_{x\to 0}[1+(-x)]^{-\frac{1}{x}\cdot(-1)}}=\dfrac{\mathrm{e}}{\mathrm{e}^{-1}}=\mathrm{e}^2.$

(11) $\lim\limits_{x\to\infty}\left(\dfrac{x+4}{x+1}\right)^{x+1}=\lim\limits_{x\to\infty}\left(\dfrac{x+4}{x+1}\right)^{x}\left(\dfrac{x+4}{x+1}\right)^{1}=\lim\limits_{x\to\infty}\left(\dfrac{1+\dfrac{4}{x}}{1+\dfrac{1}{x}}\right)^{x}=\lim\limits_{x\to\infty}\dfrac{\left(1+\dfrac{4}{x}\right)^{\frac{x}{4}\cdot 4}}{\left(1+\dfrac{1}{x}\right)^{x}}=\mathrm{e}^3.$

(12) $\lim\limits_{x\to 0}\dfrac{\sin 4x}{\sqrt{1+x}-1}=\lim\limits_{x\to 0}\dfrac{\sin 4x(\sqrt{1+x}+1)}{x}=4\lim\limits_{x\to 0}\dfrac{\sin 4x}{4x}\cdot(\sqrt{1+x}+1)=8.$

(13) $\lim\limits_{x\to 0}\dfrac{\cos 5x-\cos 2x}{x^2}=\lim\limits_{x\to 0}\dfrac{-2\sin\left(\dfrac{7x}{2}\right)\sin\left(\dfrac{3x}{2}\right)}{x^2}=\lim\limits_{x\to 0}\dfrac{\sin\left(\dfrac{7x}{2}\right)}{\dfrac{7}{2}x}\cdot\dfrac{\sin\left(\dfrac{3x}{2}\right)}{\dfrac{3}{2}x}\cdot\left(\dfrac{-21}{2}\right)$

$\qquad=\dfrac{-21}{2}.$

(14) $\lim\limits_{x\to a}\dfrac{\sin^2 x-\sin^2 a}{x-a}=\lim\limits_{x\to a}\dfrac{(\sin x-\sin a)(\sin x+\sin a)}{x-a}$

$\qquad=2\sin a\lim\limits_{x\to a}\dfrac{2\sin\dfrac{x-a}{2}\cos\dfrac{x+a}{2}}{x-a}=2\sin a\lim\limits_{x\to a}\cos\dfrac{x+a}{2}$

$\qquad=2\sin a\cos a=\sin 2a.$

(15) $\lim\limits_{x\to\infty}\left(\dfrac{3-2x}{2-2x}\right)^{x}=\lim\limits_{x\to\infty}\left(\dfrac{1-\dfrac{3}{2x}}{1-\dfrac{1}{x}}\right)^{x}=\lim\limits_{x\to\infty}\dfrac{\left(1-\dfrac{3}{2x}\right)^{\frac{-2x}{3}\cdot\frac{3}{-2}}}{\left(1+\dfrac{1}{-x}\right)^{-x\cdot(-1)}}=\dfrac{\mathrm{e}^{\frac{-3}{2}}}{\mathrm{e}^{-1}}=\mathrm{e}^{-\frac{1}{2}}.$

(16) $\lim\limits_{x\to+\infty}x[\ln(1+x)-\ln x]=\lim\limits_{x\to+\infty}\ln\left(1+\dfrac{1}{x}\right)^{x}=\ln\mathrm{e}=1.$

(17) $\lim\limits_{x\to 0}(1+3\tan^2 x)^{\cot^2 x}=\lim\limits_{x\to 0}(1+3\tan^2 x)^{\frac{1}{3\tan^2 x}\cdot 3}\xlongequal{t=\tan^2 x}\lim\limits_{t\to 0}\left[(1+t)^{\frac{1}{t}}\right]^{3}=\mathrm{e}^3.$

习 题 六

1. 利用等价无穷小量求下列极限:

(1) $\lim\limits_{x\to 0}\dfrac{\sin ax}{\tan bx}\ (b\neq 0)$;

(2) $\lim\limits_{x\to 0}\dfrac{\arctan x}{\arcsin x}$;

(3) $\lim\limits_{x\to 0}\dfrac{1-\cos kx}{x^2}$;

(4) $\lim\limits_{x\to 0}\dfrac{\ln(1+x)}{\sqrt{1+x}-1}$;

(5) 设 $\lim\limits_{x\to 0}\dfrac{f(x)-3}{x^2}=100$, 求 $\lim\limits_{x\to 0}f(x)$;

(6) $\lim\limits_{x\to 0}\dfrac{\sqrt{2}-\sqrt{1+\cos x}}{\sqrt{1+x^2}-1}$;

(7) $\lim\limits_{x\to 0}\dfrac{\ln\cos 2x}{\ln\cos 3x}$;

(8) $\lim\limits_{x\to 0}\dfrac{\mathrm{e}^{ax}-\mathrm{e}^{bx}}{\sin ax-\sin bx}\ (a\neq b)$.

解 (1) $\lim\limits_{x \to 0} \dfrac{\sin ax}{\tan bx} = \lim\limits_{x \to 0} \dfrac{ax}{bx} = \dfrac{a}{b}$.

(2) $\lim\limits_{x \to 0} \dfrac{\arctan x}{\arcsin x} = \lim\limits_{x \to 0} \dfrac{x}{x} = 1$.

(3) $\lim\limits_{x \to 0} \dfrac{1 - \cos kx}{x^2} = \lim\limits_{x \to 0} \dfrac{\dfrac{1}{2}(kx)^2}{x^2} = \dfrac{k^2}{2}$.

(4) $\lim\limits_{x \to 0} \dfrac{\ln(1+x)}{\sqrt{1+x}-1} = \lim\limits_{x \to 0} \dfrac{x}{\dfrac{1}{2}x} = 2$.

(5) 由 $\lim\limits_{x \to 0} \dfrac{f(x)-3}{x^2} = 100$ 及 $\lim\limits_{x \to 0} x^2 = 0$ 可知, $\lim\limits_{x \to 0}[f(x)-3]=0$, 则 $\lim\limits_{x \to 0} f(x) = 3$.

(6) $\lim\limits_{x \to 0} \dfrac{\sqrt{2}-\sqrt{1+\cos x}}{\sqrt{1+x^2}-1} = \lim\limits_{x \to 0} \dfrac{1-\cos x}{\dfrac{x^2}{2}(\sqrt{2}+\sqrt{1+\cos x})} = \lim\limits_{x \to 0} \dfrac{1}{\sqrt{2}+\sqrt{1+\cos x}} = \dfrac{\sqrt{2}}{4}$.

(7) $\lim\limits_{x \to 0} \dfrac{\ln\cos 2x}{\ln\cos 3x} = \lim\limits_{x \to 0} \dfrac{\ln(1+\cos 2x-1)}{\ln(1+\cos 3x-1)} = \lim\limits_{x \to 0} \dfrac{\cos 2x-1}{\cos 3x-1} = \lim\limits_{x \to 0} \dfrac{-\dfrac{1}{2}(2x)^2}{-\dfrac{1}{2}(3x)^2} = \dfrac{4}{9}$.

(8) $\lim\limits_{x \to 0} \dfrac{\mathrm{e}^{ax}-\mathrm{e}^{bx}}{\sin ax-\sin bx} = \lim\limits_{x \to 0} \dfrac{\mathrm{e}^{bx}(\mathrm{e}^{(a-b)x}-1)}{\sin ax-\sin bx} = \lim\limits_{x \to 0} \dfrac{(a-b)x}{\sin ax-\sin bx}$

$= \lim\limits_{x \to 0} \dfrac{a-b}{\dfrac{\sin ax}{x}-\dfrac{\sin bx}{x}} = \dfrac{a-b}{\lim\limits_{x \to 0}\dfrac{\sin ax}{x}-\lim\limits_{x \to 0}\dfrac{\sin bx}{x}} = \dfrac{a-b}{a-b} = 1$.

2. 已知 $\lim\limits_{x \to 1} \dfrac{\sqrt{x+a}+b}{x^2-1} = 1$, 求 a 和 b.

解 由同阶无穷小可知 $\lim\limits_{x \to 1} \sqrt{x+a}+b = 0$, 即 $b = -\sqrt{1+a}$.

$$1 = \lim\limits_{x \to 1} \dfrac{\sqrt{x+a}+b}{x^2-1} = \lim\limits_{x \to 1} \dfrac{\sqrt{x+a}-\sqrt{1+a}}{x^2-1} = \lim\limits_{x \to 1} \dfrac{1}{(x+1)(\sqrt{x+a}+\sqrt{1+a})} = \dfrac{1}{4\sqrt{1+a}},$$

由此可知, $a = -\dfrac{15}{16}$, $b = -\dfrac{1}{4}$.

3. 确定 k 的值, 使下列函数与 x^k, 当 $x \to 0$ 时是同阶无穷小.

(1) $\dfrac{1}{1+x}-1+x$; (2) $\sqrt[5]{3x^2-4x^3}$; (3) $\sqrt{1+\tan x}-\sqrt{1+\sin x}$.

解 (1) $\dfrac{1}{1+x}-1+x = \dfrac{x^2}{1+x}$, 故 $k = 2$.

(2) $\sqrt[5]{3x^2-4x^3} = x^{\frac{2}{5}} \cdot \sqrt[5]{3-4x}$, 故 $k = \dfrac{2}{5}$.

(3) $\sqrt{1+\tan x}-\sqrt{1+\sin x} = \dfrac{\tan x-\sin x}{\sqrt{1+\tan x}+\sqrt{1+\sin x}} = \dfrac{\tan x(1-\cos x)}{\sqrt{1+\tan x}+\sqrt{1+\sin x}}$

$$\to \dfrac{x \cdot \dfrac{x^2}{2}}{\sqrt{1+\tan x}+\sqrt{1+\sin x}}, \text{故} k = 3.$$

复习题二

1. 判断题

(1) 无界数列必定发散;　　　　　　　　　　　　　　　　　　　　　　　　(　　)

(2) 若对任意给定的 $\varepsilon > 0$,存在自然数 N,当 $n > N$ 时,总有无穷多个 u_n 满足 $|u_n - A| < \varepsilon$,则数列 $\{u_n\}$ 必以 A 为极限.　　　　　　　　　　　　　　(　　)

分析　(1) 正确. 是"有界数列必有界"的逆否命题.

(2) 错误. 应该为从第 $N+1$ 开始后面的所有项 u_n 满足 $|u_n - A| < \varepsilon$,则数列 $\{u_n\}$ 必以 A 为极限. 例如,数列 $x_n = \begin{cases} \dfrac{1}{n}, & n = 2k-1, \\ n, & n = 2k \end{cases}$ 发散,但是对任意给定的 $\varepsilon > 0$,存在自然数 N,当 $n > N$ 时,总有无穷多个 u_n($N+1$ 项之后的奇数项)满足 $|u_n - 0| < \varepsilon$,则数列 $\{u_n\}$ 必以 A 为极限.

2. 填空题

(1) $\lim\limits_{n \to \infty}[(\sqrt{n+2} - \sqrt{n})\sqrt{n-1}] = $ _____;

(2) $\lim\limits_{n \to \infty}\left(\dfrac{1}{n^2} + \dfrac{2}{n^2} + \cdots + \dfrac{n}{n^2}\right) = $ _____;

(3) $\lim\limits_{n \to \infty}\dfrac{1 + \dfrac{1}{2} + \dfrac{1}{4} + \cdots + \dfrac{1}{2^n}}{1 + \dfrac{1}{3} + \dfrac{1}{9} + \cdots + \dfrac{1}{3^n}} = $ _____;

(4) 已知 $\lim\limits_{n \to \infty}\dfrac{a^2 n^2 + bn + 5}{3n - 2} = 2$,则 $a = $ _____,$b = $ _____;

(5) $\lim\limits_{x \to 0}\dfrac{\sin 5x}{x} = $ _____;

(6) $\lim\limits_{x \to \infty}\left(\dfrac{x+2}{x+1}\right)^{ax} = e^2$,则 $a = $ _____;

(7) $\lim\limits_{x \to 0}(x + e^{2x})^{\frac{1}{\sin x}} = $ _____;

(8) $\lim\limits_{x \to \infty}\dfrac{(2x-3)^{20}(3x+2)^{30}}{(5x+1)^{50}} = $ _____;

(9) 当 $x \to 0$ 时,$\sqrt[3]{1+x} - 1 \sim$ _____;

(10) 已知 $\lim\limits_{x \to 1}\dfrac{x^2 + ax + b}{x - 1} = 3$,则 $a = $ _____,$b = $ _____.

分析　(1) 1. $\lim\limits_{n \to \infty}[(\sqrt{n+2} - \sqrt{n})\sqrt{n-1}] = \lim\limits_{n \to \infty}\dfrac{2\sqrt{n-1}}{\sqrt{n+2} + \sqrt{n}} = \lim\limits_{n \to \infty}\dfrac{2\sqrt{1 - \dfrac{1}{n}}}{\sqrt{1 + \dfrac{2}{n}} + 1} = 1.$

(2) $\dfrac{1}{2}$. $\lim\limits_{n\to\infty}\left(\dfrac{1}{n^2}+\dfrac{2}{n^2}+\cdots+\dfrac{n}{n^2}\right)=\lim\limits_{n\to\infty}\dfrac{1+2+\cdots+n}{n^2}=\lim\limits_{n\to\infty}\dfrac{1+n}{2n}=\dfrac{1}{2}$.

(3) $\dfrac{4}{3}$. $\lim\limits_{n\to\infty}\dfrac{1+\dfrac{1}{2}+\dfrac{1}{4}+\cdots+\dfrac{1}{2^n}}{1+\dfrac{1}{3}+\dfrac{1}{9}+\cdots+\dfrac{1}{3^n}}=\lim\limits_{n\to\infty}\dfrac{\left(1-\dfrac{1}{2^{n+1}}\right)\left(1-\dfrac{1}{3}\right)}{\left(1-\dfrac{1}{3^{n+1}}\right)\left(1-\dfrac{1}{2}\right)}=\dfrac{4}{3}$.

(4) $a=0,b=6$. 由 $\lim\limits_{n\to\infty}\dfrac{a^2n^2+bn+5}{3n-2}=2$ 可知, $a^2=0$, $\dfrac{b}{3}=2$, 即 $a=0$, $b=6$.

(5) 5. $\lim\limits_{x\to0}\dfrac{\sin 5x}{x}=\lim\limits_{x\to0}\dfrac{5x}{x}=5$.

(6) $a=2$. $\lim\limits_{x\to\infty}\left(\dfrac{x+2}{x+1}\right)^{ax}=\lim\limits_{x\to\infty}\left(\dfrac{1+\dfrac{2}{x}}{1+\dfrac{1}{x}}\right)^{ax}=\lim\limits_{x\to\infty}\dfrac{\left(1+\dfrac{2}{x}\right)^{\frac{x}{2}\cdot 2a}}{\left(1+\dfrac{1}{x}\right)^{ax}}=e^a$, 所以 $a=2$.

(7) e^3. 因为 $\lim\limits_{x\to0}\dfrac{x+e^{2x}-1}{x}=\lim\limits_{x\to0}\left(1+\dfrac{e^{2x}-1}{x}\right)=1+\lim\limits_{x\to0}\dfrac{e^{2x}-1}{x}=1+\lim\limits_{x\to0}\dfrac{2x}{x}=3$, 所以

$$\lim\limits_{x\to0}(x+e^{2x})^{\frac{1}{\sin x}}=\lim\limits_{x\to0}\left[1+(x+e^{2x}-1)\right]^{\frac{1}{\sin x}}=e^3.$$

(8) $\dfrac{2^{20}3^{30}}{5^{50}}$. $\lim\limits_{x\to\infty}\dfrac{(2x-3)^{20}(3x+2)^{30}}{(5x+1)^{50}}=\lim\limits_{x\to\infty}\dfrac{\left(2-\dfrac{3}{x}\right)^{20}\left(3+\dfrac{2}{x}\right)^{30}}{\left(5+\dfrac{1}{x}\right)^{50}}=\dfrac{2^{20}3^{30}}{5^{50}}$.

(9) $\dfrac{1}{3}x$.

$$\lim\limits_{x\to0}\dfrac{\sqrt[3]{1+x}-1}{\dfrac{1}{3}x}=\lim\limits_{x\to0}\dfrac{3(\sqrt[3]{1+x}-1)\left[\sqrt[3]{(1+x)^2}+\sqrt[3]{1+x}+1\right]}{x\left[\sqrt[3]{(1+x)^2}+\sqrt[3]{1+x}+1\right]}$$

$$=\lim\limits_{x\to0}\dfrac{3\left[(\sqrt[3]{1+x})^3-1\right]}{x\left[\sqrt[3]{(1+x)^2}+\sqrt[3]{1+x}+1\right]}=\lim\limits_{x\to0}\dfrac{3x}{x\left[\sqrt[3]{(1+x)^2}+\sqrt[3]{1+x}+1\right]}$$

$$=\lim\limits_{x\to0}\dfrac{3}{\sqrt[3]{(1+x)^2}+\sqrt[3]{1+x}+1}=1,$$

所以当 $x\to0$ 时, $\sqrt[3]{1+x}-1\sim\dfrac{1}{3}x$.

(10) $a=1,b=-2$. $\lim\limits_{x\to1}\dfrac{x^2+ax+b}{x-1}=3\Leftrightarrow\lim\limits_{x\to1}\dfrac{(x-1)(x+2)}{x-1}=3$, 可知 $a=1,b=-2$.

3. 选择题

(1) 若函数 $f(x)$ 在某点 x_0 极限存在, 则(   )

(A) $f(x)$ 在 x_0 的函数值必存在且等于极限值

(B) $f(x)$ 在 x_0 函数值必存在，但不一定等于极限值

(C) $f(x)$ 在 x_0 的函数值可以不存在

(D) 如果 $f(x_0)$ 存在，则必等于极限值

(2) $\lim\limits_{x\to\infty} x\sin\dfrac{1}{x} = ($ 　　 $)$.

(A) ∞ 　　　　　　(B) 不存在 　　　　　　(C) 1 　　　　　　(D) 0

(3) $\lim\limits_{x\to\infty}\left(1-\dfrac{1}{x}\right)^{2x} = ($ 　　 $)$.

(A) e^{-2} 　　　　　(B) ∞ 　　　　　　　(C) 0 　　　　　　(D) $\dfrac{1}{2}$

分析　(1) C. 函数 $f(x)$ 在某点 x_0 极限是否存在与函数 $f(x)$ 在点 x_0 处有无定义无关.

(2) C. $\lim\limits_{x\to\infty} x\sin\dfrac{1}{x} = \lim\limits_{x\to\infty}\dfrac{\sin\dfrac{1}{x}}{\dfrac{1}{x}} = 1$.

(3) A. $\lim\limits_{x\to\infty}\left(1-\dfrac{1}{x}\right)^{2x} = \lim\limits_{x\to\infty}\left[\left(1-\dfrac{1}{x}\right)^{-x}\right]^{-2} = \mathrm{e}^{-2}$.

4. 利用极限定义证明：

(1) $\lim\limits_{n\to\infty}\dfrac{3n+1}{2n-1} = \dfrac{3}{2}$；　　　　　　(2) $\lim\limits_{n\to\infty} 0\cdot\underbrace{99\cdots9}_{n\uparrow} = 1$.

证明　(1) 任意给定 $\varepsilon > 0$，要使

$$\left|\dfrac{3n+1}{2n-1} - \dfrac{3}{2}\right| < \varepsilon,$$

由于

$$\left|\dfrac{3n+1}{2n-1} - \dfrac{3}{2}\right| = \left|\dfrac{5}{2(2n-1)}\right| < \dfrac{5}{n},$$

所以只要 $\dfrac{5}{n} < \varepsilon$，即 $n > \dfrac{5}{\varepsilon}$.

取 $N = \left[\dfrac{5}{\varepsilon}\right]$，则当 $n > N$ 时，必有

$$\left|\dfrac{3n+1}{2n-1} - \dfrac{3}{2}\right| < \varepsilon,$$

即

$$\lim\limits_{n\to\infty}\dfrac{3n+1}{2n-1} = \dfrac{3}{2}.$$

(2) 显然 $0\cdot\underbrace{99\cdots9}_{n\uparrow} - 1 = 1 - \dfrac{1}{10^n} - 1$. 任意给定 $\varepsilon > 0$，要使

$$|0.\underbrace{99\cdots9}_{n\uparrow}-1|=\frac{1}{10^n}<\varepsilon ,$$

由于

$$|0.\underbrace{99\cdots9}_{n\uparrow}-1|=\frac{1}{10^n}=\frac{1}{(1+9)^n}=\frac{1}{C_n^0+9C_n^1+\cdots+9^nC_n^n}<\frac{1}{9n}<\frac{1}{n},$$

所以只要 $\frac{1}{n}<\varepsilon$, 即 $n>\frac{1}{\varepsilon}$.

取 $N=\left[\frac{1}{\varepsilon}\right]$, 则当 $n>N$ 时, 必有

$$|0.\underbrace{99\cdots9}_{n\uparrow}-1|<\varepsilon ,$$

即

$$\lim_{n\to\infty}0.\underbrace{99\cdots9}_{n\uparrow}=1 .$$

5. 计算题

(1) 设数列 $x_n=(-1)^{n+1}$ 的前 n 项和为 S_n, 求 $\displaystyle\lim_{n\to\infty}\frac{S_1+S_2+\cdots+S_n}{n}$;

(2) 如果 $x\to0$ 时, 无穷小 $1-\cos x$ 与 $a\sin^2\frac{x}{2}$ 等价, 求 a;

(3) 已知 $\displaystyle\lim_{x\to2}\frac{x^2+ax+b}{x^2-x-2}=2$, 求 a,b.

解 (1) 显然 $S_n=\begin{cases}1, & n=2k+1,\\ 0, & n=2k.\end{cases}$

当 $n=2k$ 时,

$$\lim_{n\to\infty}\frac{S_1+S_2+\cdots+S_n}{n}=\lim_{n\to\infty}\frac{\frac{n}{2}}{n}=\frac{1}{2};$$

当 $n=2k+1$ 时,

$$\lim_{n\to\infty}\frac{S_1+S_2+\cdots+S_n}{n}=\lim_{n\to\infty}\frac{\frac{n+1}{2}}{n}=\frac{1}{2},$$

所以

$$\lim_{n\to\infty}\frac{S_1+S_2+\cdots+S_n}{n}=\frac{1}{2} .$$

(2)由题意可知

$$1=\lim_{x\to 0}\frac{1-\cos x}{a\sin^2\frac{x}{2}}=\lim_{x\to 0}\frac{\dfrac{x^2}{2}}{a\left(\dfrac{x}{2}\right)^2}=\frac{2}{a},$$

故 $a=2$.

(3)显然 $\lim_{x\to 2}(x^2+ax+b)=0$，即 $b=-4-2a$.

$$\lim_{x\to 2}\frac{x^2+ax+b}{x^2-x-2}=\lim_{x\to 2}\frac{x^2+ax-2(a+2)}{(x-2)(x+1)}=\lim_{x\to 2}\frac{(x-2)(x+a+2)}{(x-2)(x+1)}$$

$$=\lim_{x\to 2}\frac{(x+a+2)}{(x+1)}=\frac{a+4}{3}=2,$$

所以 $a=2,b=-8$.

6. 求下列极限:

(1) $\lim_{n\to\infty}(\sqrt{1+2+\cdots+n}-\sqrt{1+2+\cdots+(n-1)})$；　　(2) $\lim_{n\to\infty}(\sqrt{n+3\sqrt{n}}-\sqrt{n-\sqrt{n}})$；

(3) $\lim_{x\to 0}\dfrac{1-\cos x}{x^2\cos x}$；　　　　　(4) $\lim_{x\to 0}\dfrac{1-\cos 2x}{x^2}$；　　　　(5) $\lim_{x\to 1}\dfrac{\ln(1+\sqrt[3]{x-1})}{\arcsin 2\sqrt[3]{x^2-1}}$；

(6) $\lim_{n\to\infty}\left(\dfrac{n-2}{n+1}\right)^n$；　　　　(7) $\lim_{n\to\infty}\left(\dfrac{1}{n^2+n+1}+\dfrac{2}{n^2+n+2}+\cdots+\dfrac{n}{n^2+n+n}\right)$；

(8) $\lim_{n\to\infty}\left[\dfrac{3}{1^2\times 2^2}+\dfrac{5}{2^2\times 3^2}+\cdots+\dfrac{2n+1}{n^2\times(n+1)^2}\right]$；

(9) $\lim_{x\to a^+}\dfrac{\sqrt{x}-\sqrt{a}+\sqrt{x-a}}{\sqrt{x^2-a^2}}$ （$a>0$）；　　　　　　(10) $\lim_{n\to\infty}\left[\dfrac{n}{\ln n}(\sqrt[n]{n}-1)\right]$；

(11) $\lim_{n\to\infty}(1+2^n+3^n)^{\frac{1}{n}}$；　　　(12)设 $x_{n+1}=\sqrt{11+x_n}$ $(n\geqslant 1)$, $x_1=1$, 求 $\lim_{n\to\infty}x_n$.

解　(1) $\lim_{n\to\infty}(\sqrt{1+2+\cdots+n}-\sqrt{1+2+\cdots+(n-1)})$

$$=\lim_{n\to\infty}\left[\sqrt{\frac{n(n+1)}{2}}-\sqrt{\frac{n(n-1)}{2}}\right]$$

$$=\frac{1}{\sqrt{2}}\lim_{n\to\infty}\sqrt{n}(\sqrt{n+1}-\sqrt{n-1})=\frac{1}{\sqrt{2}}\lim_{n\to\infty}\frac{2\sqrt{n}}{\sqrt{(n+1)}+\sqrt{(n-1)}}$$

$$=\frac{1}{\sqrt{2}}\lim_{n\to\infty}\frac{2}{\sqrt{\left(1+\dfrac{1}{n}\right)}+\sqrt{\left(1-\dfrac{1}{n}\right)}}=\frac{1}{\sqrt{2}}=\frac{\sqrt{2}}{2}.$$

(2) $\lim_{n\to\infty}(\sqrt{n+3\sqrt{n}}-\sqrt{n-\sqrt{n}})=\lim_{n\to\infty}\dfrac{4\sqrt{n}}{\sqrt{n+3\sqrt{n}}+\sqrt{n-\sqrt{n}}}$

$$=\lim_{n\to\infty}\frac{4}{\sqrt{1+\dfrac{3}{\sqrt{n}}}+\sqrt{1-\dfrac{1}{\sqrt{n}}}}=2.$$

(3) $\lim\limits_{x\to 0}\dfrac{1-\cos x}{x^2\cos x}=\lim\limits_{x\to 0}\dfrac{\dfrac{x^2}{2}}{x^2\cos x}=\lim\limits_{x\to 0}\dfrac{1}{2\cos x}=\dfrac{1}{2}.$

(4) $\lim\limits_{x\to 0}\dfrac{1-\cos 2x}{x^2}=\lim\limits_{x\to 0}\dfrac{\dfrac{1}{2}(2x)^2}{x^2}=2.$

(5) $\lim\limits_{x\to 1}\dfrac{\ln(1+\sqrt[3]{x-1})}{\arcsin 2\sqrt[3]{x^2-1}}=\lim\limits_{x\to 1}\dfrac{\sqrt[3]{x-1}}{2\sqrt[3]{x^2-1}}=\lim\limits_{x\to 1}\dfrac{\sqrt[3]{x-1}}{2\sqrt[3]{x-1}\cdot\sqrt[3]{x+1}}=\lim\limits_{x\to 1}\dfrac{1}{2\sqrt[3]{x+1}}=\dfrac{1}{2\sqrt[3]{2}}.$

(6) $\lim\limits_{n\to\infty}\left(\dfrac{n-2}{n+1}\right)^n=\lim\limits_{n\to\infty}\dfrac{\left(1-\dfrac{2}{n}\right)^n}{\left(1+\dfrac{1}{n}\right)^n}=\dfrac{\lim\limits_{n\to\infty}\left(1-\dfrac{2}{n}\right)^{\frac{n}{-2}\cdot(-2)}}{\lim\limits_{n\to\infty}\left(1+\dfrac{1}{n}\right)^n}=\dfrac{\mathrm{e}^{-2}}{\mathrm{e}}=\mathrm{e}^{-3}.$

(7) 易知

$$\frac{i}{n^2+n+n}\leqslant\frac{i}{n^2+n+i}\leqslant\frac{i}{n^2+n+1},\quad i=1,2,\cdots,n,$$

对这 n 个不等式相加得

$$\frac{1+2+\cdots+n}{n^2+n+n}\leqslant\frac{1}{n^2+n+1}+\frac{2}{n^2+n+2}+\cdots+\frac{n}{n^2+n+n}\leqslant\frac{1+2+\cdots+n}{n^2+n+1}.$$

由于

$$\lim\limits_{n\to\infty}\frac{1+2+\cdots+n}{n^2+n+n}=\lim\limits_{n\to\infty}\frac{\dfrac{1}{2}n(n+1)}{n^2+n+n}=\lim\limits_{n\to\infty}\frac{\dfrac{1}{2}\left(1+\dfrac{1}{n}\right)}{1+\dfrac{1}{n}+\dfrac{1}{n}}=\frac{1}{2},$$

$$\lim\limits_{n\to\infty}\frac{1+2+\cdots+n}{n^2+n+1}=\lim\limits_{n\to\infty}\frac{\dfrac{1}{2}n(n+1)}{n^2+n+1}=\lim\limits_{n\to\infty}\frac{\dfrac{1}{2}\left(1+\dfrac{1}{n}\right)}{1+\dfrac{1}{n}+\dfrac{1}{n^2}}=\frac{1}{2},$$

由夹逼定理可知

$$\lim\limits_{n\to\infty}\left(\frac{1}{n^2+n+1}+\frac{2}{n^2+n+2}+\cdots+\frac{n}{n^2+n+n}\right)=\frac{1}{2}.$$

(8) $\lim\limits_{n\to\infty}\left[\dfrac{3}{1^2\times 2^2}+\dfrac{5}{2^2\times 3^2}+\cdots+\dfrac{2n+1}{n^2\times(n+1)^2}\right]$

$=\lim\limits_{n\to\infty}\left[\dfrac{2^2-1^2}{1^2\times 2^2}+\dfrac{3^2-2^2}{2^2\times 3^2}+\cdots+\dfrac{(n+1)^2-n^2}{n^2\times(n+1)^2}\right]$

$=\lim\limits_{n\to\infty}\left[\left(1-\dfrac{1}{2^2}\right)+\left(\dfrac{1}{2^2}-\dfrac{1}{3^2}\right)+\cdots+\left(\dfrac{1}{n^2}-\dfrac{1}{(n+1)^2}\right)\right]=\lim\limits_{n\to\infty}\left[1-\dfrac{1}{(n+1)^2}\right]=1.$

(9)
$$\lim_{x \to a^+} \frac{\sqrt{x} - \sqrt{a} + \sqrt{x-a}}{\sqrt{x^2 - a^2}}$$

$$= \lim_{x \to a^+} \left(\frac{\sqrt{x} - \sqrt{a}}{\sqrt{x^2 - a^2}} + \frac{\sqrt{x-a}}{\sqrt{x^2 - a^2}} \right)$$

$$= \lim_{x \to a^+} \left(\frac{x-a}{\sqrt{x^2 - a^2}(\sqrt{x} + \sqrt{a})} + \frac{1}{\sqrt{x+a}} \right) = \lim_{x \to a^+} \left(\frac{\sqrt{x-a}}{\sqrt{x+a}(\sqrt{x} + \sqrt{a})} + \frac{1}{\sqrt{x+a}} \right)$$

$$= 0 + \frac{1}{\sqrt{2a}} = \frac{1}{\sqrt{2a}}.$$

(10) $\displaystyle \lim_{n \to \infty} \left[\frac{n}{\ln n} (\sqrt[n]{n} - 1) \right] = \lim_{n \to \infty} \frac{\sqrt[n]{n} - 1}{\frac{1}{n} \ln n} = \lim_{n \to \infty} \frac{\sqrt[n]{n} - 1}{\ln \sqrt[n]{n}} = \lim_{n \to \infty} \frac{\sqrt[n]{n} - 1}{\ln \left[1 + (\sqrt[n]{n} - 1) \right]}$

$$= \lim_{n \to \infty} \frac{\sqrt[n]{n} - 1}{\sqrt[n]{n} - 1} = 1 \quad \left(\lim_{n \to \infty} (\sqrt[n]{n} - 1) = 0 \right).$$

(11) 由于

$$(0 + 0 + 3^n)^{\frac{1}{n}} < (1 + 2^n + 3^n)^{\frac{1}{n}} < (3^n + 3^n + 3^n)^{\frac{1}{n}},$$

并且

$$\lim_{n \to \infty} (3^n)^{\frac{1}{n}} = 3, \quad \lim_{n \to \infty} (3 \cdot 3^n)^{\frac{1}{n}} = \lim_{n \to \infty} 3(3)^{\frac{1}{n}} = 3,$$

故

$$\lim_{n \to \infty} (1 + 2^n + 3^n)^{\frac{1}{n}} = 3.$$

(12) 易知 $x_2 = \sqrt{12}$ 且 $x_n > 0$. 显然有

$$x_2 - x_1 = \sqrt{12} - 1 > 0,$$

假设 $x_k - x_{k-1} > 0$, 于是

$$x_{k+1} - x_k = \sqrt{12 + x_k} - \sqrt{12 + x_{k-1}} > 0.$$

由数学归纳法可知 x_n 为单调递增数列.

当 $n = 1$ 时, $0 < x_1 = 1 < 4$, 假设 $n = k (k > 1)$ 时, $0 < x_k < 4$, 则当 $n = k+1$ 时,

$$0 < x_{k+1} = \sqrt{11 + x_k} < \sqrt{15} < 4,$$

所以对一切正整数 n, 有 $0 < x_n < 4$, 即数列 x_n 有界.

数列 x_n 单调增加且有界，所以数列 x_n 收敛. 设 $\lim\limits_{n\to\infty} x_n = a$，则 $a \geqslant 0$.

由于 $x_{n+1} = \sqrt{11 + x_n}$，所以

$$\lim_{n\to\infty} x_{n+1} = \lim_{n\to\infty} \sqrt{11 + x_n},$$

即

$$a = \sqrt{11 + a},$$

解得 $a = \dfrac{1 + 3\sqrt{5}}{2}$ 或 $a = \dfrac{1 - 3\sqrt{5}}{2}$ （舍去），因此

$$\lim_{n\to\infty} x_n = \frac{1 + 3\sqrt{5}}{2}.$$

7. 设 $\lim\limits_{x\to\infty} \dfrac{(x+1)^{95}(ax+1)^5}{(x^2+1)^{50}} = 8$，求 a 的值.

解　$\lim\limits_{x\to\infty} \dfrac{(x+1)^{95}(ax+1)^5}{(x^2+1)^{50}} = \lim\limits_{x\to\infty} \dfrac{\left(1+\dfrac{1}{x}\right)^{95}\left(a+\dfrac{1}{x}\right)^5}{\left(1+\dfrac{1}{x^2}\right)^{50}} = \dfrac{1^{95} \cdot a^5}{1^{50}} = a^5 = 8$，所以 $a = \sqrt[5]{8}$.

8. 证明题

(1) $1 - \cos x \sim \dfrac{x^2}{2}(x \to 0)$；

(2) $\mathrm{e}^x - 1 \sim x(x \to 0)$；

(3) $\tan x \sim x(x \to 0)$；

(4) $\sqrt[n]{1+x} - 1 \sim \dfrac{x}{n}(x \to 0)$.

证明　(1) 因为

$$\lim_{x\to 0} \frac{1 - \cos x}{\dfrac{x^2}{2}} = \lim_{x\to 0} \frac{2\sin^2 \dfrac{x}{2}}{\dfrac{x^2}{2}} = \lim_{x\to 0} \left(\frac{\sin \dfrac{x}{2}}{\dfrac{x}{2}}\right)^2 = 1,$$

所以 $x \to 0$ 时 $1 - \cos x \sim \dfrac{x^2}{2}$.

(2) 因为

$$\lim_{x\to 0} \frac{\mathrm{e}^x - 1}{x} \xlongequal[x=\ln(1+t)]{t=\mathrm{e}^x-1} \lim_{t\to 0} \frac{t}{\ln(1+t)} = \lim_{t\to 0} \frac{1}{\dfrac{1}{t}\ln(1+t)} = \lim_{t\to 0} \frac{1}{\ln(1+t)^{\frac{1}{t}}} = \frac{1}{\ln \mathrm{e}} = 1,$$

所以 $x \to 0$ 时 $\mathrm{e}^x - 1 \sim x$.

(3)因为

$$\lim_{x\to 0}\frac{\tan x}{x}=\lim_{x\to 0}\left(\frac{\sin x}{x}\cdot\cos x\right)=1,$$

所以 $x\to 0$ 时 $\tan x\sim x$.

(4)因为

$$\lim_{x\to 0}\frac{\sqrt[n]{1+x}-1}{\dfrac{x}{n}}=\lim_{x\to 0}\frac{n(\sqrt[n]{1+x}-1)\left[(\sqrt[n]{1+x})^{n-1}+(\sqrt[n]{1+x})^{n-2}+\cdots+\sqrt[n]{1+x}+1\right]}{x\left[(\sqrt[n]{1+x})^{n-1}+(\sqrt[n]{1+x})^{n-2}+\cdots+\sqrt[n]{1+x}+1\right]}$$

$$=\lim_{x\to 0}\frac{n\left[(\sqrt[n]{1+x})^{n}-1)\right]}{x\left[(\sqrt[n]{1+x})^{n-1}+(\sqrt[n]{1+x})^{n-2}+\cdots+\sqrt[n]{1+x}+1\right]}$$

$$=\lim_{x\to 0}\frac{nx}{x\left[(\sqrt[n]{1+x})^{n-1}+(\sqrt[n]{1+x})^{n-2}+\cdots+\sqrt[n]{1+x}+1\right]}$$

$$=\lim_{x\to 0}\frac{n}{(\sqrt[n]{1+x})^{n-1}+(\sqrt[n]{1+x})^{n-2}+\cdots+\sqrt[n]{1+x}+1}=1,$$

所以 $x\to 0$ 时，$\sqrt[n]{1+x}-1\sim\dfrac{x}{n}$.

五、拓展训练

例1 设 $\{a_n\}$，$\{b_n\}$，$\{c_n\}$ 均为非负数列，且 $\lim\limits_{n\to\infty}a_n=0$, $\lim\limits_{n\to\infty}b_n=1$, $\lim\limits_{n\to\infty}c_n=\infty$，则必有（　　）

(A) $a_n<b_n$ 对任意 n 成立　　　　　　　　(B) $b_n<c_n$ 对任意 n 成立

(C) 极限 $\lim\limits_{n\to\infty}a_n c_n$ 不存在　　　　　(D) 极限 $\lim\limits_{n\to\infty}b_n c_n$ 不存在

解　选 D. 取 $a_n=\dfrac{2}{n}$，$b_n=1$，$c_n=\dfrac{n}{2}(n=1,2,3,\cdots)$，则排除 ABC.

例2　$\lim\limits_{x\to 1}\dfrac{x^2-1}{x-1}\mathrm{e}^{\frac{1}{x-1}}$ 的极限是（　　）.

(A)等于 2　　　　(B)等于 0　　　　(C)为 ∞　　　　(D)不存在但不是 ∞

解　选 D.

$$f(x)=\frac{x^2-1}{x-1}\mathrm{e}^{\frac{1}{x-1}}=(x+1)\mathrm{e}^{\frac{1}{x-1}}.$$

当 $x\to 1^-$ 时，$x-1\to 0^-$，$\dfrac{1}{x-1}\to -\infty$，$\mathrm{e}^{\frac{1}{x-1}}\to 0$，所以 $\lim\limits_{x\to 1^-}f(x)=0$；

当 $x\to 1^+$ 时，$x-1\to 0^+$，$\dfrac{1}{x-1}\to +\infty$，$\mathrm{e}^{\frac{1}{x-1}}\to +\infty$，所以 $\lim\limits_{x\to 1^+}f(x)=\infty$.

所以, $\lim\limits_{x \to 1} \dfrac{x^2-1}{x-1} e^{\frac{1}{x-1}}$ 不存在但不是 ∞.

例 3 设 $x_1 = 10$, $x_{n+1} = \sqrt{6+x_n}$ $(n=1,2,3,\cdots)$, 证明数列 $\{x_n\}$ 极限存在, 并求出极限.

证明 由 $x_1 = 10$ 及 $x_2 = \sqrt{6+x_1} = 4$, 可知 $x_1 > x_2$.

假设对 $\forall k(k \geqslant 1, k \in \mathbf{N})$, 有 $x_k > x_{k+1}$, 则 $\sqrt{6+x_k} > \sqrt{6+x_{k+1}}$, 即 $x_{k+1} > x_{k+2}$. 由数学归纳法可知, 对一切正整数 n, 都有 $x_n > x_{n+1}$, 即数列 $\{x_n\}$ 是单调递减数列.

因为数列 $\{x_n\}$ 是单调递减数列, 且 $x_n > 0$ $(n=1,2,3,\cdots)$, 所以 $|x_n| = x_n \leqslant x_1 = 10$, 所以数列 $\{x_n\}$ 有界.

设 $\lim\limits_{n \to \infty} x_n = a$ $(a \geqslant 0)$, 则 $\lim\limits_{n \to \infty} x_{n+1} = a$. 对 $x_{n+1} = \sqrt{6+x_n}$ 两边取极限, 则 $a = \sqrt{6+a}$, 解得 $a = 3$. 所以 $\lim\limits_{n \to \infty} x_n = 3$.

例 4 求 $\lim\limits_{x \to 0}(\cos x)^{\frac{1}{\ln(1+x^2)}}$.

解 $\lim\limits_{x \to 0}(\cos x)^{\frac{1}{\ln(1+x^2)}} = \lim\limits_{x \to 0}\left\{[1+(\cos x-1)]^{\frac{1}{\cos x-1}}\right\}^{\frac{\cos x-1}{\ln(1+x^2)}} = \lim\limits_{x \to 0} e^{\frac{\cos x-1}{\ln(1+x^2)}} = e^{\lim\limits_{x \to 0}\frac{\cos x-1}{\ln(1+x^2)}}$

$$= e^{\lim\limits_{x \to 0}\frac{-\frac{1}{2}x^2}{x^2}} = e^{-\frac{1}{2}}.$$

例 5 求 $\lim\limits_{x \to 0} \dfrac{e-e^{\cos x}}{\sqrt[3]{1+x^2}-1}$.

解 $\lim\limits_{x \to 0} \dfrac{e-e^{\cos x}}{\sqrt[3]{1+x^2}-1} = \lim\limits_{x \to 0} \dfrac{e(1-e^{\cos x-1})}{\sqrt[3]{1+x^2}-1} = \lim\limits_{x \to 0} \dfrac{e(1-\cos x)}{\frac{1}{3}x^2} = \lim\limits_{x \to 0} \dfrac{e \cdot \frac{1}{2}x^2}{\frac{1}{3}x^2} = \dfrac{3e}{2}.$

六、自测题

(一) 单选题

1. 下列数列发散的是( ).

(A) $1,0,1,0,1,0,\cdots$

(B) $\dfrac{1}{2},0,\dfrac{1}{4},0,\cdots$

(C) $\dfrac{3}{2},\dfrac{2}{3},\dfrac{5}{4},\dfrac{4}{5},\cdots$

(D) $1,\dfrac{1}{3},\dfrac{1}{2},\dfrac{1}{5},\dfrac{1}{3},\dfrac{1}{7},\dfrac{1}{4},\dfrac{1}{9},\cdots$

2. 下列结论中, 正确的是( ).

(A) 若 $x_n > 0$, 且 $\lim\limits_{n \to \infty} x_n$ 存在, 则 $\lim\limits_{n \to \infty} x_n > 0$

(B) 发散数列必无界

(C) 无界数列必发散

(D) 有界数列必收敛

3. 对任意给定的 $\varepsilon \in (0,1)$，总存在正整数 N，当 $n > N$ 时，恒有 $|x_n - a| \leqslant \varepsilon$ 是数列 $\{x_n\}$ 收敛于 a 的（　　）.

(A) 充分但非必要条件　　　　　(B) 必要但非充分条件

(C) 充分必要条件　　　　　　　(D) 既非充分又非必要条件

4. 下列说法正确的是（　　）.

(A) 若 $\lim\limits_{x \to a}[f(x) + g(x)]$ 和 $\lim\limits_{x \to a} f(x)$ 都存在，则 $\lim\limits_{x \to a} g(x)$ 也存在

(B) 若 $\lim\limits_{x \to a} f(x)g(x)$ 和 $\lim\limits_{x \to a} f(x)$ 都存在，则 $\lim\limits_{x \to a} g(x)$ 也存在

(C) 若 $\lim\limits_{x \to a} f(x)$ 和 $\lim\limits_{x \to a} g(x)$ 都不存在，则 $\lim\limits_{x \to a} \dfrac{f(x)}{g(x)}$ 也不存在

(D) 若 $f(x) > g(x)$ 且 $\lim\limits_{x \to a} f(x)$ 和 $\lim\limits_{x \to a} g(x)$ 都存在，则必有 $\lim\limits_{x \to a} f(x) > \lim\limits_{x \to a} g(x)$

5. 当 $x \to 0$ 时，下列四个无穷小中，哪一个是比其他三个更高阶的无穷小（　　）.

(A) x^2　　　　(B) $1 - \cos x$　　　　(C) $\sqrt{1 - x^2} - 1$　　　　(D) $\sin x - \tan x$

(二) 多选题

1. 下列极限计算正确的是（　　）.

(A) $\lim\limits_{x \to 0} \dfrac{5x^2 + 3x + 2}{6x^2 + 2x + 1} = \dfrac{5}{6}$　　　　(B) $\lim\limits_{x \to \infty} \dfrac{5x^2 + 3x + 2}{6x^2 + 2x + 1} = \dfrac{5}{6}$

(C) $\lim\limits_{x \to 2} \dfrac{x^2 - 4}{x^2 - 5x + 6} = 1$　　　　(D) $\lim\limits_{x \to \infty} \dfrac{x^2 - 4}{x^2 - 5x + 6} = 1$

2. 下列结论正确的是（　　）.

(A) $\lim\limits_{x \to \infty} x \sin \dfrac{1}{x} = 1$　　　　(B) $\lim\limits_{x \to 0} x \sin \dfrac{1}{x} = 1$

(C) $\lim\limits_{x \to \infty} \left(1 - \dfrac{1}{x}\right)^{1-x} = e$　　　　(D) $\lim\limits_{x \to \infty} \left(1 + \dfrac{1}{x}\right)^{2x} = e^2$

(三) 判断题

1. $\lim\limits_{n \to \infty} \dfrac{1 + 2 + \cdots + n}{n^2} = \lim\limits_{n \to \infty} \left(\dfrac{1}{n^2} + \dfrac{2}{n^2} + \cdots + \dfrac{n}{n^2}\right) = \lim\limits_{n \to \infty} \dfrac{1}{n^2} + \lim\limits_{n \to \infty} \dfrac{2}{n^2} + \cdots + \lim\limits_{n \to \infty} \dfrac{n}{n^2} = 0.$　（　　）

2. 设 $\{x_n\}$ 是一个数列，若 $\lim\limits_{k \to \infty} x_{2k} = a$ 且 $\lim\limits_{k \to \infty} x_{2k-1} = b$，$a \neq b$，则 $\{x_n\}$ 不收敛.　（　　）

3. 设对任意 x 的总有 $\varphi(x) \leqslant f(x) \leqslant g(x)$，使 $\lim\limits_{x \to \infty}[g(x) - \varphi(x)] = 0$，则 $\lim\limits_{x \to \infty} f(x)$ 一定存在.

　　　　　　　　　　　　　　　　　　　　　　　　　　　　　（　　）

4. $\lim\limits_{x \to 2} \dfrac{x^2 + ax + b}{x^2 - x - 2} = 2$，则 $a = 2, b = -8$.　（　　）

5. $\lim\limits_{x \to 0} \dfrac{\sqrt{1 - \cos x}}{\tan x} = \lim\limits_{x \to 0} \dfrac{\dfrac{x}{\sqrt{2}}}{x} = \dfrac{\sqrt{2}}{2}$.　（　　）

(四) 计算题

1. $\lim\limits_{n \to \infty} \dfrac{2^{n+1} + 3^{n-1}}{3^n}$.

2. $\lim\limits_{x \to 0} \dfrac{\sqrt{1 - 5x} - \sqrt{1 - 3x}}{x^2 + 2x}$.

3. $\lim\limits_{x\to\infty}\dfrac{(4x-9)^{10}(5x+3)^{20}}{(6x-1)^{15}(3x+2)^{15}}$.

4. 设 $f(x)=x+\dfrac{2\lim\limits_{x\to0}f(x)}{1+x^2}+1$，求 $\lim\limits_{x\to1}f(x)$.

(五)证明题

1. 对于数列 $\{x_n\}$，若 $\lim\limits_{n\to\infty}x_n=a$，则 $\lim\limits_{n\to\infty}|x_n|=|a|$. 并举例说明其逆命题不真.

2. 证明：若 $\lim\limits_{x\to0}|x|=0$，但 $\lim\limits_{x\to0}\dfrac{|x|}{x}$ 不存在.

(六)讨论题

1. k 取何值时，$\lim\limits_{x\to0}\dfrac{x^k\sin\dfrac{1}{x}}{\sin x^2}$ 存在.

2. 设 $f(x)=\begin{cases}\dfrac{\sin ax}{x}, & x>0,\\[2mm]\dfrac{x^2}{1-\cos x}, & x<0,\end{cases}$ 讨论 a 取何值时，$\lim\limits_{x\to0}f(x)$ 存在.

第三章 连续函数

一、基本要求

1. 理解增量的概念.

2. 理解函数连续性的概念；掌握连续性与左右连续的关系；理解函数连续性与极限之间的关系.

3. 理解函数间断点的概念；掌握求函数间断点的方法并判断其类型.

4. 理解反函数和复合函数的连续性.

5. 理解初等函数在其定义区间连续的有关结论.

6. 掌握利用函数连续性求极限的方法(包括函数运算与极限运算的换序、函数在连续点的极限等).

7. 掌握分段函数在分段点处连续性的讨论方法.

8. 理解在闭区间上连续函数的性质(最大值最小值定理、有界性定理、介值定理、零点定理)；掌握用零点定理判断方程根的存在性.

二、知识框架

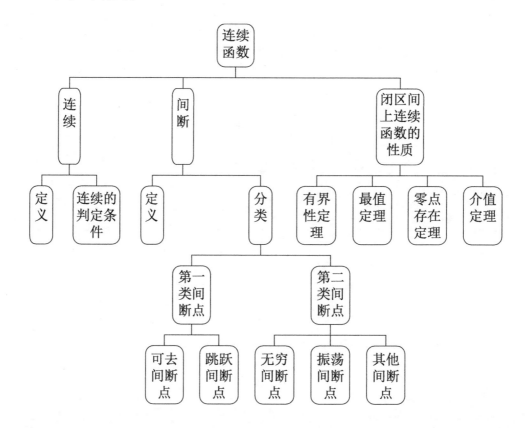

三、典型例题

例 1 讨论函数 $f(x) = \begin{cases} x-1, & x \le 0, \\ x^2, & x > 0 \end{cases}$ 在点 $x=0$ 处的连续性.

解 $f(0) = -1$，$\lim\limits_{x \to 0^-} f(x) = \lim\limits_{x \to 0^-}(x-1) = -1$，$\lim\limits_{x \to 0^+} f(x) = \lim\limits_{x \to 0^+} x^2 = 0$，所以 $\lim\limits_{x \to 0} f(x)$ 不存在，则函数在 $x=0$ 处不连续.

例 2 求函数 $f(x) = \begin{cases} \dfrac{1-x^2}{1-x}, & x \ne 1, \\ 0, & x = 1 \end{cases}$ 的间断点，并且判断间断点的类型.

解 因为 $x=1$ 是分段点，所以 $x=1$ 有可能是间断点.

$$f(1) = 0, \quad \lim_{x \to 1^-} f(x) = \lim_{x \to 1^-} \frac{1-x^2}{1-x} = \lim_{x \to 1^-}(1+x) = 2, \quad \lim_{x \to 1^+} f(x) = \lim_{x \to 1^+} \frac{1-x^2}{1-x} = \lim_{x \to 1^+}(1+x) = 2,$$

所以，$\lim\limits_{x \to 1^-} f(x) = \lim\limits_{x \to 1^+} f(x) \ne f(1)$. 因此，$x=1$ 是间断点，并且是可去间断点.

例 3 求函数 $f(x) = \dfrac{1}{\mathrm{e}^{\frac{x}{x-1}} - 1}$ 的间断点，并且判断间断点的类型.

解 因为 $x=0, x=1$ 无定义，所以 $x=0, x=1$ 一定是间断点.

在 $x=0$ 处，

因为 $x \to 0$ 时，$\dfrac{x}{x-1} \to 0$，$\mathrm{e}^{\frac{x}{x-1}} \to 1$，所以 $\lim\limits_{x \to 0} f(x) = \infty$，即 $x=0$ 是无穷间断点.

在 $x=1$ 处，

因为 $x \to 1^-$ 时，$x-1 \to 0^-$，$\dfrac{x}{x-1} \to -\infty$，$\mathrm{e}^{\frac{x}{x-1}} \to 0$，所以 $\lim\limits_{x \to 1^-} f(x) = -1$；

因为 $x \to 1^+$ 时，$x-1 \to 0^+$，$\dfrac{x}{x-1} \to +\infty$，$\mathrm{e}^{\frac{x}{x-1}} \to \infty$，所以 $\lim\limits_{x \to 1^+} f(x) = 0$.

由 $\lim\limits_{x \to 1^-} f(x) \ne \lim\limits_{x \to 1^+} f(x)$，则 $x=1$ 是跳跃间断点.

例 4 设 $f(x)$ 在 $[a,b]$ 上连续，$a < c < d < b$，证明对任意正数 p,q，至少存在一点 $\xi \in (a,b)$，使得 $pf(c) + qf(d) = (p+q)f(\xi)$.

证明 设函数 $F(x) = (p+q)f(x) - pf(c) - qf(d)$，则其在区间 $[c,d]$ 上连续，

$$F(c) = q[f(c) - f(d)], \quad F(d) = p[f(d) - f(c)].$$

当 $f(c) = f(d)$ 时，取 $\xi = c$ 或 $\xi = d$ 即可.

当 $f(c) \ne f(d)$ 时，则有 $F(c) \cdot F(d) < 0$，由零点存在定理可知，至少存在一个点 $\xi \in (c,d)$，使得 $F(\xi) = 0$，即 $pf(c) + qf(d) = (p+q)f(\xi)$.

又因为 $[c,d] \subset (a,b)$，所以对任意正数 p,q，至少存在一点 $\xi \in (a,b)$，使得 $pf(c) + qf(d) = (p+q)f(\xi)$.

四、课后习题全解

习 题 一

1. 讨论 $f(x)=\begin{cases} x+2, & x\geqslant 0, \\ x-2, & x<0 \end{cases}$ 在 $x=0$ 处的连续性.

解 由于

$$f(0)=2, \quad \lim_{x\to 0^+}f(x)=\lim_{x\to 0^+}(x+2)=2, \quad \lim_{x\to 0^-}f(x)=\lim_{x\to 0^-}(x-2)=-2,$$

所以 $f(x)$ 在点 $x=0$ 处左不连续, 右连续, 因此 $f(x)$ 在点 $x=0$ 处不连续.

2. 设 $f(x)=\begin{cases} \dfrac{\ln(1+2x)}{x}, & x\neq 0, \\ k, & x=0, \end{cases}$ 求 k 值使得 $f(x)$ 在点 $x=0$ 处连续.

解 由于

$$\lim_{x\to 0}f(x)=\lim_{x\to 0}\frac{\ln(1+2x)}{x}=\lim_{x\to 0}\frac{2x}{x}=2,$$

当 $k=2$ 时, $\lim_{x\to 0}f(x)=f(0)$. 所以 $k=2$ 时, $f(x)$ 在点 $x=0$ 处连续.

3. 欲使

$$f(x)=\begin{cases} a+x^2, & x<-1, \\ 1, & x=-1, \\ \ln(b+x+x^2), & x>-1 \end{cases}$$

在 $x=-1$ 处连续, 求 a,b.

解 显然 $f(-1)=1$, 并且

$$\lim_{x\to -1^+}f(x)=\lim_{x\to -1^+}\ln(b+x+x^2)=\ln b, \quad \lim_{x\to -1^-}f(x)=\lim_{x\to -1^-}(a+x^2)=a+1.$$

由于 $f(x)$ 在点 $x=-1$ 处连续, 所以

$$\lim_{x\to -1^+}f(x)=\lim_{x\to -1^-}f(x)=f(-1),$$

即 $\ln b=1=a+1$, 于是 $a=0$, $b=\mathrm{e}$.

4. 当 $x=0$ 时下列函数 $f(x)$ 无定义, 试定义 $f(0)$ 的值, 使 $f(x)$ 在 $x=0$ 处连续.

(1) $f(x)=\dfrac{\sqrt{1+x}-1}{\sqrt[3]{1+x}-1}$;　　　　(2) $f(x)=\sin x\cdot\sin\dfrac{1}{x}$.

解 (1)因为

$$\lim_{x\to 0}f(x)=\lim_{x\to 0}\frac{\sqrt{1+x}-1}{\sqrt[3]{1+x}-1}=\lim_{x\to 0}\frac{\frac{1}{2}x}{\frac{1}{3}x}=\frac{3}{2},$$

所以补充定义 $f(0)=\dfrac{3}{2}$，使得 $f(x)$ 在 $x=0$ 连续.

(2) 因为

$$\lim_{x\to 0}f(x)=\sin x\cdot\sin\frac{1}{x}=0,$$

所以补充定义 $f(0)=0$，使得 $f(x)$ 在 $x=0$ 连续.

5. 试用"ε-δ"语言证明：函数 $f(x)=\sin\sqrt{x}$ 在 $(0,+\infty)$ 内连续.

证明 任取 $x_0\in(0,+\infty)$，只需证明 $\lim\limits_{x\to x_0}\sin\sqrt{x}=\sin\sqrt{x_0}$.

对任意给定 $\varepsilon>0$，要使

$$\left|\sin\sqrt{x}-\sin\sqrt{x_0}\right|<\varepsilon,$$

由于

$$\left|\sin\sqrt{x}-\sin\sqrt{x_0}\right|=2\left|\cos\frac{\sqrt{x}+\sqrt{x_0}}{2}\right|\cdot\left|\sin\frac{\sqrt{x}-\sqrt{x_0}}{2}\right|\leqslant 2\frac{\left|\sqrt{x}-\sqrt{x_0}\right|}{2}=\frac{\left|x-x_0\right|}{\left|\sqrt{x}+\sqrt{x_0}\right|},$$

所以只要

$$\frac{\left|x-x_0\right|}{\sqrt{x_0}}<\varepsilon.$$

取 $\delta=\sqrt{x_0}\varepsilon$，当 $0<\left|x-x_0\right|<\delta$ 时，有

$$\left|\sin\sqrt{x}-\sin\sqrt{x_0}\right|<\varepsilon,$$

即 $\lim\limits_{x\to x_0}\sin\sqrt{x}=\sin\sqrt{x_0}$. 根据 $x_0\in(0,+\infty)$ 的任意性知，函数 $f(x)=\sin\sqrt{x}$ 在 $(0,+\infty)$ 内连续.

6. 设 $f(x)$ 是定义于 $[a,b]$ 上的单调增加函数，$x_0\in(a,b)$，如果 $\lim\limits_{x\to x_0}f(x)$ 存在，试证函数 $f(x)$ 在点 x_0 处连续.

证明 假设 $f(x)$ 在点 x_0 处不连续，即 $\lim\limits_{x\to x_0}f(x)\neq f(x_0)$.

不妨设 $\lim\limits_{x\to x_0}f(x)>f(x_0)$，由函数极限的保序性可知，存在 $\delta>0$，当 $0<\left|x-x_0\right|<\delta$ 时，有 $f(x)>f(x_0)$. 这与 $f(x)$ 是 $[a,b]$ 上的单调增加函数相矛盾.

因此函数 $f(x)$ 在点 x_0 处连续.

7. 设函数 $f(x)$ 在 $(-\infty,+\infty)$ 内有定义，且对任何 x_1,x_2 有

$$f(x_1+x_2)=f(x_1)+f(x_2),$$

证明：若 $f(x)$ 在 $x=0$ 处连续，则 $f(x)$ 在 $(-\infty,+\infty)$ 内连续.

证明 由于 $f(0)=f(0)+f(0)$，所以 $f(0)=0$. 又因为 $f(x)$ 在 $x=0$ 处的连续，所以根据连续的定义知，

$$\lim_{\Delta x \to 0} f(\Delta x) = f(0) = 0.$$

对任意的 $x_0 \in (-\infty, +\infty)$，都有

$$\lim_{\Delta x \to 0} f(x_0 + \Delta x) = \lim_{\Delta x \to 0}[f(x_0) + f(\Delta x)] = f(x_0),$$

因此 $f(x)$ 在 x_0 处连续，即 $f(x)$ 在 $(-\infty, +\infty)$ 内连续.

8. 设 $f(x)$ 在点 x_0 处连续，$g(x)$ 在点 x_0 处不连续，问 $f(x)+g(x)$ 及 $f(x)\cdot g(x)$ 在点 x_0 处是否连续？若肯定或否定，请给出证明；若不确定试给出例子(连续的例子与不连续的例子).

解 $f(x)+g(x)$ 在点 x_0 处一定不连续.

假设 $f(x)+g(x)$ 点 x_0 处连续，则

$$\lim_{x \to x_0}(f(x)+g(x)) = f(x_0)+g(x_0).$$

又由 $f(x)$ 在点 x_0 处连续知，$\lim_{x \to x_0} f(x) = f(x_0)$，进而

$$\lim_{x \to x_0} g(x) = \lim_{x \to x_0}[(f(x)+g(x))-f(x)] = \lim_{x \to x_0}(f(x)+g(x)) - \lim_{x \to x_0} f(x) = g(x_0),$$

与题意矛盾，故 $f(x)+g(x)$ 在点 x_0 处不连续.

$f(x)\cdot g(x)$ 在点 x_0 处不一定连续.

$f(x)\cdot g(x)$ 在点 x_0 处连续的例子：$f(x)=0$ 在 $x=0$ 处连续，$g(x)=\begin{cases}\sin\dfrac{1}{x}, & x \neq 0, \\ 1, & x=0\end{cases}$ 在 $x=0$ 处不连续，但 $f(x)\cdot g(x)=0$ 在 $x=0$ 处连续.

$f(x)\cdot g(x)$ 在点 x_0 处不连续的例子：$f(x)=1$ 在 $x=0$ 处连续，$g(x)=\sin\dfrac{1}{x}$ 在 $x=0$ 处不连续，但 $f(x)\cdot g(x)=\sin\dfrac{1}{x}$ 在 $x=0$ 处不连续.

9. 指出下列函数的间断点并判定其类型.

(1) $f(x)=\dfrac{1+x}{1+x^3}$；

(2) $f(x)=\begin{cases} e^{\frac{1}{x-1}}, & x>0, \\ \ln(1+x), & -1<x\leqslant 0.\end{cases}$

解 (1) 由于

$$f(x)=\frac{1+x}{1+x^3}=\frac{1+x}{(1+x)(1-x+x^2)},$$

所以 $f(x)$ 的定义域为 $(-\infty,-1)\cup(-1,+\infty)$，显然 $x=-1$ 为 $f(x)$ 的间断点. 又由于

$$\lim_{x \to -1} f(x) = \lim_{x \to -1}\frac{1+x}{(1+x)(1-x+x^2)} = \lim_{x \to -1}\frac{1}{1-x+x^2} = \frac{1}{3},$$

所以 $x=-1$ 为 $f(x)$ 的可去间断点.

(2) 显然 $f(x)$ 的定义域为 $(-1,1) \cup (1,+\infty)$，且 $x=1$ 为 $f(x)$ 的间断点. 另外 $x=0$ 是函数的分段点，因此 $x=0$ 也可能为 $f(x)$ 的间断点.

对于 $x=1$ 有

$$\lim_{x \to 1^-} f(x) = \lim_{x \to 1^-} \mathrm{e}^{\frac{1}{x-1}} = 0, \quad \lim_{x \to 1^+} f(x) = \lim_{x \to 1^+} \mathrm{e}^{\frac{1}{x-1}} = \infty,$$

所以 $x=1$ 为 $f(x)$ 的无穷间断点.

对于 $x=0$ 有

$$\lim_{x \to 0^-} f(x) = \lim_{x \to 0^-} \ln(x+1) = 0, \quad \lim_{x \to 0^+} f(x) = \lim_{x \to 0^+} \mathrm{e}^{\frac{1}{x-1}} = \mathrm{e}^{-1},$$

所以 $x=0$ 为 $f(x)$ 的跳跃间断点.

10. 指出下列函数的间断点及其所属类型，若是可去间断点，试补充或修改定义，使函数在该点处连续.

(1) $f(x) = \dfrac{x^2-1}{x^2-3x+2}$； (2) $f(x) = \arctan \dfrac{1}{x-1}$； (3) $f(x) = \cos^2 \dfrac{1}{x}$；

(4) $f(x) = \dfrac{x^2-x}{|x|(x^2-1)}$； (5) $f(x) = \begin{cases} \dfrac{1}{x}, & x < 0, \\ \dfrac{x^2-1}{x-1}, & 0 < |x-1| \leqslant 1, \\ x+1, & x > 2; \end{cases}$ (6) $f(x) = \dfrac{x}{\tan x}$.

解 (1) 由于

$$f(x) = \frac{x^2-1}{x^2-3x+2} = \frac{(x-1)(x+1)}{(x-1)(x-2)},$$

所以 $f(x)$ 的定义域为 $(-\infty,1) \cup (1,2) \cup (2,+\infty)$，显然 $x=1,2$ 为 $f(x)$ 的间断点.

对于 $x=1$ 有

$$\lim_{x \to 1} f(x) = \lim_{x \to 1} \frac{(x-1)(x+1)}{(x-1)(x-2)} = \lim_{x \to 1} \frac{x+1}{x-2} = -2,$$

所以 $x=1$ 为 $f(x)$ 的可去间断点. 于是可以补充定义 $f(1) = -2$，使得 $f(x)$ 在 $x=1$ 处连续.

对于 $x=2$ 有

$$\lim_{x \to 2} f(x) = \lim_{x \to 2} \frac{(x-1)(x+1)}{(x-1)(x-2)} = \lim_{x \to 2} \frac{x+1}{x-2} = \infty,$$

所以 $x=2$ 为 $f(x)$ 的无穷间断点.

(2) 显然 $f(x)$ 的定义域为 $(-\infty,1) \cup (1,+\infty)$，且 $x=1$ 为 $f(x)$ 的间断点. 由于

$$\lim_{x \to 1^-} f(x) = \lim_{x \to 1^-} \arctan \frac{1}{x-1} = -\frac{\pi}{2}, \quad \lim_{x \to 1^+} f(x) = \lim_{x \to 1^+} \arctan \frac{1}{x-1} = \frac{\pi}{2},$$

即 $\lim\limits_{x \to 1^-} f(x) \neq \lim\limits_{x \to 1^+} f(x)$，因此 $x=1$ 为 $f(x)$ 的跳跃间断点.

(3) 显然 $f(x)$ 的定义域为 $(-\infty,0)\bigcup(0,+\infty)$，且 $x=0$ 为 $f(x)$ 的间断点. 由于 $\lim\limits_{x\to0}f(x)=\lim\limits_{x\to0}\cos^2\dfrac{1}{x}$ 不存在，且上下振荡，故 $x=0$ 为 $f(x)$ 的振荡间断点.

(4) 由于

$$f(x)=\frac{x^2-x}{|x|(x^2-1)}=\frac{x(x-1)}{|x|(x-1)(x+1)},$$

故 $f(x)$ 的定义域为 $(-\infty,-1)\bigcup(-1,0)\bigcup(0,1)\bigcup(1,+\infty)$，显然 $x=-1,0,1$ 为 $f(x)$ 的间断点.

对于 $x=-1$ 有

$$\lim_{x\to-1}f(x)=\lim_{x\to-1}\frac{x(x-1)}{|x|(x-1)(x+1)}=\lim_{x\to-1}\frac{x}{|x|(x+1)}=\infty,$$

所以 $x=-1$ 为 $f(x)$ 的无穷间断点.

对于 $x=0$ 有

$$\lim_{x\to0^-}f(x)=\lim_{x\to0^-}\frac{x(x-1)}{|x|(x-1)(x+1)}=\lim_{x\to0^-}\frac{x(x-1)}{-x(x-1)(x+1)}=\lim_{x\to0^-}\frac{1}{-(x+1)}=-1,$$

$$\lim_{x\to0^+}f(x)=\lim_{x\to0^+}\frac{x(x-1)}{|x|(x-1)(x+1)}=\lim_{x\to0^+}\frac{x(x-1)}{x(x-1)(x+1)}=\lim_{x\to0^+}\frac{1}{x+1}=1,$$

所以 $x=0$ 为 $f(x)$ 的跳跃间断点.

对于 $x=1$ 有

$$\lim_{x\to1}f(x)=\lim_{x\to1}\frac{x(x-1)}{|x|(x-1)(x+1)}=\lim_{x\to1}\frac{x}{|x|(x+1)}=\frac{1}{2},$$

故 $x=1$ 为 $f(x)$ 的可去间断点. 于是可以补充定义 $f(1)=\dfrac{1}{2}$，使得 $f(x)$ 在 $x=1$ 处连续.

(5) 由于不等式 $0<|x-1|\leqslant1$ 的解为 $0\leqslant x\leqslant2$，且 $x\neq1$，故 $f(x)$ 的定义域为 $(-\infty,1)\bigcup(1,+\infty)$. 显然 $x=1$ 是 $f(x)$ 的间断点. 另外 $x=0,2$ 是 $f(x)$ 的分段点，因此 $x=0,2$ 也可能为 $f(x)$ 的间断点.

对于 $x=0$ 有

$$\lim_{x\to0^-}f(x)=\lim_{x\to0^-}\frac{1}{x}=\infty,\qquad\lim_{x\to0^+}f(x)=\lim_{x\to0^+}\frac{x^2-1}{x-1}=1,$$

故 $x=0$ 为 $f(x)$ 的无穷间断点.

对于 $x=1$ 有

$$\lim_{x\to1}f(x)=\lim_{x\to1}\frac{x^2-1}{x-1}=\lim_{x\to1}(x+1)=2,$$

故 $x=1$ 为 $f(x)$ 的可去间断点. 于是可以补充定义 $f(1)=2$，使得 $f(x)$ 在 $x=1$ 处连续.

对于 $x=2$ 有

$$f(2)=3, \quad \lim_{x\to 2^-}f(x)=\lim_{x\to 2^-}\frac{x^2-1}{x-1}=3, \quad \lim_{x\to 2^+}f(x)=\lim_{x\to 2^+}(x+1)=3,$$

即 $\lim\limits_{x\to 2}f(x)=f(2)$，所以 $f(x)$ 在 $x=2$ 处连续，即 $x=2$ 不是 $f(x)$ 的间断点.

(6) 由于 $\tan x$ 的定义域是 $\bigcup\limits_{k\in\mathbf{Z}}\left(k\pi-\dfrac{\pi}{2},k\pi+\dfrac{\pi}{2}\right)$，并且当 $x=k\pi$（$k\in\mathbf{Z}$）时 $\tan x=0$，因此 $f(x)$ 的定义域为

$$\bigcup_{k\in\mathbf{Z}}\left[\left(k\pi-\frac{\pi}{2},k\pi\right)\cup\left(k\pi,k\pi+\frac{\pi}{2}\right)\right],$$

则 $x=k\pi,k\pi+\dfrac{\pi}{2}$（$k\in\mathbf{Z}$）为 $f(x)$ 的间断点.

对于 $x=0$ 有

$$\lim_{x\to 0}f(x)=\lim_{x\to 0}\frac{x}{\tan x}=1,$$

故 $x=0$ 为 $f(x)$ 的可去间断点. 于是可以补充定义 $f(0)=1$，使得 $f(x)$ 在 $x=0$ 处连续.

对于 $x=k\pi$（$k\in\mathbf{Z}$ 且 $k\neq 0$）有

$$\lim_{x\to k\pi}f(x)=\lim_{x\to k\pi}\frac{x}{\tan x}=\infty,$$

故 $x=k\pi$（$k\in\mathbf{Z}$ 且 $k\neq 0$）为 $f(x)$ 的无穷间断点.

对于 $x=k\pi+\dfrac{\pi}{2}$（$k\in\mathbf{Z}$）有

$$\lim_{x\to k\pi+\frac{\pi}{2}}f(x)=\lim_{x\to k\pi+\frac{\pi}{2}}\frac{x}{\tan x}=0,$$

故 $x=k\pi+\dfrac{\pi}{2}$（$k\in\mathbf{Z}$）为 $f(x)$ 的可去间断点. 于是可以补充定义 $f\left(k\pi+\dfrac{\pi}{2}\right)=0$，使得 $f(x)$ 在 $x=k\pi+\dfrac{\pi}{2}$（$k\in\mathbf{Z}$）处连续.

11. 确定 a 和 b，使函数 $f(x)=\dfrac{\mathrm{e}^x-b}{(x-a)(x-1)}$ 有无穷间断点 $x=0$ 和可去间断点 $x=1$.

解 因为 $x=0$ 为无穷间断点，则

$$\lim_{x\to 0}\frac{\mathrm{e}^x-b}{(x-a)(x-1)}=\infty,$$

根据无穷大与无穷小的关系可知，

$$\lim_{x \to 0} \frac{(x-a)(x-1)}{e^x - b} = \frac{a}{1-b} = 0,$$

所以 $a = 0, b \neq 1$.

因为 $x = 1$ 为可去间断点，则 $\lim\limits_{x \to 1} \dfrac{e^x - b}{x(x-1)}$ 存在，故 $\lim\limits_{x \to 1}(e^x - b) = 0$，可知 $b = e$.

习　题　二

1. 研究下列函数的连续性：

(1) $f(x) = \begin{cases} x^2, & 0 \leqslant x \leqslant 1, \\ 2-x, & 1 < x \leqslant 2; \end{cases}$ 　　(2) $f(x) = \begin{cases} x, & -1 \leqslant x \leqslant 1, \\ 1, & x < -1, x > 1. \end{cases}$

解　(1) 只需讨论分段点 $x = 1$ 处的连续性. 由于

$$f(1) = 1, \quad \lim_{x \to 1^-} f(x) = \lim_{x \to 1^-} x^2 = 1, \quad \lim_{x \to 1^+} f(x) = \lim_{x \to 1^+} 2 - x = 1,$$

因此 $f(x)$ 在 $x = 1$ 处连续. 于是，$f(x)$ 在区间 $[0,2]$ 上连续.

(2) 只需讨论分段点 $x = -1$ 及 $x = 1$ 处的连续性. 由于

$$f(-1) = -1, \quad \lim_{x \to -1^-} f(x) = \lim_{x \to -1^-} 1 = 1, \quad \lim_{x \to -1^+} f(x) = \lim_{x \to -1^+} x = -1,$$

因此 $f(x)$ 在 $x = -1$ 处不连续. 由于

$$f(1) = 1, \quad \lim_{x \to 1^-} f(x) = \lim_{x \to 1^-} x = 1, \quad \lim_{x \to -1^+} f(x) = \lim_{x \to -1^+} 1 = 1,$$

因此 $f(x)$ 在 $x = 1$ 处连续.

综上，$f(x)$ 在区间 $(-\infty, -1)$ 和 $(-1, +\infty)$ 内连续.

2. 常数 C 为何值时，可使函数 $f(x) = \begin{cases} Cx+1, & x \leqslant 3, \\ Cx^2 - 1, & x > 3 \end{cases}$ 在 $(-\infty, +\infty)$ 上连续.

解　使函数 $f(x)$ 在 $(-\infty, +\infty)$ 上连续，只需在分段点 $x = 3$ 处连续. 由于

$$f(3) = 3C+1, \quad \lim_{x \to 3^-} f(x) = \lim_{x \to 3^-} Cx + 1 = 3C+1, \quad \lim_{x \to 3^+} f(x) = \lim_{x \to 3^+} Cx^2 - 1 = 9C - 1,$$

因此由 $f(x)$ 在 $x = 3$ 处连续可知，$3C+1 = 9C-1$，解得 $C = \dfrac{1}{3}$.

3. 设函数 $f(x) = \begin{cases} e^x, & x < 0, \\ a+x, & x \geqslant 0, \end{cases}$ 应当怎样选择数 a，使 $f(x)$ 成为在 $(-\infty, +\infty)$ 上连续的函数？

解　使函数 $f(x)$ 在 $(-\infty, +\infty)$ 上连续，只需在分段点 $x = 0$ 处连续. 由于

$$f(0) = a, \quad \lim_{x \to 0^-} f(x) = \lim_{x \to 0^-} e^x = 1, \quad \lim_{x \to 0^+} f(x) = \lim_{x \to 0^+} a + x = a,$$

因此由 $f(x)$ 在 $x = 0$ 处连续可知，$a = 1$.

4. 求下列极限:

(1) $\lim\limits_{x\to 2}\dfrac{e^x}{2x+1}$;

(2) $\lim\limits_{x\to +\infty}\tan\left(\ln\dfrac{4x^2+1}{x^2+4x}\right)$;

(3) $\lim\limits_{x\to 0}(1+2x)^{\frac{3}{\sin x}}$;

(4) $\lim\limits_{x\to +\infty}(\sin\sqrt{x+1}-\sin\sqrt{x})$.

解 (1) $\lim\limits_{x\to 2}\dfrac{e^x}{2x+1}=\dfrac{\lim\limits_{x\to 2}e^x}{\lim\limits_{x\to 2}(2x+1)}=\dfrac{e^2}{5}$.

(2) $\lim\limits_{x\to +\infty}\tan\left(\ln\dfrac{4x^2+1}{x^2+4x}\right)=\tan\left(\lim\limits_{x\to +\infty}\ln\dfrac{4x^2+1}{x^2+4x}\right)=\tan\left(\ln\lim\limits_{x\to +\infty}\dfrac{4x^2+1}{x^2+4x}\right)=\tan\ln 4$.

(3) $\lim\limits_{x\to 0}(1+2x)^{\frac{3}{\sin x}}=\lim\limits_{x\to 0}e^{\ln(1+2x)^{\frac{3}{\sin x}}}$, $\lim\limits_{x\to 0}\ln(1+2x)^{\frac{3}{\sin x}}=\lim\limits_{x\to 0}\dfrac{3\ln(1+2x)}{\sin x}=6$.

$$\lim\limits_{x\to 0}e^{\ln(1+2x)^{\frac{3}{\sin x}}}=e^6,\ \text{故}\ \lim\limits_{x\to 0}(1+2x)^{\frac{3}{\sin x}}=e^6.$$

(4) $\lim\limits_{x\to +\infty}(\sin\sqrt{x+1}-\sin\sqrt{x})=\lim\limits_{x\to +\infty}2\sin\dfrac{\sqrt{x+1}-\sqrt{x}}{2}\cos\dfrac{\sqrt{x+1}+\sqrt{x}}{2}$

$$=\lim\limits_{x\to +\infty}2\sin\dfrac{1}{2(\sqrt{x+1}+\sqrt{x})}\cos\dfrac{\sqrt{x+1}+\sqrt{x}}{2}$$

$$=\lim\limits_{x\to +\infty}\dfrac{1}{\sqrt{x+1}+\sqrt{x}}\cos\dfrac{\sqrt{x+1}+\sqrt{x}}{2},$$

由 $\lim\limits_{x\to +\infty}\dfrac{1}{\sqrt{x+1}+\sqrt{x}}=0$ 与 $\left|\cos\dfrac{\sqrt{x+1}+\sqrt{x}}{2}\right|\leqslant 1$ 可知,

$$\lim\limits_{x\to +\infty}(\sin\sqrt{x+1}-\sin\sqrt{x})=0.$$

5. 设 $f(x)=\lim\limits_{n\to\infty}\dfrac{x^{2n-1}+ax^2+bx}{x^{2n}+1}$ 为连续函数, 试确定 a 与 b 的值.

解 当 $|x|<1$时,

$$f(x)=\lim\limits_{n\to\infty}\dfrac{x^{2n-1}+ax^2+bx}{x^{2n}+1}=ax^2+bx;$$

当 $x=-1$ 时,

$$f(x)=\dfrac{a-b-1}{2};$$

当 $x=1$ 时,

$$f(x)=\dfrac{a+b+1}{2};$$

当 $|x|>1$时,

$$f(x) = \lim_{n \to \infty} \frac{x^{2n-1} + ax^2 + bx}{x^{2n} + 1} = \lim_{n \to \infty} \frac{\dfrac{1}{x} + \dfrac{ax^2}{x^{2n}} + \dfrac{bx}{x^{2n}}}{1 + \dfrac{1}{x^{2n}}} = \frac{1}{x}.$$

整理可得

$$f(x) = \begin{cases} \dfrac{1}{x}, & x < -1, \\[2mm] \dfrac{a-b-1}{2}, & x = -1, \\[2mm] ax^2 + bx, & -1 < x < 1, \\[2mm] \dfrac{a+b+1}{2}, & x = 1, \\[2mm] \dfrac{1}{x}, & x > 1. \end{cases}$$

因为 $f(x)$ 是连续函数, 故 $f(x)$ 在 $x=1$ 与 $x=-1$ 处连续性, 从而有

$$\begin{cases} \dfrac{a-b-1}{2} = -1, \\[2mm] \dfrac{a+b+1}{2} = 1, \end{cases}$$

解得 $a = 0, b = 1$.

6. 讨论函数 $f(x) = x \lim\limits_{n \to \infty} \dfrac{1-x^{2n}}{1+x^{2n}}$ 的连续性, 若有间断点, 判别其类型.

解　当 $|x| < 1$ 时,

$$f(x) = x \lim_{n \to \infty} \frac{1-x^{2n}}{1+x^{2n}} = x;$$

当 $|x| = 1$ 时,

$$f(x) = x \lim_{n \to \infty} \frac{1-x^{2n}}{1+x^{2n}} = 0;$$

当 $|x| > 1$ 时,

$$f(x) = x \lim_{n \to \infty} \frac{1-x^{2n}}{1+x^{2n}} = x \lim_{n \to \infty} \frac{\dfrac{1}{x^{2n}} - 1}{\dfrac{1}{x^{2n}} + 1} = -x.$$

整理可得

$$f(x) = \begin{cases} -x, & x < -1, \\ 0, & x = -1, \\ x, & -1 < x < 1, \\ 0, & x = 1, \\ -x, & x > 1. \end{cases}$$

当 $x=-1$ 时，

$$f(-1)=0, \quad \lim_{x\to-1^-}f(x)=\lim_{x\to-1^-}(-x)=1, \quad \lim_{x\to-1^+}f(x)=\lim_{x\to-1^+}x=-1;$$

当 $x=1$ 时，

$$f(1)=0, \quad \lim_{x\to1^-}f(x)=\lim_{x\to1^-}x=1, \quad \lim_{x\to1^+}f(x)=\lim_{x\to1^+}(-x)=-1.$$

因此，$f(x)$ 在区间 $(-\infty,-1)\bigcup(-1,1)\bigcup(1,+\infty)$ 上连续，$x=-1$ 与 $x=1$ 均为跳跃间断点.

习 题 三

1. 证明方程 $x^5-3x=1$ 至少有一根介于 1 和 2 之间.

证明 设 $f(x)=x^5-3x-1$，显然 $f(x)$ 在区间 $[1,2]$ 上连续，且

$$f(1)=-3, \quad f(2)=25,$$

根据零点存在定理可知，至少存在一个 $\xi\in(1,2)$，使得 $f(\xi)=0$.

因此方程 $x^5-3x=1$ 至少有一根介于 1 和 2 之间.

2. 证明方程 $x=a\sin x+b(a>0,b>0)$ 至少有一个正根，并且它不超过 $a+b$.

证明 设 $f(x)=a\sin x+b-x$，则 $f(x)$ 在区间 $[0,a+b]$ 上连续，且

$$f(0)=b>0, \quad f(a+b)=a[\sin(a+b)-1].$$

如果 $\sin(a+b)=1$，则 $f(a+b)=0$，即 $a+b$ 是方程 $x=a\sin x+b$ 的一个正根.

如果 $\sin(a+b)<1$，则 $f(0)f(a+b)<0$. 根据零点存在定理可知，至少存在一个 $\xi\in(0,a+b)$，使得 $f(\xi)=0$. 因此方程 $x=a\sin x+b$ 至少有一个正根，并且它不超过 $a+b$.

3. 证明方程 $xe^{x^2}=1$ 在区间 $\left(\dfrac{1}{2},1\right)$ 内有且仅有一实根.

证明 设 $f(x)=xe^{x^2}-1$，则 $f(x)$ 在区间 $\left[\dfrac{1}{2},1\right]$ 上连续，且

$$f\left(\frac{1}{2}\right)=\frac{1}{2}e^{\frac{1}{4}}-1<0, \quad f(1)=e-1>0.$$

根据零点存在定理可知，至少存在一个 $\xi\in\left(\dfrac{1}{2},1\right)$，使得 $f(\xi)=0$. 即方程 $xe^{x^2}=1$ 在区间 $\left(\dfrac{1}{2},1\right)$ 内至少有一实根.

由于 $y=x$ 与 $y=e^{x^2}$ 在 $[0,+\infty)$ 均为单调递增函数，则对于任意的 x_1，$x_2(x_1>x_2>0)$，

$$f(x_1)-f(x_2)=x_1e^{x_1^2}-x_2e^{x_2^2}>x_1e^{x_2^2}-x_2e^{x_2^2}>0,$$

则函数 $f(x)=xe^{x^2}-1$ 在区间 $\left[\dfrac{1}{2},1\right]$ 上单调递增. 因此函数 $f(x)$ 在区间 $\left[\dfrac{1}{2},1\right]$ 最多只有一个

零点.

因此, 方程 $x\mathrm{e}^{x^2}=1$ 在区间 $\left(\dfrac{1}{2},1\right)$ 内有且仅有一实根.

4. 设函数 $f(x)$ 在区间 $[0,2a]$ 上连续, $f(0)=f(2a)$, 证明在区间 $[0,a]$ 上至少存在一点 x_0 使得 $f(x_0)=f(x_0+a)$.

证明 设 $F(x)=f(x+a)-f(x)$, 则 $F(x)$ 在区间 $[0,2a]$ 上连续, 且

$$F(0)=f(a)-f(0),\quad F(a)=f(2a)-f(a).$$

如果 $f(a)=f(0)$, 则取 $x_0=0$ 或者 $x_0=a$ 即可得到 $f(x_0)=f(x_0+a)$.

如果 $f(a)\neq f(0)$, 则 $F(0)\cdot F(a)=-[f(a)-f(0)]^2<0$. 根据零点存在定理可知, 至少存在一个 $x_0\in(0,a)$, 使得 $F(x_0)=0$, 即 $f(x_0)=f(x_0+a)$.

5. 设多项式 $P_n(x)=x^n+a_1x^{n-1}+\cdots+a_n$. 证明: 当 n 为奇数时, 方程 $P_n(x)=0$ 至少有一实根.

证明 多项式 $P_n(x)$ 在 $(-\infty,+\infty)$ 内连续, 且当 n 为奇数时,

$$\lim_{x\to-\infty}P_n(x)=-\infty,\quad \lim_{x\to+\infty}P_n(x)=+\infty,$$

因此必存在 $x_1<0$, $x_2>0$, 使得 $P_n(x_1)<0$, $P_n(x_2)>0$. 根据零点存在定理可知, 至少存在一个 $\xi\in(x_1,x_2)$, 使得 $P_n(\xi)=0$. 当 n 为奇数时, 方程 $P_n(x)=0$ 至少有一实根.

6. 设 $f(x)$ 在 $[a,b]$ 上连续且无零点, 证明: 存在 $m>0$, 使得或者在 $[a,b]$ 上恒有 $f(x)\geq m$, 或者在 $[a,b]$ 上恒有 $f(x)\leq -m$.

证明 因为 $f(x)$ 在 $[a,b]$ 上连续, 所以 $f(x)$ 在 $[a,b]$ 上必存在最大值 $f(x_1)=M$, 最小值 $f(x_2)=m$. 由于 $f(x)$ 在 $[a,b]$ 上无零点, 所以 $M\neq 0$ 且 $m\neq 0$.

假设 $M>0$, $m<0$, 则根据零点存在定理可知, 必存在一点 $\xi\in(a,b)$, 使得 $f(\xi)=0$, 与已知条件矛盾, 故 M,m 同号. 因此要么 $f(x)\geq m>0$, 要么 $f(x)\leq M<0$.

7. 若 $f(x)$ 在 $[a,b)$ 上连续, 且 $\lim\limits_{x\to b^-}f(x)$ 存在, 证明 $f(x)$ 在 $[a,b)$ 上有界.

证明 由 $\lim\limits_{x\to b^-}f(x)$ 存在, 令 $\lim\limits_{x\to b^-}f(x)=A$, 则对 $\varepsilon=1$, 必存在 $\delta>0$, 使得当 $b-\delta<x<b$ 时, 有

$$|f(x)-A|<1,$$

即

$$-1+A<f(x)<1+A.$$

由 $f(x)$ 在 $[a,b-\delta]$ 上连续可知, 当 $a\leq x\leq b-\delta$ 时, 必有 $m<f(x)<M$.

综上所述, $f(x)$ 在 $[a,b)$ 上有界.

8. 设 $f(x)$ 在 $[a,+\infty)$ 上连续, $f(a)>0$, 且 $\lim\limits_{x\to+\infty}f(x)=A<0$, 证明: 在 $[a,+\infty)$ 上至少有一点 ξ, 使 $f(\xi)=0$.

证明 由 $\lim\limits_{x\to+\infty}f(x)=A$ 可知, 令 $\varepsilon=\dfrac{|A|}{2}$, 必存在 $M>0$, 使得当 $x>M$ 时, 有

$$\left| f(x) - A \right| < \frac{|A|}{2},$$

化简可得

$$\frac{3A}{2} < f(x) < \frac{A}{2}.$$

由 $f(x)$ 在 $[a,+\infty)$ 上的连续性可知，必存在 $x_1 > M$，使得 $f(x_1) < 0$．函数 $f(x)$ 在区间 $[a,x_1]$ 上连续，$f(a)f(x_1) < 0$，根据零点存在定理可知，至少存在一个 $\xi \in (a,x_1)$，使得 $f(\xi) = 0$．因此在 $[a,+\infty)$ 上至少有一点 ξ，使 $f(\xi) = 0$．

9. 设 $f(x)$ 在点 x_0 连续，且 $f(x_0) \neq 0$，试证存在 $\delta > 0$，使得当 $x \in (x_0 - \delta, x_0 + \delta)$ 时，

$$\left| f(x) \right| > \frac{|f(x_0)|}{2}.$$

证明 由 $f(x)$ 在点 x_0 连续可知，$\lim\limits_{x \to x_0} f(x) = f(x_0)$．取 $\varepsilon = \dfrac{|f(x_0)|}{2}$，必存在 $\delta > 0$，使得 $0 < |x - x_0| < \delta$ 时，有

$$\left| f(x) - f(x_0) \right| < \frac{|f(x_0)|}{2},$$

由三角不等式可知

$$\left\| f(x) \right| - \left| f(x_0) \right\| < \left| f(x) - f(x_0) \right|,$$

进而

$$\left\| f(x) \right| - \left| f(x_0) \right\| < \frac{|f(x_0)|}{2},$$

从而有

$$\left| f(x) \right| > \frac{|f(x_0)|}{2}.$$

复 习 题 三

1. 判断题

(1) 分段函数必存在间断点；　　　　　　　　　　　　　　　　　　（　）

(2) 初等函数在其定义域内必连续；　　　　　　　　　　　　　　　（　）

(3) 若 $f(x)$ 在 x_0 处连续，则必有 $\lim\limits_{x \to x_0} f(x) = f(\lim\limits_{x \to x_0} x)$．　　　（　）

分析　(1)错误. 例如，$f(x) = \begin{cases} x, & x \geqslant 0, \\ -x, & x < 0 \end{cases}$ 没有间断点，是 $(-\infty, +\infty)$ 内的连续函数.

(2) 错误. 初等函数在其定义区间内连续，但定义域内未必连续. 例如，函数 $f(x) = \sqrt{\sin^2 x - 1}$，定义域是 $\left\{ k\pi + \dfrac{\pi}{2} \,\middle|\, k \in \mathbf{Z} \right\}$，显然 $f(x)$ 在定义域内任意一点都不连续.

(3) 正确.

2. 填空题

(1) 函数 $f(x) = \dfrac{1}{x^2 - 1}$ 的连续区间是＿＿＿＿＿＿；

(2) 函数 $f(x) = \begin{cases} \dfrac{e^{2x} - 1}{x}, & x < 0, \\ a\cos x + x^2, & x \geqslant 0 \end{cases}$ 在 $(-\infty, +\infty)$ 上连续则 $a = $＿＿＿＿＿＿；

(3) 函数 $f(x) = \begin{cases} x, & x < 1, \\ x - 1, & 1 \leqslant x < 2, \\ 3 - x, & x \geqslant 2 \end{cases}$ 的间断点为＿＿＿＿＿＿；

(4) 函数 $f(x) = \sin \dfrac{1}{x}$ 的间断点是＿＿＿＿＿＿，是第＿＿＿＿＿＿类间断点；

(5) 函数 $f(x) = e^{\frac{1}{x}}$ 的间断点是＿＿＿＿＿＿，是第＿＿＿＿＿＿类间断点；

(6) 已知 $\lim\limits_{x \to 0} \dfrac{\ln\left(1 + \dfrac{f(x)}{\sin 2x}\right)}{3^x - 1} = 5$，则 $\lim\limits_{x \to 0} \dfrac{f(x)}{x^2} = $＿＿＿＿＿＿；

(7) 设 $f(x) = \begin{cases} ax + b, & x \geqslant 0, \\ (a+b)x^2 + x, & x < 0, \end{cases}$ $(a+b) \neq 0$，$f(x)$ 处处连续的充要条件是 $b = $

＿＿＿＿＿＿.

分析　(1) $(-\infty, -1)$，$(-1, 1)$ 和 $(1, +\infty)$. 由于 $f(x)$ 的定义域是 $(-\infty, -1) \bigcup (-1, 1) \bigcup (1, +\infty)$，并且 $f(x)$ 是初等函数，所以 $f(x)$ 在定义区间 $(-\infty, -1)$，$(-1, 1)$ 和 $(1, +\infty)$ 内连续.

(2) 2．$f(x)$ 在 $(-\infty, +\infty)$ 内连续，则 $f(x)$ 在 $x = 0$ 处连续. 而

$$f(0) = a, \quad \lim_{x \to 0^-} f(x) = \lim_{x \to 0^-} \frac{e^{2x} - 1}{x} = \lim_{x \to 0^-} \frac{2x}{x} = 2, \quad \lim_{x \to 0^+} f(x) = \lim_{x \to 0^+} (a\cos x + x^2) = a,$$

所以 $a = 2$.

(3) $x = 1$. 由于

$$f(1) = 0, \quad \lim_{x \to 1^-} f(x) = \lim_{x \to 1^-} x = 1, \quad \lim_{x \to 1^+} f(x) = \lim_{x \to 1^+} (x - 1) = 0,$$

所以 $f(x)$ 在 $x = 1$ 处不连续. 又由于

$$f(2) = 1, \quad \lim_{x \to 2^-} f(x) = \lim_{x \to 2^-} (x - 1) = 1, \quad \lim_{x \to 2^+} f(x) = \lim_{x \to 2^+} (3 - x) = 1,$$

所以 $f(x)$ 在 $x = 2$ 处连续.

(4) $x=0$，二．$f(x)$ 的定义域是 $(-\infty,0)\bigcup(0,+\infty)$，显然 $x=0$ 是间断点．由于 $\lim\limits_{x\to 0}f(x)=\lim\limits_{x\to 0}\sin\dfrac{1}{x}$ 不存在，在 $[-1,1]$ 之间来回振荡，因此 $x=0$ 是 $f(x)$ 的第二类间断点．

(5) $x=0$，二．$f(x)$ 的定义域是 $(-\infty,0)\bigcup(0,+\infty)$，显然 $x=0$ 是间断点．由于

$$\lim\limits_{x\to 0^-}f(x)=\lim\limits_{x\to 0^-}\mathrm{e}^{\frac{1}{x}}=0,\qquad \lim\limits_{x\to 0^+}f(x)=\lim\limits_{x\to 0^+}\mathrm{e}^{\frac{1}{x}}=+\infty,$$

因此 $x=0$ 是 $f(x)$ 的第二类间断点中的无穷间断点．

(6) $10\ln 3$．由于 $\lim\limits_{x\to 0}\dfrac{\ln\left(1+\dfrac{f(x)}{\sin 2x}\right)}{3^x-1}=5$，$\lim\limits_{x\to 0}(3^x-1)=0$，所以

$$\lim\limits_{x\to 0}\ln\left(1+\frac{f(x)}{\sin 2x}\right)=0,$$

即 $\lim\limits_{x\to 0}\dfrac{f(x)}{\sin 2x}=0$，进而

$$\lim\limits_{x\to 0}\frac{\ln\left(1+\dfrac{f(x)}{\sin 2x}\right)}{3^x-1}=\lim\limits_{x\to 0}\frac{\dfrac{f(x)}{\sin 2x}}{x\cdot\ln 3}=\lim\limits_{x\to 0}\frac{f(x)}{\sin 2x\cdot x\cdot\ln 3}=\lim\limits_{x\to 0}\frac{f(x)}{2\ln 3\cdot x^2}=5,$$

即 $\lim\limits_{x\to 0}\dfrac{f(x)}{x^2}=10\ln 3$．

(7) 0．$f(x)$ 处处连续 $\Leftrightarrow$ $f(x)$ 在 $x=0$ 处连续 $\Leftrightarrow$ $\lim\limits_{x\to 0^-}f(x)=\lim\limits_{x\to 0^+}f(x)=f(0)$．而

$$f(0)=b,\qquad \lim\limits_{x\to 0^+}f(x)=\lim\limits_{x\to 0^+}[(a+b)x^2+x]=b,\qquad \lim\limits_{x\to 0^-}f(x)=\lim\limits_{x\to 0^-}(ax+b)=0,$$

所以 $f(x)$ 在 $x=0$ 处连续 $\Leftrightarrow$ $b=0$．

3．选择题

(1) 设 $f(x)$ 在 $\mathbf{R}$ 上有定义，函数 $f(x)$ 在点 x_0 处左、右极限都存在且相等是函数 $f(x)$ 在点 x_0 处连续的（　　）．

(A) 充分条件　　　　　　　　　(B) 充分且必要条件

(C) 必要条件　　　　　　　　　(D) 非充分也非必要条件

(2) 若函数 $f(x)=\begin{cases}x^2+a, & x\geqslant 1,\\ \cos\pi x, & x<1\end{cases}$ 在 $\mathbf{R}$ 上连续，则 a 的值为（　　）．

(A) 0　　　　　(B) 1　　　　　(C) -1　　　　　(D) -2

分析　(1) C．$f(x)$ 在点 x_0 处连续 $\Leftrightarrow$ $\lim\limits_{x\to x_0}f(x)=f(x_0)$ $\Leftrightarrow$ $\lim\limits_{x\to x_0^-}f(x)=\lim\limits_{x\to x_0^+}f(x)=f(x_0)$．$f(x)$ 在点 x_0 处左、右极限都存在且相等，但未必等于函数值 $f(x_0)$，故选 C．

(2) D．$f(x)$ 在上连续，则 $f(x)$ 在 $x=x_0$ 处连续．由于

$$f(1)=1+a,\qquad \lim\limits_{x\to 1^-}f(x)=\lim\limits_{x\to 1^-}\cos\pi x=-1,\qquad \lim\limits_{x\to 1^+}f(x)=\lim\limits_{x\to 1^+}(x^2+a)=1+a,$$

因此 $1+a=-1$，即 $a=-2$.

4. 已知函数 $f(x)=\begin{cases} x^2+1, & x<0, \\ 2x-b, & x\geqslant 0 \end{cases}$ 在点 $x=0$ 处连续，求 b 的值.

解 由于 $f(x)$ 在点 $x=0$ 处连续，并且

$$f(0)=-b, \quad \lim_{x\to 0^-}f(x)=\lim_{x\to 0^-}(x^2+1)=1, \quad \lim_{x\to 0^+}f(x)=\lim_{x\to 0^+}(2x-b)=-b,$$

所以 $b=-1$.

5. 求下列函数的间断点并判别类型：

(1) $f(x)=\dfrac{x}{(1+x)^2}$； \qquad (2) $f(x)=\dfrac{|x|}{x}$；

(3) $f(x)=[x]$； \qquad (4) $f(x)=\dfrac{2^{\frac{1}{x}}-1}{2^{\frac{1}{x}}+1}$.

解 (1) $f(x)$ 的定义域为 $(-\infty,-1)\bigcup(-1,+\infty)$，显然 $x=-1$ 为 $f(x)$ 的间断点. 由于

$$\lim_{x\to -1}f(x)=\lim_{x\to -1}\frac{x}{(1+x)^2}=\infty,$$

所以 $x=-1$ 为 $f(x)$ 的无穷间断点.

(2) $f(x)$ 的定义域为 $(-\infty,0)\bigcup(0,+\infty)$，显然 $x=0$ 为 $f(x)$ 的间断点. 由于

$$\lim_{x\to 0^-}f(x)=\lim_{x\to 0^-}\frac{|x|}{x}=\lim_{x\to 0^-}\frac{-x}{x}=-1, \quad \lim_{x\to 0^+}f(x)=\lim_{x\to 0^+}\frac{|x|}{x}=\lim_{x\to 0^+}\frac{x}{x}=1,$$

所以 $x=0$ 为 $f(x)$ 的跳跃间断点.

(3) $f(x)$ 的定义域为 $(-\infty,\infty)$，但分段点 $x=n\,(n\in\mathbf{Z})$ 可能是间断点. 由于

$$\lim_{x\to n^-}f(x)=\lim_{x\to n^-}[x]=n-1, \quad \lim_{x\to n^+}f(x)=\lim_{x\to n^+}[x]=n,$$

所以 $x=n\,(n\in\mathbf{Z})$ 为 $f(x)$ 的跳跃间断点.

(4) $f(x)$ 的定义域为 $(-\infty,0)\bigcup(0,+\infty)$，显然 $x=0$ 为 $f(x)$ 的间断点. 由于

$$\lim_{x\to 0^-}f(x)=\lim_{x\to 0^-}\frac{2^{\frac{1}{x}}-1}{2^{\frac{1}{x}}+1}=\frac{0-1}{0+1}=-1,$$

$$\lim_{x\to 0^+}f(x)=\lim_{x\to 0^+}\frac{2^{\frac{1}{x}}-1}{2^{\frac{1}{x}}+1}=\lim_{x\to 0^+}\frac{1-\dfrac{1}{2^{\frac{1}{x}}}}{1+\dfrac{1}{2^{\frac{1}{x}}}}=\frac{1-0}{1+0}=1,$$

所以 $x=0$ 为 $f(x)$ 的跳跃间断点.

6. 设 $a>0$，$f(x)=\begin{cases}\dfrac{\cos x}{x+2}, & x\geqslant 0,\\[3mm]\dfrac{\sqrt{a}-\sqrt{a-x}}{x}, & x<0.\end{cases}$

(1) a 为何值时，$x=0$ 是 $f(x)$ 的连续点？

(2) a 为何值时，$x=0$ 是 $f(x)$ 的间断点？

(3) 当 $a=2$ 时，求 $f(x)$ 的连续区间.

解　由于

$$f(0)=\frac{1}{2}, \quad \lim_{x\to 0^+}f(x)=\lim_{x\to 0^+}\frac{\cos x}{x+2}=\frac{1}{2},$$

$$\lim_{x\to 0^-}f(x)=\lim_{x\to 0^-}\frac{\sqrt{a}-\sqrt{a-x}}{x}=\lim_{x\to 0^-}\frac{1}{(\sqrt{a}+\sqrt{a-x})}=\frac{1}{2\sqrt{a}},$$

所以 (1) 当 $a=1$ 时，$\lim\limits_{x\to 0^-}f(x)=\lim\limits_{x\to 0^+}f(x)=f(0)$，$x=0$ 是 $f(x)$ 的连续点.

(2) 当 $a\neq 1$ 时，$\lim\limits_{x\to 0^-}f(x)\neq\lim\limits_{x\to 0^+}f(x)$，$x=0$ 是 $f(x)$ 的跳跃间断点.

(3) 当 $a=2$ 时，连续区间为 $(-\infty,0)$ 和 $(0,+\infty)$.

7. 讨论函数 $f(x)=\begin{cases}x^{\alpha}\sin\dfrac{1}{x}, & x>0,\\[2mm]\mathrm{e}^x+\beta, & x\leqslant 0\end{cases}$ 在 $x=0$ 处的连续性.

解　当 $\alpha>0$ 时，$x^{\alpha}\to 0(x\to 0^+)$. 而 $\sin\dfrac{1}{x}$ 为有界函数，故此时

$$\lim_{x\to 0^+}f(x)=\lim_{x\to 0^+}x^{\alpha}\sin\frac{1}{x}=0;$$

当 $\alpha\leqslant 0$ 时，$\lim\limits_{x\to 0^+}f(x)$ 不存在.

由于 $f(0)=1+\beta$，$\lim\limits_{x\to 0^-}f(x)=\lim\limits_{x\to 0^-}\mathrm{e}^x+\beta=1+\beta$，因此当且仅当 $\alpha>0$ 且 $\beta=-1$ 时，$f(x)$ 在 $x=0$ 处连续；当 $\alpha\leqslant 0$ 或 $\beta\neq -1$ 时，$f(x)$ 在 $x=0$ 处不连续.

8. 设 $f(x)=\begin{cases}2, & x=0,x=\pm 2,\\ 4-x^2, & 0<|x|<2,\\ 4, & |x|>2,\end{cases}$ 求出 $f(x)$ 的间断点，并指出是哪一类间断点；若是可去间断点，则补充或修改定义，使其在该点处连续.

解　$f(x)$ 的定义域是 $(-\infty,+\infty)$，有分段点 $x=0$ 和 $x=\pm 2$.

对于 $x=-2$ 有

$$\lim_{x\to -2^-}f(x)=\lim_{x\to -2^-}4=4, \quad \lim_{x\to -2^+}f(x)=\lim_{x\to -2^+}(4-x^2)=0,$$

所以 $x=-2$ 是 $f(x)$ 的跳跃间断点.

对于 $x=0$ 有

$$\lim_{x \to 0} f(x) = \lim_{x \to 0}(4 - x^2) = 4 \neq f(0),$$

所以 $x = 0$ 是 $f(x)$ 的可去断点. 于是可以改变定义 $f(0) = 4$, 使得 $f(x)$ 在 $x = 0$ 处连续.

对于 $x = 2$ 有

$$\lim_{x \to 2^-} f(x) = \lim_{x \to 2^-}(4 - x^2) = 0, \quad \lim_{x \to 2^+} f(x) = \lim_{x \to 2^+} 4 = 4,$$

所以 $x = 2$ 是 $f(x)$ 的跳跃间断点.

9. 验证方程 $x \cdot 2^x = 1$ 至少有一个小于 1 的根.

证明　设 $f(x) = x \cdot 2^x - 1$, 则 $f(x)$ 在区间 $[0,1]$ 上连续, 且

$$f(0) = -1 < 0, \quad f(1) = 1 > 0,$$

根据零点存在定理知, 至少存在一个 $\xi \in (0,1)$, 使得 $f(\xi) = 0$. 故方程 $x \cdot 2^x = 1$ 至少有一个小于 1 的根.

10. 试证方程 $xe^x = x + \cos\dfrac{\pi}{2}x$ 至少有一个实根.

证明　设 $f(x) = xe^x - x - \cos\dfrac{\pi}{2}x$, 则 $f(x)$ 在区间 $[0,1]$ 上连续, 且

$$f(0) = -1 < 0, \quad f(1) = e - 1 > 0,$$

根据零点存在定理知, 至少存在一个 $\xi \in (0,1)$, 使得 $f(\xi) = 0$, 即方程 $xe^x = x + \cos\dfrac{\pi}{2}x$ 至少有一个实根.

11. 设 $f(x)$, $g(x)$ 在 $[a,b]$ 上连续, 且 $f(a) < g(a)$, $f(b) > g(b)$, 试证: 在 (a,b) 内至少存在一个 ξ, 使 $f(\xi) = g(\xi)$.

证明　设 $F(x) = f(x) - g(x)$, 则 $F(x)$ 在区间 $[a,b]$ 上连续, 且

$$F(a) = f(a) - g(a) < 0, \quad F(b) = f(b) - g(b) > 0,$$

根据零点存在定理知, 至少存在一个 $\xi \in (a,b)$, 使得 $F(\xi) = 0$, 即在 (a,b) 上至少存在一点 ξ, 使得 $f(\xi) = g(\xi)$.

12. 若 $f(x)$ 在 $[0,a](a > 0)$ 上连续, 且 $f(0) = f(a)$, 证明方程 $f(x) = f\left(x + \dfrac{a}{2}\right)$ 在 $(0,a)$ 内至少有一个实根.

证明　设 $F(x) = f\left(x + \dfrac{a}{2}\right) - f(x)$, 则 $F(x)$ 在区间 $[0,a]$ 上连续, 并且

$$F(0) = f\left(\frac{a}{2}\right) - f(0), \quad F\left(\frac{a}{2}\right) = f(a) - f\left(\frac{a}{2}\right).$$

如果 $f\left(\dfrac{a}{2}\right) = f(0)$, 则取 $x_0 = \dfrac{a}{2}$, 使得 $f(x_0) = f\left(x_0 + \dfrac{a}{2}\right)$.

如果 $f\left(\dfrac{a}{2}\right) \neq f(0)$，则

$$F(0) \cdot F(a) = -\left[f\left(\dfrac{a}{2}\right) - f(0)\right]^2 < 0,$$

根据零点存在定理可知，至少存在一个 $x_0 \in (0, a)$，使得 $F(x_0) = 0$，即

$$f(x_0) = f\left(x_0 + \dfrac{a}{2}\right).$$

综上，方程 $f(x) = f\left(x + \dfrac{a}{2}\right)$ 在 $(0, a)$ 内至少有一个实根.

13. 证明：若 $f(x)$ 在 $(-\infty, +\infty)$ 内连续，且 $\lim\limits_{x \to \infty} f(x)$ 存在，则 $f(x)$ 必在 $(-\infty, +\infty)$ 内有界.

证明 设 $\lim\limits_{x \to \infty} f(x) = A$. 取 $\varepsilon = 1$. 存在 $M > 0$，当 $|x| > M$ 时，有 $|f(x) - A| < \varepsilon$. 即当 $x > M$ 或 $x < -M$ 时，$A - 1 < f(x) < A + 1$.

由于 $f(x)$ 在闭区间 $[-M, M]$ 上的连续，所以 $f(x)$ 在闭区间 $[-M, M]$ 上有界.

综上所述，$f(x)$ 在 $(-\infty, +\infty)$ 内为有界函数.

五、拓展训练

例 1 已知函数 $f(x) = \begin{cases} (\cos x)^{\frac{1}{x^2}}, & x \neq 0, \\ a, & x = 0 \end{cases}$ 在 $x = 0$ 处连续，则 $a = $ _____.

解 因为 $x = 0$ 连续，则 $\lim\limits_{x \to 0} f(x) = f(0) = a$.

又因为 $\lim\limits_{x \to 0} f(x) = \lim\limits_{x \to 0} (\cos x)^{\frac{1}{x^2}} = \lim\limits_{x \to 0} \left\{ [1 + (\cos x - 1)]^{\frac{1}{\cos x - 1}} \right\}^{\frac{\cos x - 1}{x^2}} = e^{\lim\limits_{x \to 0} \frac{\cos x - 1}{x^2}} = e^{-\frac{1}{2}}$，所以，$a = e^{-\frac{1}{2}}$.

例 2 求函数 $f(x) = (1 + x)^{\frac{x}{\tan\left(x - \frac{\pi}{4}\right)}}$ 在区间 $(0, 2\pi)$ 内的间断点，并判断其类型.

解 因为 $x = \dfrac{\pi}{4}, x = \dfrac{3\pi}{4}, x = \dfrac{5\pi}{4}, x = \dfrac{7\pi}{4}$ 无定义，所以 $f(x)$ 在区间 $(0, 2\pi)$ 内的间断点是 $x = \dfrac{\pi}{4}, x = \dfrac{3\pi}{4}, x = \dfrac{5\pi}{4}, x = \dfrac{7\pi}{4}$.

在 $x = \dfrac{\pi}{4}$ 和 $x = \dfrac{5\pi}{4}$ 处，由 $\lim\limits_{x \to \frac{\pi}{4}} \dfrac{x}{\tan\left(x - \frac{\pi}{4}\right)} = \infty$ 和 $\lim\limits_{x \to \frac{5\pi}{4}} \dfrac{x}{\tan\left(x - \frac{\pi}{4}\right)} = \infty$，可得

$$\lim\limits_{x \to \frac{\pi}{4}} f(x) = \infty \text{ 和 } \lim\limits_{x \to \frac{5\pi}{4}} f(x) = \infty,$$

所以 $x = \dfrac{\pi}{4}$ 和 $x = \dfrac{5\pi}{4}$ 是无穷间断点.

在 $x = \dfrac{3\pi}{4}$ 和 $x = \dfrac{7\pi}{4}$ 处, 由 $\lim\limits_{x \to \frac{3\pi}{4}} \dfrac{x}{\tan\left(x - \dfrac{\pi}{4}\right)} = 0$ 和 $\lim\limits_{x \to \frac{7\pi}{4}} \dfrac{x}{\tan\left(x - \dfrac{\pi}{4}\right)} = 0$, 可得

$$\lim_{x \to \frac{3\pi}{4}} f(x) = 1 \text{ 和 } \lim_{x \to \frac{7\pi}{4}} f(x) = 1,$$

所以 $x = \dfrac{3\pi}{4}$ 和 $x = \dfrac{7\pi}{4}$ 是可去间断点.

六、自测题

(一)单选题

1. 下列命题正确的是(　　).

(A)若 $f(x)$ 在点 x_0 处连续, $f(x)$ 在点 x_0 处不连续, 则 $f(x) + g(x)$ 在点 x_0 处必定不连续

(B)若 $f(x)g(x)$ 在点 x_0 处不连续, 则 $f(x) + g(x)$ 在点 x_0 处不连续

(C)若 $f(x)$ 在点 x_0 处连续, $g(x)$ 在点 x_0 处不连续, 则 $f(x) \cdot g(x)$ 在点 x_0 处不连续

(D)若 $f(x)$, $g(x)$ 在点 x_0 处均不连续, 则 $f(x) \cdot g(x)$ 在点 x_0 处必不连续

2. 函数 $f(x) = \begin{cases} e^{-\frac{1}{x-1}}, & x \neq 0, \\ 0, & x = 0 \end{cases}$ 在 $x = 1$ 处(　　).

(A)连续　　　　　　　　　　　　(B)不连续, 但左、右连续

(C)不连续, 但左连续　　　　　　　(D)左、右都不连续

3. 设函数 $f(x) = \dfrac{x^2 - 1}{x^2 - 3x + 2}$, 则(　　).

(A) $x = 1$ 是 $f(x)$ 的无穷间断点

(B) $x = 2$ 是 $f(x)$ 的可去间断点

(C) $f(x)$ 在 $x = 1$ 处连续

(D) $x = 1$ 是 $f(x)$ 的可去间断点, $x = 2$ 是 $f(x)$ 无穷间断点

(二)多选题

1. 设 $f(x) = \begin{cases} \dfrac{1 - e^x}{x}, & x < 0, \\ 1, & x = 0, \\ (1 - x)^{\frac{1}{\sqrt{x}}}, & x > 0, \end{cases}$ 则(　　).

(A) $\lim\limits_{x \to 0^+} f(x) = 1$　　　　(B) $f(x)$ 在 $x = 0$ 处连续

(C) $\lim\limits_{x \to 0} f(x)$ 不存在　　　(D) $x = 0$ 是 $f(x)$ 的跳跃间断点

2. 下列命题正确的是(　　).

(A)若 $f(x)$ 在点 x_0 处连续, 则 $\lim\limits_{x \to x_0} f(x)$ 存在

(B)若 $\lim\limits_{x \to x_0} f(x)$ 存在, 则 $f(x)$ 在 x_0 处连续

(C)基本初等函数在其定义域内连续

(D)一切初等函数在其定义区间内连续

(三)判断题

1. 若 $f(x)$ 在点 x_0 处连续，且 $f(x_0)>0$，则在点 x_0 的某个邻域内 $f(x)>0$. （ ）

2. 设 $f(x)$ 和 $\varphi(x)$ 在 $(-\infty,+\infty)$ 上有定义，$f(x)$ 为连续函数，且 $f(x)\neq 0$，$\varphi(x)$ 有间断点，则 $\dfrac{\varphi(x)}{f(x)}$ 必有间断点. （ ）

3. 若函数 $f(x)$ 在 $(-\infty,+\infty)$ 内连续，且 $\lim\limits_{x\to\infty}f(x)$ 存在，则 $f(x)$ 在 $(-\infty,+\infty)$ 内有界. （ ）

4. 若 $f(x)$ 在点 x_0 处连续，则 $f(x)=f(x_0)+\alpha(x)$，其中 $\lim\limits_{x\to x_0}\alpha(x)=0$. （ ）

(四)计算题

1. $\lim\limits_{x\to 0}\ln\dfrac{\sin x}{x}$.

2. $\lim\limits_{x\to 0}(3-x)^{\tan\frac{\pi}{4}x}$.

3. $\lim\limits_{x\to 0}\dfrac{a^x-1}{x}$.

(五)讨论题

设函数 $f(x)=\begin{cases}\dfrac{\sqrt{2-2\cos x}}{x}, & x<0,\\ ax^x, & x\geqslant 0,\end{cases}$ 问 a 为何值时，在 $x=0$ 处连续.

(六)证明题

设函数 $f(x)$ 在 $[a,b]$ 上连续，且 $f(a)<a$，$f(b)>b$，试证明：$f(x)$ 在内至少存在一点 ξ，使 $f(\xi)=\xi$.

第四章 导数与微分

一、基本要求

1. 理解导数的定义及几何意义；会用定义求导数；理解函数的可导性与连续性之间的关系.

2. 掌握导数的基本公式；掌握导数的四则运算法则.

3. 了解反函数的求导方法；掌握复合函数的求导方法；掌握隐函数的求导方法；掌握对数求导法；会求参数方程所确定的函数的导数.

4. 理解高阶导数的概念；掌握求初等函数的二阶导数；了解常用函数 $\left(\dfrac{1}{ax+b}, \mathrm{e}^{ax}, \sin(ax+b), \cos(ax+b), \ln(ax+b)\right)$ 的高阶导数公式.

5. 理解函数微分的概念及其几何意义；掌握可微与可导的关系.

6. 掌握微分运算法则；掌握求函数(含隐函数)的微分.

7. 了解微分在近似计算中的应用.

二、知识框架

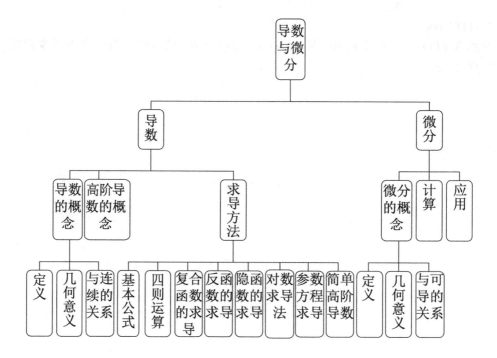

三、典型例题

例1 设函数 $f(x) = x \cdot (x-1) \cdot (x-2) \cdot \cdots \cdot (x-2018)$，则 $f'(2018) =$ _____.

解 $f'(2018) = \lim\limits_{x\to 2018}\dfrac{f(x)-f(2018)}{x-2018} = \lim\limits_{x\to 2018}\dfrac{x\cdot(x-1)\cdot(x-2)\cdots(x-2018)}{x-2018}$

$\quad\quad\quad = \lim\limits_{x\to 2018} x\cdot(x-1)\cdot(x-2)\cdots(x-2017) = 2018!.$

例 2 设函数 $f(x)=\begin{cases} e^x+b, & x\leqslant 0, \\ \sin ax, & x>0, \end{cases}$ 试求 a,b 的值，使得函数 $f(x)$ 在 $x=0$ 处可导.

解 因为函数 $f(x)$ 在 $x=0$ 处可导，所以函数 $f(x)$ 在 $x=0$ 处连续，即 $\lim\limits_{x\to 0}f(x)=f(0)$.

由 $f(0)=1+b$，$\lim\limits_{x\to 0^-}f(x)=\lim\limits_{x\to 0^-}(e^x+b)=1+b$，$\lim\limits_{x\to 0^+}f(x)=\lim\limits_{x\to 0^+}\sin ax=0$，所以 $b=-1$.

又因为函数 $f(x)$ 在 $x=0$ 处可导，所以 $f'_-(0)=f'_+(0)$. 由

$$f'_-(0)=\lim\limits_{x\to 0^-}\frac{f(x)-f(0)}{x-0}=\lim\limits_{x\to 0^-}\frac{(e^x-1)-0}{x-0}=\lim\limits_{x\to 0^-}\frac{e^x-1}{x}=1,$$

$$f'_+(0)=\lim\limits_{x\to 0^+}\frac{f(x)-f(0)}{x-0}=\lim\limits_{x\to 0^+}\frac{\sin a-0}{x-0}=\lim\limits_{x\to 0^-}\frac{\sin ax}{x}=a,$$

可得，$a=1$.

因此，当 $a=1$，$b=-1$ 时，函数 $f(x)$ 在 $x=0$ 处可导.

例 3 设函数 $f(x)$ 具有任意阶导数，且 $f'(x)=f^2(x)$，则 n 为大于 2 的整数时，$f^{(n)}(x)=$ _____ .

解 因为 $f'(x)=f^2(x)$，$f''(x)=2f^3(x)$，$f'''(x)=3!f^4(x)$，所以，由数学归纳法可知 $f^{(n)}(x)=n!f^{n+1}(x)$.

例 4 设 $y=y(x)$ 由方程 $\sin(x+y)+x^2y=0$ 所确定，求 $\dfrac{dy}{dx}$.

解 在原方程两边同时对 x 求导，即 $\cos(x+y)\cdot(1+y')+2xy+x^2y'=0$，所以

$$\frac{dy}{dx}=y'=-\frac{2xy+\cos(x+y)}{x^2+\cos(x+y)}.$$

例 5 设 $y=(1+x^2)^{\sin x}$，求 y'.

解 两边同时取对数

$$\ln y=\sin x\cdot\ln(1+x^2),$$

对 x 求导

$$\frac{1}{y}\cdot y'=\cos x\cdot\ln(1+x^2)+\frac{2x\sin x}{1+x^2},$$

$$y'=y\left[\cos x\cdot\ln(1+x^2)+\frac{2x\sin x}{1+x^2}\right],$$

$$y'=(1+x^2)^{\sin x}\left[\cos x\cdot\ln(1+x^2)+\frac{2x\sin x}{1+x^2}\right].$$

例 6　设 $y = y(x)$ 由 $\begin{cases} x = t^2 + 2t, \\ y = t^3 + 1 \end{cases}$（$t$ 为参数）所确定，求 $\dfrac{\mathrm{d}y}{\mathrm{d}x}$.

解　$\dfrac{\mathrm{d}y}{\mathrm{d}x} = \dfrac{(t^3 + 1)'}{(t^2 + 2t)'} = \dfrac{3t^2}{2t + 2}$.

例 7　求函数 $f(x) = \dfrac{1}{x^2 + 5x + 6}$ 的 n 阶导数.

解　因为

$$f(x) = \frac{1}{(x+2)(x+3)} = \frac{1}{x+2} - \frac{1}{x+3},$$

所以

$$f^{(n)}(x) = \left(\frac{1}{x+2} - \frac{1}{x+3}\right)^{(n)} = \left(\frac{1}{x+2}\right)^{(n)} - \left(\frac{1}{x+3}\right)^{(n)} = \frac{(-1)^n \cdot n!}{(x+2)^{n+1}} - \frac{(-1)^n \cdot n!}{(x+3)^{n+1}}.$$

四、课后习题全解

习 题 一

1. 根据导数的定义求下列函数的导数.

(1) $f(x) = (x-1)(x-2)^2(x-3)^3$，求 $f'(1)$，$f'(2)$，$f'(3)$；

(2) $f(x) = (x-1) \cdot \arcsin \sqrt{\dfrac{x}{1+x}}$，求 $f'(1)$.

解　(1) $f'(1) = \lim\limits_{x \to 1} \dfrac{f(x) - f(1)}{x - 1} = \lim\limits_{x \to 1} \dfrac{(x-1)(x-2)^2(x-3)^3 - 0}{x - 1}$

$\qquad = \lim\limits_{x \to 1}(x-2)^2(x-3)^3 = -8$；

$\qquad f'(2) = \lim\limits_{x \to 2} \dfrac{f(x) - f(2)}{x - 2} = \lim\limits_{x \to 2} \dfrac{(x-1)(x-2)^2(x-3)^3 - 0}{x - 2}$

$\qquad = \lim\limits_{x \to 2}(x-1)(x-2)(x-3)^3 = 0$；

$\qquad f'(3) = \lim\limits_{x \to 3} \dfrac{f(x) - f(3)}{x - 3} = \lim\limits_{x \to 3} \dfrac{(x-1)(x-2)^2(x-3)^3 - 0}{x - 3}$

$\qquad = \lim\limits_{x \to 3}(x-1)(x-2)^2(x-3)^2 = 0$.

(2) $f'(1) = \lim\limits_{x \to 1} \dfrac{f(x) - f(1)}{x - 1} = \lim\limits_{x \to 1} \dfrac{(x-1) \cdot \arcsin \sqrt{\dfrac{x}{1+x}} - 0}{x - 1}$

$\qquad = \lim\limits_{x \to 1} \arcsin \sqrt{\dfrac{x}{1+x}} = \arcsin \dfrac{\sqrt{2}}{2} = \dfrac{\pi}{4}$.

2. 下列各题中均假定 $f'(x_0)$ 存在，按照导数定义观察下列极限，指出 A 表示什么.

(1) $\lim\limits_{\Delta x \to 0} \dfrac{f(x_0 - \Delta x) - f(x_0)}{\Delta x} = A$；

(2) $\lim\limits_{x\to 0}\dfrac{f(x)}{x}=A$，其中 $f(0)=0$，且 $f'(0)$ 存在；

(3) $\lim\limits_{h\to 0}\dfrac{f(x_0+h)-f(x_0-h)}{h}=A$；

(4) $\lim\limits_{n\to\infty}n\left[f\left(x_0+\dfrac{1}{n}\right)-f(x_0)\right]=A$．

解 (1) $A=-f'(x_0)$．因为

$$\lim_{\Delta x\to 0}\frac{f(x_0-\Delta x)-f(x_0)}{\Delta x}\xlongequal{\Delta x=-h}\lim_{h\to 0}\frac{f(x_0+h)-f(x_0)}{-h}=-f'(x_0).$$

(2) $A=f'(0)$．因为

$$\lim_{x\to 0}\frac{f(x)}{x}=\lim_{x\to 0}\frac{f(x)-f(0)}{x-0}=f'(0).$$

(3) $A=2f'(x_0)$．因为

$$\begin{aligned}\lim_{h\to 0}\frac{f(x_0+h)-f(x_0-h)}{h}&=\lim_{h\to 0}\frac{[f(x_0+h)-f(x_0)]-[f(x_0-h)-f(x_0)]}{h}\\&=\lim_{h\to 0}\left[\frac{f(x_0+h)-f(x_0)}{h}+\frac{f(x_0-h)-f(x_0)}{-h}\right]\\&=f'(x_0)+f'(x_0)=2f'(x_0).\end{aligned}$$

(4) $A=f'(x_0)$．因为

$$\lim_{n\to\infty}n\left[f\left(x_0+\frac{1}{n}\right)-f(x_0)\right]=\lim_{n\to\infty}\frac{f\left(x_0+\dfrac{1}{n}\right)-f(x_0)}{\dfrac{1}{n}}=f'(x_0).$$

3. 设函数 $f(x)$ 在 $x=2$ 处连续，且 $\lim\limits_{x\to 2}\dfrac{f(x)}{x-2}=3$，求 $f'(2)$．

解 因为 $f(x)$ 在 $x=2$ 处连续，所以 $\lim\limits_{x\to 2}f(x)=f(2)$．又由于 $\lim\limits_{x\to 2}\dfrac{f(x)}{x-2}=3$，所以 $\lim\limits_{x\to 2}f(x)=0$，即 $f(2)=0$．因此

$$f'(2)=\lim_{x\to 2}\frac{f(x)-f(2)}{x-2}=\lim_{x\to 2}\frac{f(x)}{x-2}=3.$$

4. 讨论函数 $f(x)=\begin{cases}x^2\sin\dfrac{1}{x},&x\neq 0,\\0,&x=0\end{cases}$ 在 $x=0$ 处的连续性与可导性．

解 因为 $\lim\limits_{x\to 0}f(x)=\lim\limits_{x\to 0}x^2\sin\dfrac{1}{x}=0=f(0)$，所以 $f(x)$ 在 $x=0$ 处连续．

由于 $f'(0) = \lim\limits_{x \to 0} \dfrac{x^2 \sin\dfrac{1}{x} - 0}{x - 0} = \lim\limits_{x \to 0} x \sin\dfrac{1}{x} = 0$，所以 $f(x)$ 在 $x = 0$ 处可导.

5. 求下列函数 $f(x)$ 的 $f'_-(0)$ 和 $f'_+(0)$，并问 $f'(0)$ 是否存在？

(1) $f(x) = \begin{cases} \sin x, & x < 0, \\ \ln(1+x), & x \geqslant 0; \end{cases}$　　(2) $f(x) = \begin{cases} \dfrac{x}{1 + e^{\frac{1}{x}}}, & x \neq 0, \\ 0, & x = 0. \end{cases}$

解　(1) 由于 $f(0) = 0$，$\lim\limits_{x \to 0^-} f(x) = \lim\limits_{x \to 0^-} \sin x = 0$，$\lim\limits_{x \to 0^+} f(x) = \lim\limits_{x \to 0^+} \ln(1+x) = 0$，所以 $f(x)$ 在 $x = 0$ 处连续. 又由于

$$f'_-(0) = \lim\limits_{x \to 0^-} \frac{\sin x - 0}{x - 0} = \lim\limits_{x \to 0^-} \frac{\sin x}{x} = 1,$$

$$f'_+(0) = \lim\limits_{x \to 0^+} \frac{\ln(1+x) - 0}{x - 0} = \lim\limits_{x \to 0^+} \frac{\ln(1+x)}{x} = 1,$$

即 $f'_-(0) = f'_+(0)$，所以 $f(x)$ 在 $x = 0$ 处可导，且 $f'(0) = 1$.

(2) 由于 $f(0) = 0$，$\lim\limits_{x \to 0^-} f(x) = \lim\limits_{x \to 0^-} \dfrac{x}{1 + e^{\frac{1}{x}}} = 0$，$\lim\limits_{x \to 0^+} f(x) = \lim\limits_{x \to 0^+} \dfrac{x}{1 + e^{\frac{1}{x}}} = 0$，所以 $f(x)$ 在 $x = 0$ 处连续. 又由于

$$f'_-(0) = \lim\limits_{x \to 0^-} \frac{\dfrac{x}{1 + e^{\frac{1}{x}}} - 0}{x - 0} = \lim\limits_{x \to 0^-} \frac{1}{1 + e^{\frac{1}{x}}} = 1,$$

$$f'_+(0) = \lim\limits_{x \to 0^+} \frac{\dfrac{x}{1 + e^{\frac{1}{x}}} - 0}{x - 0} = \lim\limits_{x \to 0^+} \frac{1}{1 + e^{\frac{1}{x}}} = 0,$$

即 $f'_-(0) \neq f'_+(0)$，所以 $f(x)$ 在 $x = 0$ 处不可导.

6. 如果 $f(x)$ 为偶函数，且 $f'(0)$ 存在，证明 $f'(0) = 0$.

证明　由于 $f'(0)$ 存在，所以

$$\lim\limits_{\Delta x \to 0} \frac{f(0+\Delta x) - f(0-\Delta x)}{2\Delta x} = \lim\limits_{\Delta x \to 0} \frac{[f(0+\Delta x) - f(0)] - [f(0-\Delta x) - f(0)]}{2\Delta x}$$

$$= \frac{1}{2} \lim\limits_{\Delta x \to 0} \left[\frac{f(0+\Delta x) - f(0)}{\Delta x} + \frac{f(0-\Delta x) - f(0)}{-\Delta x} \right]$$

$$= \frac{1}{2} [f'(0) + f'(0)] = f'(0).$$

又由于 $f(x)$ 为偶函数，所以

$$\lim\limits_{\Delta x \to 0} \frac{f(0+\Delta x) - f(0-\Delta x)}{2\Delta x} = \lim\limits_{\Delta x \to 0} \frac{f(\Delta x) - f(-\Delta x)}{2\Delta x} = \lim\limits_{\Delta x \to 0} \frac{f(\Delta x) - f(\Delta x)}{2\Delta x} = 0,$$

因此 $f'(0)=0$.

7. 求曲线 $y=\ln x$ 在 $(1,0)$ 点的切线和法线方程.

解　显然 $y'=\dfrac{1}{x}$. 则在 $(1,0)$ 点的切线的斜率, 则 $y'|_{x=1}=1$. 所以过 $(1,0)$ 点的切线方程为 $y=x-1$; 法线方程是 $y=-(x-1)$, 即 $y=1-x$.

8. 在抛物线 $y=x^2$ 上取横坐标为 $x_1=1$ 和 $x_2=3$ 的两点, 作过这两点的割线, 问该抛物线上哪一点的切线可平行于这条割线?

解　显然 $y'=2x$. 横坐标为 $x_1=1$ 和 $x_2=3$ 的两点的割线的斜率为 $k=\dfrac{9-1}{3-1}=4$.

设抛物线上点 (x_0,x_0^2) 处的斜率 $k=4$, 即 $k=y'|_{x=x_0}=2x_0=4$, 解得 $x_0=2$, 故抛物线上点 $(2,4)$ 的切线可平行于这割线.

习　题　二

1. 求下列函数的导数:

(1) $y=x^3+\dfrac{5}{x^4}-\dfrac{1}{x}+10$;

(2) $y=5x^3-3^x+3\sin 2$;

(3) $y=\tan x-2\sec x+3$;

(4) $y=x\ln x-x^2$;

(5) $y=3\mathrm{e}^x\cos x$;

(6) $y=x(x+1)\tan x$;

(7) $y=\dfrac{1-\cos x}{\sin x}$;

(8) $y=\dfrac{1}{1+x+x^2}$.

解　(1) $y'=(x^3)'+\left(\dfrac{5}{x^4}\right)'-\left(\dfrac{1}{x}\right)'+(10)'=3x^2-20x^{-5}+x^{-2}=3x^2-\dfrac{20}{x^5}+\dfrac{1}{x^2}$.

(2) $y'=(5x^3)'-(3^x)'+(3\sin 2)'=15x^2-3^x\ln 3$.

(3) $y'=(\tan x)'-(2\sec x)'+3'=\sec^2 x-2\sec x\cdot\tan x$.

(4) $y'=(x\ln x)'-(x^2)'=x'\cdot\ln x+x\cdot(\ln x)'-2x=\ln x+1-2x$.

(5) $y'=3(\mathrm{e}^x)'\cos x+3\mathrm{e}^x(\cos x)'=3\mathrm{e}^x\cos x+3\mathrm{e}^x(-\sin x)=3\mathrm{e}^x(\cos x-\sin x)$.

(6) $y'=x'(x+1)\tan x+x(x+1)'\tan x+x(x+1)(\tan x)'$
$=(x+1)\tan x+x\tan x+x(x+1)\sec^2 x=(2x+1)\tan x+(x^2+x)\sec^2 x$.

(7) $y'=\dfrac{(1-\cos x)'\sin x-(1-\cos x)(\sin x)'}{\sin^2 x}=\dfrac{\sin^2 x-(1-\cos x)\cos x}{\sin^2 x}$
$=\dfrac{\sin^2 x-\cos x+\cos^2 x}{\sin^2 x}=\dfrac{1-\cos x}{\sin^2 x}$.

(8) $y'=-\dfrac{(1+x+x^2)'}{(1+x+x^2)^2}=-\dfrac{1+2x}{(1+x+x^2)^2}$.

2. 求下列函数在给定点处的导数:

(1) $y=x\sin x+\dfrac{1}{2}\cos x$, 求 $\dfrac{\mathrm{d}y}{\mathrm{d}x}\Big|_{x=\frac{\pi}{4}}$;

(2) $f(x) = \dfrac{3}{5-x} + \dfrac{x^2}{5}$，求 $f'(0)$ 和 $f'(2)$．

解 (1) 由于 $y' = \sin x + x\cos x - \dfrac{1}{2}\sin x = \dfrac{1}{2}\sin x + x\cos x$，所以

$$\dfrac{\mathrm{d}y}{\mathrm{d}x}\bigg|_{x=\frac{\pi}{4}} = \dfrac{1}{2}\sin\dfrac{\pi}{4} + \dfrac{\pi}{4}\cos\dfrac{\pi}{4} = \dfrac{\sqrt{2}}{4} + \dfrac{\sqrt{2}\pi}{8} = \dfrac{2\sqrt{2} + \sqrt{2}\pi}{8}．$$

(2) 由于 $f'(x) = \dfrac{3}{(5-x)^2} + \dfrac{2}{5}x$，所以 $f'(0) = \dfrac{3}{25}$，$f'(2) = \dfrac{1}{3} + \dfrac{4}{5} = \dfrac{17}{15}$．

3. 求下列函数的导数:

(1) $y = (2x+5)^4$；

(2) $y = \ln(1+x^2)$；

(3) $y = \cos(4-3x)$；

(4) $y = \mathrm{e}^{-3x^2}$；

(5) $y = \arctan(\mathrm{e}^x)$；

(6) $y = \arcsin\sqrt{x}$；

(7) $y = \ln(\sec x + \tan x)$；

(8) $y = \ln(x + \sqrt{a^2 + x^2})$；

(9) $y = \sqrt{1 + \ln^2 x}$；

(10) $y = \mathrm{e}^{\tan\frac{1}{x}}$；

(11) $y = (x + \sin^2 x)^3$；

(12) $y = x^2 \cdot \sin\dfrac{1}{x^2}$．

解 (1) $y' = [(2x+5)^4]' = 4(2x+5)^3 \cdot (2x+5)' = 8(2x+5)^3$．

(2) $y' = [\ln(1+x^2)]' = \dfrac{(1+x^2)'}{1+x^2} = \dfrac{2x}{1+x^2}$．

(3) $y' = [\cos(4-3x)]' = -\sin(4-3x)(4-3x)' = 3\sin(4-3x)$．

(4) $y' = (\mathrm{e}^{-3x^2})' = \mathrm{e}^{-3x^2} \cdot (-3x^2)' = -6x\mathrm{e}^{-3x^2}$．

(5) $y' = [\arctan(\mathrm{e}^x)]' = \dfrac{(\mathrm{e}^x)'}{1+(\mathrm{e}^x)^2} = \dfrac{\mathrm{e}^x}{1+\mathrm{e}^{2x}}$．

(6) $y' = (\arcsin\sqrt{x})' = \dfrac{1}{\sqrt{1-(\sqrt{x})^2}} \cdot (\sqrt{x})' = \dfrac{1}{\sqrt{1-x}} \cdot \dfrac{1}{2\sqrt{x}} = \dfrac{1}{2\sqrt{x} \cdot \sqrt{1-x}}$．

(7) $y' = [\ln(\sec x + \tan x)]' = \dfrac{(\sec x + \tan x)'}{\sec x + \tan x} = \dfrac{\sec x \tan x + \sec^2 x}{\sec x + \tan x} = \sec x$．

(8) $y' = [\ln(x + \sqrt{a^2 + x^2})]' = \dfrac{1}{x + \sqrt{a^2 + x^2}} \cdot (x + \sqrt{a^2 + x^2})'$

$$= \dfrac{1}{x + \sqrt{a^2 + x^2}} \cdot [1 + (\sqrt{a^2 + x^2})'] = \dfrac{1}{x + \sqrt{a^2 + x^2}} \cdot \left[1 + \dfrac{(a^2 + x^2)'}{2\sqrt{a^2 + x^2}}\right]$$

$$= \dfrac{1}{x + \sqrt{a^2 + x^2}} \cdot \left(1 + \dfrac{2x}{2\sqrt{a^2 + x^2}}\right) = \dfrac{1 + \dfrac{x}{\sqrt{a^2 + x^2}}}{x + \sqrt{a^2 + x^2}} = \dfrac{1}{\sqrt{a^2 + x^2}}．$$

(9) $y = y' = (\sqrt{1 + \ln^2 x})' = \dfrac{(1 + \ln^2 x)'}{2\sqrt{1 + \ln^2 x}} = \dfrac{\dfrac{2\ln x}{x}}{2\sqrt{1 + \ln^2 x}} = \dfrac{\ln x}{x\sqrt{1 + \ln^2 x}}$．

(10) $y' = \left(e^{\tan\frac{1}{x}}\right)' = e^{\tan\frac{1}{x}} \cdot \left(\tan\frac{1}{x}\right)' = e^{\tan\frac{1}{x}} \cdot \sec^2\frac{1}{x}\left(\frac{1}{x}\right)' = e^{\tan\frac{1}{x}} \cdot \sec^2\frac{1}{x}\cdot\left(-\frac{1}{x^2}\right)$

$\qquad = -\frac{1}{x^2} \cdot e^{\tan\frac{1}{x}} \cdot \sec^2\frac{1}{x}.$

(11) $y' = [(x+\sin^2 x)^3]' = 3(x+\sin^2 x)^2(x+\sin^2 x)'$

$\qquad = 3(x+\sin^2 x)^2(1+2\sin x\cos x) = 3(x+\sin^2 x)^2(1+\sin 2x).$

(12) $y' = \left(x^2\sin\frac{1}{x^2}\right)' = 2x\sin\frac{1}{x^2} + x^2\cos\frac{1}{x^2}\left(\frac{1}{x^2}\right)' = 2x\sin\frac{1}{x^2} - \frac{2}{x}\cos\frac{1}{x^2}.$

4. 求垂直于直线 $2x-6y+1=0$，且与曲线 $y=x^3-3x^2-5$ 相切的直线方程.

解　显然 $y'=3x^2-6x$. 设曲线在 $x=x_0$ 处的切线与直线 $2x-6y+1=0$ 垂直, 则根据已知条件知, 切线的斜率为 $k=3x_0{}^2-6x_0=-3$, 即 $(x_0-1)^2=0$, 解得 $x_0=1$. 于是曲线在 $x=x_0$ 处的点为 $(1,-7)$, 切线方程为 $y+7=-3(x-1)$, 即 $3x+y+4=0$.

5. 已知 $f(u)$ 可导, 求函数 $y=f(\sec x)$ 的导数.

解　$y'=f'(\sec x)\cdot(\sec x)'=\sec x\cdot\tan x\cdot f'(\sec x).$

6. 设 $f(x)=(ax+b)\sin x+(cx+d)\cos x$, 确定 a,b,c,d 使 $f'(x)=x\cos x$.

解　根据题意有

$$\begin{aligned} f'(x) &= [(ax+b)\sin x]'+[(cx+d)\cos x]' \\ &= a\sin x+(ax+b)\cos x+c\cos x-(cx+d)\sin x \\ &= (ax+b+c)\cos x+(a-cx-d)\sin x = x\cos x, \end{aligned}$$

所以 $a=1, b+c=0, c=0, a-d=0$, 解得 $a=1, b=0, c=0, d=1$.

7. 设 $y=f\left(\dfrac{3x-2}{3x+2}\right)$, 又 $f'(x)=\arctan x^2$, 求 $\dfrac{\mathrm{d}y}{\mathrm{d}x}\bigg|_{x=0}$.

解　根据已知条件有

$$y' = \left[f\left(\frac{3x-2}{3x+2}\right)\right]' = f'\left(\frac{3x-2}{3x+2}\right)\cdot\left(\frac{3x-2}{3x+2}\right)' = \arctan\left(\frac{3x-2}{3x+2}\right)^2 \cdot \frac{12}{(3x+2)^2},$$

所以 $\dfrac{\mathrm{d}y}{\mathrm{d}x}\bigg|_{x=0} = \arctan(-1)^2\cdot\dfrac{12}{4} = 3\arctan 1 = \dfrac{3\pi}{4}.$

习　题　三

1. 求下列函数在指定点的高阶导数:

(1) $f(x)=\dfrac{x}{\sqrt{1+x^2}}$, 求 $f''(0)$;

(2) $f(x)=e^{2x-1}$, 求 $f''(0)$, $f'''(0)$;

(3) $f(x)=(x+10)^6$, 求 $f^{(5)}(0)$, $f^{(6)}(0)$.

解　(1) $f'(x) = \dfrac{\sqrt{1+x^2} - x\dfrac{2x}{2\sqrt{1+x^2}}}{1+x^2} = \dfrac{\sqrt{1+x^2} - \dfrac{x^2}{\sqrt{1+x^2}}}{1+x^2} = \dfrac{1+x^2-x^2}{(1+x^2)^{\frac{3}{2}}} = \dfrac{1}{(1+x^2)^{\frac{3}{2}}}$,

$$f''(x) = \left[(1+x^2)^{-\frac{3}{2}}\right]' = -\frac{3}{2}(1+x^2)^{-\frac{5}{2}} \cdot 2x = -3x(1+x^2)^{-\frac{5}{2}},$$

则 $f''(0) = 0$.

(2) $f'(x) = 2e^{2x-1}$, $f''(x) = 4e^{2x-1}$, $f'''(x) = 8e^{2x-1}$, 则 $f''(0) = 4e^{-1}$, $f'''(0) = 8e^{-1}$.

(3) $f'(x) = 6(x+10)^5$, $f''(x) = 6 \cdot 5(x+10)^4$,

$$f'''(x) = 6 \cdot 5 \cdot 4(x+10)^3, \quad f^{(4)}(x) = 6 \cdot 5 \cdot 4 \cdot 3(x+10)^2,$$

$$f^{(5)}(x) = 6 \cdot 5 \cdot 4 \cdot 3 \cdot 2(x+10), \quad f^{(6)}(x) = 6 \cdot 5 \cdot 4 \cdot 3 \cdot 2 \cdot 1,$$

则 $f^{(5)}(0) = 6 \cdot 5 \cdot 4 \cdot 3 \cdot 2 \cdot 10 = 7200, f^{(6)}(0) = 6 \cdot 5 \cdot 4 \cdot 3 \cdot 2 \cdot 1 = 720$.

2. 求下列函数的导数:

(1) $y = e^{2x} \sin 3x$, 求 y'';

(2) $y = \dfrac{1}{x^2 - 3x + 2}$, 求 $y^{(n)}$.

解　(1) $y' = 2e^{2x} \sin 3x + e^{2x} \cdot 3\cos 3x = 2e^{2x} \sin 3x + 3e^{2x} \cos 3x$,

$$y'' = 2(2e^{2x} \sin 3x + e^{2x} \cdot 3\cos 3x) + 3(-3e^{2x} \sin 3x + 2e^{2x} \cos 3x)$$

$$= 12\cos 3x \cdot e^{2x} - 5\sin 3x \cdot e^{2x}.$$

(2) 由于 $y = \dfrac{1}{x^2 - 3x + 2} = \dfrac{1}{x-2} - \dfrac{1}{x-1}$, $\left(\dfrac{1}{x+a}\right)^{(n)} = \dfrac{(-1)^n n!}{(x+a)^{n+1}}$, 因此

$$y^{(n)} = \left(\frac{1}{x-2} - \frac{1}{x-1}\right)^{(n)} = \left(\frac{1}{x-2}\right)^{(n)} - \left(\frac{1}{x-1}\right)^{(n)} = \frac{(-1)^n n!}{(x-2)^{n+1}} - \frac{(-1)^n n!}{(x-1)^{n+1}}.$$

3. 设 $y = f[x\varphi(x)]$, 其中 f, φ 具有二阶导数, 求 $\dfrac{d^2 y}{dx^2}$.

解　$y' = f'[x\varphi(x)] \cdot [x\varphi(x)]' = f'[x\varphi(x)] \cdot [\varphi(x) + x\varphi'(x)]$,

$y'' = f''[x\varphi(x)] \cdot [\varphi(x) + x\varphi'(x)]^2 + f'[x\varphi(x)] \cdot [2\varphi'(x) + x\varphi''(x)]$.

4. 设 $f(x)$ 二阶可导, 求下列函数 y 的导数 $\dfrac{d^2 y}{dx^2}$:

(1) $y = f(x^2)$;　　　　　　　(2) $y = f(\sin^2 x)$.

解　(1) $y' = 2xf'(x^2)$, $y'' = 2f'(x^2) + 4x^2 f''(x^2)$.

(2) $y' = f'(\sin^2 x) \cdot 2\sin x \cdot \cos x = f'(\sin^2 x) \cdot \sin 2x$,

$y'' = f''(\sin^2 x) \cdot (\sin 2x)^2 + f'(\sin^2 x) \cdot 2\cos 2x$.

5. 设 $y = y(x)$ 的反函数为 $x = x(y)$ 且 $y'(x) \neq 0$, $y''(x)$ 存在, 试由反函数导数公式

$$\frac{\mathrm{d}x}{\mathrm{d}y} = \frac{1}{\dfrac{\mathrm{d}y}{\mathrm{d}x}} = \frac{1}{y'(x)} \ \text{导出} \ \frac{\mathrm{d}^2x}{\mathrm{d}y^2} = -\frac{y''}{(y')^3}.$$

解　因为 $\dfrac{\mathrm{d}x}{\mathrm{d}y} = \dfrac{1}{\dfrac{\mathrm{d}y}{\mathrm{d}x}} = \dfrac{1}{y'(x)}$，所以

$$\frac{\mathrm{d}^2x}{\mathrm{d}y^2} = \frac{\mathrm{d}}{\mathrm{d}y}\left(\frac{\mathrm{d}x}{\mathrm{d}y}\right) = \frac{\mathrm{d}}{\mathrm{d}y}\left(\frac{1}{y'(x)}\right) = \frac{\dfrac{\mathrm{d}\left(\dfrac{1}{y'(x)}\right)}{\mathrm{d}x}}{\dfrac{\mathrm{d}y}{\mathrm{d}x}} = \frac{\dfrac{-y''(x)}{[y'(x)]^2}}{y'(x)} = -\frac{y''}{(y')^3}.$$

6. 设 $f(x) = (x-a)^3 \varphi(x)$，其中 $\varphi(x)$ 有二阶连续导数，问 $f'''(a)$ 是否存在；若不存在，请说明理由；若存在，求出其值.

解　由于 $\varphi(x)$ 有二阶连续导数，所以

$$f'(x) = 3(x-a)^2 \varphi(x) + (x-a)^3 \varphi'(x),$$

$$\begin{aligned} f''(x) &= 6(x-a)\varphi(x) + 3(x-a)^2 \varphi'(x) + 3(x-a)^2 \varphi'(x) + (x-a)^3 \varphi''(x) \\ &= 6(x-a)\varphi(x) + 6(x-a)^2 \varphi'(x) + (x-a)^3 \varphi''(x), \end{aligned}$$

并且 $f''(a) = 0$．于是

$$\begin{aligned} f'''(a) &= \lim_{x \to a} \frac{f''(x) - f''(a)}{x-a} = \frac{6(x-a)\varphi(x) + 6(x-a)^2 \varphi'(x) + (x-a)^3 \varphi''(x) - 0}{x-a} \\ &= \lim_{x \to a}[6\varphi(x) + 6(x-a)\varphi'(x) + (x-a)^2 \varphi''(x)] = 6\varphi(a). \end{aligned}$$

7. 问自然数 n 至少多大，才能使

$$f(x) = \begin{cases} x^n \sin\dfrac{1}{x}, & x \neq 0, \\ 0, & x = 0 \end{cases}$$

在 $x = 0$ 处二阶可导，并求 $f''(0)$.

解　当 $n \geqslant 1$ 时，$\lim\limits_{x \to 0} f(x) = \lim\limits_{x \to 0} x^n \sin\dfrac{1}{x} = 0 = f(0)$，$f(x)$ 在 $x = 0$ 处连续，进而 $f(x)$ 处处连续.

当 $n \geqslant 2$ 时，$f'(0) = \lim\limits_{x \to 0} \dfrac{x^n \sin\dfrac{1}{x} - 0}{x - 0} = \lim\limits_{x \to 0} x^{n-1} \sin\dfrac{1}{x} = 0$，$f(x)$ 在 $x = 0$ 处可导，进而

$$f'(x) = \begin{cases} nx^{n-1} \sin\dfrac{1}{x} - x^{n-2} \cos\dfrac{1}{x}, & x \neq 0, \\ 0, & x = 0, \end{cases}$$

并且 $\lim\limits_{x \to 0} f'(x) = \lim\limits_{x \to 0} \left(nx^{n-1} \sin\dfrac{1}{x} - x^{n-2} \cos\dfrac{1}{x} \right) = 0 = f'(0)$，即 $f'(x)$ 在 $x = 0$ 处连续，于是 $f'(x)$

处处连续.

$$
\begin{aligned}
f''(0) &= \lim_{x \to 0} \frac{f'(x) - f'(0)}{x - 0} = \lim_{x \to 0} \frac{f'(x)}{x} = \lim_{x \to 0} \frac{nx^{n-1} \sin\dfrac{1}{x} - x^{n-2} \cos\dfrac{1}{x}}{x} \\
&= \lim_{x \to 0} \left(nx^{n-2} \sin\frac{1}{x} - x^{n-3} \cos\frac{1}{x} \right),
\end{aligned}
$$

要使 $f(x)$ 在 $x = 0$ 处二阶可导 $n - 3 \geqslant 1$，即当 $n \geqslant 4$ 时，$f''(0) = 0$，$f(x)$ 在 $x = 0$ 处二阶可导.

习 题 四

1. 求下列函数的导数 $\dfrac{\mathrm{d}y}{\mathrm{d}x}$：

(1) $x^3 + y^3 - 3axy = 0$；

(2) $y = \tan(x + y)$；

(3) $y^2 + 2\ln y = x^4$；

(4) $xy = \mathrm{e}^{x+y}$；

(5) $x\mathrm{e}^y + y\mathrm{e}^x = 10$；

(6) $\arctan\dfrac{y}{x} = \ln\sqrt{x^2 + y^2}$.

解　(1) 方程两边对 x 求导，得

$$3x^2 + 3y^2 y' - 3ay - 3axy' = 0,$$

解得

$$y' = \frac{x^2 - ay}{ax - y^2}.$$

(2) 方程两边对 x 求导，得

$$y' = \sec^2(x + y)(1 + y'),$$

即

$$[1 - \sec^2(x + y)]y' = \sec^2(x + y),$$

解得

$$y' = \frac{\sec^2(x + y)}{1 - \sec^2(x + y)} = -\frac{\sec^2(x + y)}{\tan^2(x + y)} = -\frac{1}{\sin^2(x + y)} = -\csc^2(x + y).$$

(3) 方程两边对 x 求导，得

$$2y \cdot y' + \frac{2y'}{y} = 4x^3,$$

解得

$$y' = \frac{2x^3 y}{1 + y^2}.$$

(4)方程两边对 x 求导, 得

$$y + xy' = e^{x+y}(1 + y'),$$

即

$$(x - e^{x+y})y' = e^{x+y} - y,$$

解得

$$y' = \frac{e^{x+y} - y}{x - e^{x+y}} \left(= \frac{xy - y}{x - xy} \right).$$

(5)方程两边对 x 求导, 得

$$e^y + xe^y y' + y'e^x + ye^x = 0,$$

即

$$(xe^y + e^x)y' = -e^y - ye^x,$$

解得

$$y' = \frac{-e^y - ye^x}{xe^y + e^x}.$$

(6)方程两边对 x 求导, 得

$$\frac{1}{1 + \left(\dfrac{y}{x}\right)^2} \cdot \left(\frac{y}{x}\right)' = \frac{1}{\sqrt{x^2 + y^2}} \cdot \left(\sqrt{x^2 + y^2}\right)',$$

即

$$\frac{x^2}{x^2 + y^2} \cdot \frac{y'x - y}{x^2} = \frac{1}{\sqrt{x^2 + y^2}} \cdot \frac{2x + 2y \cdot y'}{2\sqrt{x^2 + y^2}},$$

$$\frac{x^2}{x^2 + y^2} \cdot \frac{y'x - y}{x^2} = \frac{x + y \cdot y'}{x^2 + y^2},$$

化简得

$$y'x - y = x + y \cdot y',$$

解得

$$y' = \frac{x+y}{x-y}.$$

2. 求下列函数的导数:

(1) $y = x^{\sin x} \ (x > 0)$;　　　　(2) $y = \sin x^{\cos x}$;　　　　(3) $y = \dfrac{\sqrt{x+2} \cdot (3-x)^4}{(x+1)^5}$;

(4) $y = (1+x^2)^{\sin x}$;　　　　(5) $y = \dfrac{\mathrm{e}^{2x}(x+3)}{\sqrt{(x+5)(x-4)}}$.

解　(1)取对数, 得

$$\ln y = \sin x \cdot \ln x,$$

方程两边对 x 求导, 得

$$\frac{y'}{y} = \cos x \cdot \ln x + \frac{\sin x}{x},$$

解得

$$y' = y\left(\cos x \cdot \ln x + \frac{\sin x}{x}\right),$$

即

$$y' = x^{\sin x}\left(\cos x \cdot \ln x + \frac{\sin x}{x}\right).$$

(2)取对数, 得

$$\ln y = \cos x \cdot \ln \sin x,$$

方程两边对 x 求导, 得

$$\frac{y'}{y} = -\sin x \cdot \ln \sin x + \frac{\cos^2 x}{\sin x},$$

解得

$$y' = y(-\sin x \cdot \ln \sin x + \cot x \cdot \cos x),$$

即

$$y' = (\sin x)^{\cos x}(-\sin x \cdot \ln \sin x + \cot x \cdot \cos x).$$

(3)取对数, 得

$$\ln y = \frac{1}{2}\ln(x+2) + 4\ln(3-x) - 5\ln(x+1),$$

方程两边对 x 求导, 得

$$\frac{y'}{y} = \frac{1}{2(x+2)} - \frac{4}{3-x} - \frac{5}{x+1},$$

解得

$$y' = y\left[\frac{1}{2(x+2)} - \frac{4}{3-x} - \frac{5}{x+1}\right],$$

即

$$y' = \frac{\sqrt{x+2} \cdot (3-x)^4}{(x+1)^5} \cdot \left[\frac{1}{2(x+2)} - \frac{4}{3-x} - \frac{5}{x+1}\right].$$

(4) 取对数, 得

$$\ln y = \sin x \cdot \ln(1+x^2),$$

方程两边对 x 求导, 得

$$\frac{y'}{y} = \cos x \cdot \ln(1+x^2) + \frac{2x\sin x}{1+x^2},$$

解得

$$y' = y\left[\cos x \cdot \ln(1+x^2) + \frac{2x\sin x}{1+x^2}\right],$$

即

$$y' = (1+x^2)^{\sin x}\left[\cos x \cdot \ln(1+x^2) + \frac{2x\sin x}{1+x^2}\right].$$

(5) 取对数, 得

$$\ln y = 2x + \ln(x+3) - \frac{1}{2}\ln(x+5) - \frac{1}{2}\ln(x-4),$$

方程两边对 x 求导, 得

$$\frac{y'}{y} = 2 + \frac{1}{x+3} - \frac{1}{2(x+5)} - \frac{1}{2(x-4)},$$

解得

$$y' = y\left[2 + \frac{1}{x+3} - \frac{1}{2(x+5)} - \frac{1}{2(x-4)}\right],$$

即

$$y' = \frac{e^{2x}(x+3)}{\sqrt{(x+5)(x-4)}} \cdot \left[2 + \frac{1}{x+3} - \frac{1}{2(x+5)} - \frac{1}{2(x-4)}\right].$$

3. 设 $xy - \ln y = 0$, 求 $\left.\frac{dy}{dx}\right|_{x=0}$, $\left.\frac{d^2y}{dx^2}\right|_{x=0}$.

解 方程两边对 x 求导, 得

$$y + xy' - \frac{1}{y} \cdot y' = 0,$$

即

$$y^2 + xy \cdot y' - y' = 0, \tag{1}$$

解得

$$y' = \frac{y^2}{1-xy}. \tag{2}$$

方程(1)两边对 x 求导, 得

$$2y \cdot y' + (y + xy')y' + xy \cdot y'' - y'' = 0,$$

解得

$$y'' = \frac{3y \cdot y' + x(y')^2}{1-xy},$$

将(2)带入上式, 得

$$y'' = \frac{3y \cdot \frac{y^2}{1-xy} + x \cdot \left(\frac{y^2}{1-xy}\right)^2}{1-xy} = \frac{3y^3(1-xy) + xy^4}{(1-xy)^3} = \frac{3y^3 - 2xy^4}{(1-xy)^3}.$$

当 $x=0$ 时, 带入原方程得, $y=1$. 因此

$$\left.\frac{dy}{dx}\right|_{x=0} = \left.\frac{y^2}{1-xy}\right|_{\substack{x=0\\y=1}} = 1, \quad \left.\frac{d^2y}{dx^2}\right|_{x=0} = \left.\frac{3y^3-2xy^4}{(1-xy)^3}\right|_{\substack{x=0\\y=1}} = 3.$$

4. 已知 $\begin{cases} x = e^t \sin t, \\ y = e^t \cos t, \end{cases}$ 求当 $t = \frac{\pi}{3}$ 时 $\frac{dy}{dx}$ 的值.

解 $$\frac{dy}{dx} = \frac{\frac{dy}{dt}}{\frac{dx}{dt}} = \frac{(e^t \cos t)'}{(e^t \sin t)'} = \frac{e^t \cos t + e^t(-\sin t)}{e^t \sin t + e^t \cos t} = \frac{\cos t - \sin t}{\sin t + \cos t},$$

所以 $\dfrac{\mathrm{d}y}{\mathrm{d}x}\Big|_{t=\frac{\pi}{3}} = \dfrac{\cos\frac{\pi}{3}-\sin\frac{\pi}{3}}{\sin\frac{\pi}{3}+\cos\frac{\pi}{3}} = \dfrac{1-\sqrt{3}}{\sqrt{3}+1} = \sqrt{3}-2$.

5. 求下列函数的导数:

(1) 设 $\begin{cases} x=\arctan t, \\ y=\ln(1+t^2), \end{cases}$ 求 $\dfrac{\mathrm{d}y}{\mathrm{d}x}$ 与 $\dfrac{\mathrm{d}^2 y}{\mathrm{d}x^2}$;

(2) 设 $x=\alpha\ln\cot\theta, y=\tan\theta$, 求 $\dfrac{\mathrm{d}y}{\mathrm{d}x}$ 与 $\dfrac{\mathrm{d}^2 y}{\mathrm{d}x^2}$;

(3) 设 $x=f'(t), y=tf'(t)-f(t)$, 又 $f''(t)$ 存在且不为零, 求 $\dfrac{\mathrm{d}y}{\mathrm{d}x}$ 与 $\dfrac{\mathrm{d}^2 y}{\mathrm{d}x^2}$.

解 (1) $\dfrac{\mathrm{d}y}{\mathrm{d}x} = \dfrac{\frac{\mathrm{d}y}{\mathrm{d}t}}{\frac{\mathrm{d}x}{\mathrm{d}t}} = \dfrac{[\ln(1+t^2)]'}{(\arctan t)'} = \dfrac{\frac{2t}{1+t^2}}{\frac{1}{1+t^2}} = 2t$,

$$\dfrac{\mathrm{d}^2 y}{\mathrm{d}x^2} = \dfrac{\mathrm{d}}{\mathrm{d}x}\left(\dfrac{\mathrm{d}y}{\mathrm{d}x}\right) = \dfrac{\frac{\mathrm{d}}{\mathrm{d}t}\left(\frac{\mathrm{d}y}{\mathrm{d}x}\right)}{\frac{\mathrm{d}x}{\mathrm{d}t}} = \dfrac{(2t)'}{(\arctan t)'} = \dfrac{2}{\frac{1}{1+t^2}} = 2(1+t^2) .$$

(2) $\dfrac{\mathrm{d}y}{\mathrm{d}x} = \dfrac{\frac{\mathrm{d}y}{\mathrm{d}\theta}}{\frac{\mathrm{d}x}{\mathrm{d}\theta}} = \dfrac{(\tan\theta)'}{(\alpha\ln\cot\theta)'} = \dfrac{\sec^2\theta}{\alpha\cdot\frac{-\csc^2\theta}{\cot\theta}} = -\dfrac{\tan\theta}{\alpha}$,

$$\dfrac{\mathrm{d}^2 y}{\mathrm{d}x^2} = \dfrac{\mathrm{d}}{\mathrm{d}x}\left(\dfrac{\mathrm{d}y}{\mathrm{d}x}\right) = \dfrac{\frac{\mathrm{d}}{\mathrm{d}\theta}\left(\frac{\mathrm{d}y}{\mathrm{d}x}\right)}{\frac{\mathrm{d}x}{\mathrm{d}\theta}} = \dfrac{\left(-\frac{\tan\theta}{\alpha}\right)'}{(\alpha\ln\cot\theta)'} = \dfrac{-\frac{\sec^2\theta}{\alpha}}{\alpha\cdot\frac{-\csc^2\theta}{\cot\theta}} = \dfrac{\tan\theta}{\alpha^2} .$$

(3) $\dfrac{\mathrm{d}y}{\mathrm{d}x} = \dfrac{\frac{\mathrm{d}y}{\mathrm{d}t}}{\frac{\mathrm{d}x}{\mathrm{d}t}} = \dfrac{[tf'(t)-f(t)]'}{[f'(t)]'} = \dfrac{f'(t)+tf''(t)-f'(t)}{f''(t)} = \dfrac{tf''(t)}{f''(t)} = t$,

$$\dfrac{\mathrm{d}^2 y}{\mathrm{d}x^2} = \dfrac{\mathrm{d}}{\mathrm{d}x}\left(\dfrac{\mathrm{d}y}{\mathrm{d}x}\right) = \dfrac{\frac{\mathrm{d}}{\mathrm{d}t}\left(\frac{\mathrm{d}y}{\mathrm{d}x}\right)}{\frac{\mathrm{d}x}{\mathrm{d}t}} = \dfrac{1}{[f'(t)]'} = \dfrac{1}{f''(t)} .$$

习 题 五

1. 求函数 $y=x^3+2x$ 在 $x=-1$, $\Delta x=0.02$ 时的增量 Δy 与微分 $\mathrm{d}y$.

解 因为

$$\Delta y = f(x+\Delta x)-f(x) = (x+\Delta x)^3+2(x+\Delta x)-x^3-2x$$
$$= (3x^2+2)\Delta x+(3x+\Delta x)(\Delta x)^2,$$

$$dy = (3x^2 + 2)\Delta x.$$

所以在 $x = -1$，$\Delta x = 0.02$ 时，

$$\Delta y \Big|_{\substack{x=-1 \\ \Delta x=0.02}} = (3+2) \times 0.02 + (-3+0.02) \times (0.02)^2 = 0.098808,$$

$$dy \Big|_{\substack{x=-1 \\ \Delta x=0.02}} = (3+2) \times 0.02 = 0.1.$$

2. 在括号内填入适当的函数，使等式成立：

(1) $d(\quad) = \cos t dt$；   (2) $d(\quad) = \dfrac{1}{\sqrt{x}} dx$；

(3) $d(\quad) = \dfrac{1}{1+x} dx$；   (4) $d(\quad) = \sin \omega x dx (\omega \neq 0)$；

(5) $d(\quad) = e^{-2x} dx$；   (6) $d(\quad) = \sec^2 3x dx$；

(7) $d(\quad) = \dfrac{1}{x} \ln x dx$；   (8) $d(\quad) = \dfrac{x}{\sqrt{1-x^2}} dx$.

分析 因为 $df(x) = f'(x)dx$，$d[f(x)+C] = f'(x)dx$（C 是常数），所以

(1) $d(\sin t) = \cos t dt$ 或 $d(\sin t + C) = \cos t dt$；

(2) $d(2\sqrt{x}) = \dfrac{1}{\sqrt{x}} dx$ 或 $d(2\sqrt{x} + C) = \dfrac{1}{\sqrt{x}} dx$；

(3) $d(\ln(x+1)) = \dfrac{1}{1+x} dx$ 或 $d(\ln(x+1) + C) = \dfrac{1}{1+x} dx$；

(4) $d\left(-\dfrac{1}{\omega} \cos \omega x\right) = \sin \omega x dx$ 或 $d\left(-\dfrac{1}{\omega} \cos \omega x + C\right) = \sin \omega x dx$；

(5) $d\left(-\dfrac{1}{2} e^{-2x}\right) = e^{-2x} dx$ 或 $d\left(-\dfrac{1}{2} e^{-2x} + C\right) = e^{-2x} dx$；

(6) $d\left(\dfrac{1}{3} \tan 3x\right) = \sec^2 3x dx$ 或 $d\left(\dfrac{1}{3} \tan 3x + C\right) = \sec^2 3x dx$；

(7) $d\left(\dfrac{1}{2} \ln^2 x\right) = \dfrac{1}{x} \ln x dx$ 或 $d\left(\dfrac{1}{2} \ln^2 x + C\right) = \dfrac{1}{x} \ln x dx$；

(8) $d(-\sqrt{1-x^2}) = \dfrac{x}{\sqrt{1-x^2}} dx$ 或 $d(-\sqrt{1-x^2} + C) = \dfrac{x}{\sqrt{1-x^2}} dx$.

3. 求下列函数的微分：

(1) $y = \cos \sqrt{x}$；   (2) $y = xe^x$；   (3) $y = \dfrac{\ln x}{x}$；

(4) $y = \sqrt{\arcsin x} + (\arctan x)^2$；   (5) $y = \ln(2x+1) \cdot \sin x^2$；

(6) $y = 5^{\ln \tan x}$；   (7) $y = 8x^x - 6e^{2x}$；   (8) $y = \dfrac{1-x}{x^2} \cdot \sqrt[3]{\dfrac{7-x}{(x-4)^2}}$.

解　(1) $dy = d\cos\sqrt{x} = -\sin\sqrt{x}d\sqrt{x} = -\sin\sqrt{x} \cdot \dfrac{1}{2\sqrt{x}}dx = -\dfrac{\sin\sqrt{x}}{2\sqrt{x}}dx$.

(2) $dy = d(xe^x) = dx \cdot e^x + xde^x = e^x dx + xe^x dx = (1+x)e^x dx$.

(3) $dy = d\left(\dfrac{\ln x}{x}\right) = \dfrac{x \cdot d\ln x - \ln x \cdot dx}{x^2} = \dfrac{x \cdot \dfrac{1}{x}dx - \ln x \cdot dx}{x^2} = \dfrac{1-\ln x}{x^2}dx$.

(4) $dy = d[\sqrt{\arcsin x} + (\arctan x)^2] = d\sqrt{\arcsin x} + d(\arctan x)^2$

$\qquad = \dfrac{1}{2\sqrt{\arcsin x}}d\arcsin x + 2\arctan x d\arctan x$

$\qquad = \dfrac{1}{2\sqrt{\arcsin x}} \cdot \dfrac{1}{\sqrt{1-x^2}}dx + 2\arctan x \cdot \dfrac{1}{1+x^2}dx$

$\qquad = \left(\dfrac{1}{2\sqrt{1-x^2} \cdot \sqrt{\arcsin x}} + \dfrac{2\arctan x}{1+x^2}\right)dx$.

(5) $dy = d[\ln(2x+1) \cdot \sin x^2] = \sin x^2 d\ln(2x+1) + \ln(2x+1)d\sin x^2$

$\qquad = \sin x^2 \cdot \dfrac{1}{2x+1}d(2x+1) + \ln(2x+1) \cdot \cos x^2 d(x^2)$

$\qquad = \dfrac{2\sin x^2}{2x+1}dx + \ln(2x+1) \cdot \cos x^2 \cdot 2x dx$

$\qquad = \left[\dfrac{2\sin x^2}{2x+1} + 2x\cos x^2 \ln(2x+1)\right]dx$.

(6) $dy = d5^{\ln\tan x} = \ln 5 \cdot 5^{\ln\tan x}d\ln\tan x = \ln 5 \cdot 5^{\ln\tan x} \cdot \dfrac{1}{\tan x}d\tan x$

$\qquad = \dfrac{\ln 5 \cdot 5^{\ln\tan x}}{\sin x \cos x}dx = 2\ln 5 \cdot 5^{\ln\tan x} \cdot \csc 2x dx$.

(7) $dy = d(8x^x - 6e^{2x}) = d(8x^x) - d(6e^{2x}) = 8d(x^x) - 6d(e^{2x})$

$\qquad = 8d(e^{x\ln x}) - 6e^{2x}d(2x) = 8e^{x\ln x}d(x\ln x) - 12e^{2x}dx$

$\qquad = 8x^x(\ln x + 1)dx - 12e^{2x}dx = [8x^x(\ln x + 1) - 12e^{2x}]dx$.

(8) 取对数，得

$$\ln y = \ln(1-x) - 2\ln x + \dfrac{1}{3}\ln(7-x) - \dfrac{2}{3}\ln(x-4),$$

方程两边微分，得

$$\dfrac{1}{y}dy = \dfrac{1}{1-x}d(1-x) - \dfrac{2}{x}dx + \dfrac{1}{3(7-x)}d(7-x) - \dfrac{2}{3(x-4)}d(x-4),$$

即

$$\dfrac{1}{y}dy = \left[\dfrac{1}{x-1} - \dfrac{2}{x} + \dfrac{1}{3(x-7)} - \dfrac{2}{3(x-4)}\right]dx,$$

解得

$$dy = y\left[\frac{1}{x-1} - \frac{2}{x} + \frac{1}{3(x-7)} - \frac{2}{3(x-4)}\right]dx,$$

即

$$dy = \frac{1-x}{x^2}\cdot\sqrt[3]{\frac{7-x}{(x-4)^2}}\left[\frac{1}{x-1} - \frac{2}{x} + \frac{1}{3(x-7)} - \frac{2}{3(x-4)}\right]dx.$$

4. (1) 当 $|x| \ll 1$ 时，求出 $\sqrt{\dfrac{1-x}{1+x}}$ 的关于 x 的线性近似式；

(2) 计算 $\sqrt[3]{998}$ 的近似值.

解 (1) 当 $|x| \ll 1$ 时，设 $x_0 = 0, \Delta x = x - x_0$，即 $|\Delta x| = |x|$ 很小时，

$$f(x) \approx f(0) + f'(0)x.$$

设 $f(x) = \sqrt{\dfrac{1-x}{1+x}}$，则

$$f'(x) = \left(\sqrt{\frac{1-x}{1+x}}\right)' = \frac{1}{2\sqrt{\dfrac{1-x}{1+x}}}\cdot\frac{-2}{(1+x)^2} = -\sqrt{\frac{1+x}{1-x}}\cdot\frac{1}{(1+x)^2},$$

并且 $f(0) = 1$，$f'(0) = -1$. 所以 $\sqrt{\dfrac{1-x}{1+x}}$ 的关于 x 的线性近似式为

$$\sqrt{\frac{1-x}{1+x}} \approx f(0) + f'(0)x = 1 - x.$$

(2) $\sqrt[3]{998} = (1000-2)^{\frac{1}{3}} = 1000^{\frac{1}{3}}\left(1 - \frac{2}{1000}\right)^{\frac{1}{3}} = 10\left(1 - \frac{1}{500}\right)^{\frac{1}{3}}$

$\approx 10\left(1 - \frac{1}{3}\cdot\frac{1}{500}\right) \approx 10\left(1 - \frac{1}{1500}\right) \approx 10\times0.9993333 = 9.993333.$

复 习 题 四

1. 判断题

(1) 设函数 $f(x)$ 在 x 处可导；那么 $\lim\limits_{\Delta x \to 0}\dfrac{f(x) - f(x-\Delta x)}{\Delta x} = f'(x)$ 成立；　　　　　（　　）

(2) $(x^2+1)' = 2x+1$；　　　　　（　　）

(3) 若 $u(x), v(x), w(x)$ 都是 x 的可导函数，则 $(uvw)' = u'vw + uv'w + uvw'$；　　　　　（　　）

(4) $f''(100) = [f'(100)]'$；　　　　　（　　）

(5) 设函数 $y = e^x$，则 $y^{(n)} = ne^x$；　　　　　（　　）

(6) 若 $y = f(e^x)e^{f(x)}$，$f'(x)$ 存在,那么有 $y'_x = f'(e^x)e^{f(x)} + e^{f(x)}f'(x)f(e^x)$.　　　(　)

分析　(1)正确. 由于 $f(x)$ 在 x 处可导, 则

$$f'(x) = \lim_{h \to 0} \frac{f(x+h) - f(x)}{h},$$

故有

$$\lim_{\Delta x \to 0} \frac{f(x) - f(x - \Delta x)}{\Delta x} = \lim_{\Delta x \to 0} \frac{f(x - \Delta x) - f(x)}{-\Delta x} \xlongequal{h = -\Delta x} \lim_{h \to 0} \frac{f(x+h) - f(x)}{h} = f'(x).$$

(2)错误. 因为 $(x^2 + 1)' = 2x$.

(3)正确. 根据积的求导法则易知 $(uvw)' = u'vw + uv'w + uvw'$.

(4)错误. 因为 $f''(100) = f''(x)\big|_{x=100}$.

(5)错误. 因为 $y' = e^x$, $y'' = e^x$, $\cdots$, $y^{(n)} = e^x$.

(6)错误. 因为

$$y' = [f(e^x)e^{f(x)}]' = [f(e^x)]'e^{f(x)} + f(e^x)[e^{f(x)}]'$$
$$= f'(e^x) \cdot e^x \cdot e^{f(x)} + f(e^x) \cdot e^{f(x)} \cdot f'(x) = e^{f(x)}[f'(e^x) \cdot e^x + f(e^x) \cdot f'(x)].$$

2. 填空题

(1) 曲线 $f(x) = \sqrt{x} + 1$ 在 $(1,2)$ 点的斜率是_____;

(2) 曲线 $f(x) = e^x$ 在 $(0,1)$ 点的切线方程是_____;

(3) 函数 $y = x^3 - 2$，当 $x = 2$，$\Delta x = 0.1$ 时,$\dfrac{\Delta y}{\Delta x} =$_____;

(4) 若函数 $f(x)$ 可导及 n 为自然数, 则 $\lim\limits_{n \to \infty} n\left[f\left(x + \dfrac{1}{n}\right) - f(x)\right] =$_____;

(5) 已知 $f(x) = x^3 + 3^x$, 则 $f'(3) =$_____;

(6) 设函数 $y = y(x)$ 是由方程 $x^2 + y^2 = 1$ 确定, 则 $y' =$_____;

(7) d_____ $= \sin 3x dx$;

(8) 曲线 $y = f(x)$ 在点 $M(x_0, f(x_0))$ 的法线斜率为_____.

分析　(1) $\dfrac{1}{2}$. 因为 $f'(x) = \dfrac{1}{2\sqrt{x}}$, 所以在 $(1,2)$ 点的斜率是 $k = f'(1) = \dfrac{1}{2}$.

(2) $y = x + 1$. 因为 $f'(x) = e^x$, 所以在 $(0,1)$ 点的斜率是 $k = f'(0) = 1$, 进而切线方程是 $y - 1 = x$, 即 $y = x + 1$.

(3) 12.61. 因为

$$\Delta y = f(x + \Delta x) - f(x) = [(x + \Delta x)^3 - 2] - (x^3 - 2) = (x + \Delta x)^3 - x^3,$$

所以当 $x = 2$，$\Delta x = 0.1$ 时,

$$\Delta y = (2 + 0.1)^3 - 2^3 = 9.261 - 8 = 1.261,$$

进而 $\dfrac{\Delta y}{\Delta x} = \dfrac{1.261}{0.1} = 12.61$.

(4) $f'(x)$. 由于 $f(x)$ 可导, 所以

$$\lim_{n \to \infty} n\left[f\left(x + \frac{1}{n} \right) - f(x) \right] = \lim_{n \to \infty} \frac{f\left(x + \dfrac{1}{n} \right) - f(x)}{\dfrac{1}{n}} = f'(x).$$

(5) $27 + 27\ln 3$. 因为 $f'(x) = 3x^2 + \ln 3 \cdot 3^x$, 所以 $f'(3) = 27 + 27\ln 3$.

(6) $-\dfrac{x}{y}$. 方程两边对 x 求导, 得 $2x + 2yy' = 0$, 所以解得 $y' = -\dfrac{x}{y}$.

(7) $-\dfrac{1}{3}\cos 3x$ 或 $-\dfrac{1}{3}\cos 3x + C$. 因为 $\left(-\dfrac{1}{3}\cos 3x \right)' = \sin 3x$.

(8) $-\dfrac{1}{f'(x_0)}$ 或 0 或不存在. 当 $f'(x_0) \neq 0$ 时, $y = f(x)$ 在点 $M(x_0, f(x_0))$ 的法线斜率为 $-\dfrac{1}{f'(x_0)}$; 当 $f'(x_0) = 0$ 时, $y = f(x)$ 在点 $M(x_0, f(x_0))$ 的法线垂直于 x 轴, 即法线斜率不存在; 当 $y = f(x)$ 在点 $M(x_0, f(x_0))$ 的切线垂直于 x 轴时, 法线斜率为 0.

3. 单选题

(1) 设 $f(x)$ 在 x_0 处可导, 则 $\lim\limits_{\Delta x \to 0} \dfrac{f(x_0 - \Delta x) - f(x_0)}{\Delta x} = ($　　$)$.

(A) $-f'(x_0)$　　　　　(B) $f'(-x_0)$　　　　　(C) $f'(x_0)$　　　　　(D) $2f'(x_0)$

(2) 下列函数在 $x = 0$ 处不可导的是 (　　).

(A) $y = 2\sqrt{x}$　　　　(B) $y = \sin x$　　　　(C) $y = \cos x$　　　　(D) $y = x^3$

(3) 设 $f(x)$ 在 x_0 处不连续, 则 $f(x)$ 在 x_0 处 (　　).

(A) 必不可导　　　　(B) 一定可导　　　　(C) 可能可导　　　　(D) 无极限

(4) 设 $f(x)$ 在 $x = x_0$ 可导, 当 $f'(x_0) = ($　　$)$ 时, 有 $\lim\limits_{x \to 0} \dfrac{x}{f(x_0 - 2x) - f(x_0)} = \dfrac{1}{4}$.

(A) 4　　　　　　　(B) -4　　　　　　(C) 2　　　　　　(D) -2

(5) 下列函数中, 在 $x = 0$ 处可导的是 (　　).

(A) $y = |x|$　　　　(B) $y = 2\sqrt{x}$　　　　(C) $y = x^3$　　　　(D) $y = |\sin x|$

(6) 设函数 $y = \begin{cases} x^2, & x \leqslant 1, \\ ax + b, & x > 1 \end{cases}$ 在 $x = 1$ 处连续且可导, 则 (　　).

(A) $a = 1, b = 2$　　　(B) $a = 3, b = 2$　　　(C) $a = -2, b = 1$　　　(D) $a = 2, b = -1$

(7) 若 $f(x) = \mathrm{e}^{-x} \cos x$, 则 $f'(0) = ($　　$)$.

(A) 2　　　　　　　(B) 1　　　　　　(C) -1　　　　　　(D) -2

(8) 设 $y = f(x)$ 是可微函数, 则 $\mathrm{d}f(\cos 2x) = ($　　$)$.

(A) $2f'(\cos 2x)\mathrm{d}x$　　　　　　　　(B) $f'(\cos 2x)\sin 2x\mathrm{d}2x$

(C) $2f'(\cos 2x)\sin 2x\mathrm{d}x$　　　　　　(D) $-f'(\cos 2x)\sin 2x\mathrm{d}2x$

分析　(1)A. 由于 $f(x)$ 在 x_0 处可导, 则

$$f'(x_0) = \lim_{h \to 0} \frac{f(x_0 + h) - f(x_0)}{h},$$

故有

$$\lim_{\Delta x \to 0} \frac{f(x_0 - \Delta x) - f(x_0)}{\Delta x} \xlongequal{h = -\Delta x} \lim_{h \to 0} \frac{f(x_0 + h) - f(x_0)}{-h} = -f'(x_0).$$

(2)A. $y = 2\sqrt{x}$ 在 $x = 0$ 处的左半邻域内无定义, 因此在 $x = 0$ 处无连续性和可导性.

(3)A. 根据性质"若 $f(x)$ 在 x_0 处可导, 则 $f(x)$ 在 x_0 处连续. "的逆否命题知, 若 $f(x)$ 在 x_0 处不连续, 则 $f(x)$ 在 x_0 处不可导. 而函数 $f(x)$ 在 x_0 处不连续, 但 $f(x)$ 在 x_0 处极限可能存在, 此时 x_0 是 $f(x)$ 的可去间断点.

(4)D. 由于 $f(x)$ 在 x_0 处可导, 则

$$f'(x_0) = \lim_{h \to 0} \frac{f(x_0 + h) - f(x_0)}{h},$$

故有

$$\lim_{x \to 0} \frac{x}{f(x_0 - 2x) - f(x_0)} = \lim_{x \to 0} \frac{1}{\dfrac{f(x_0 - 2x) - f(x_0)}{x}} \xlongequal{h = -2x} \lim_{h \to 0} \frac{1}{\dfrac{f(x_0 + h) - f(x_0)}{-\dfrac{h}{2}}}$$

$$= -\frac{1}{2} \lim_{h \to 0} \frac{1}{\dfrac{f(x_0 + h) - f(x_0)}{h}} = -\frac{1}{2} \cdot \frac{1}{f'(x_0)}.$$

又 $\lim\limits_{x \to 0} \dfrac{x}{f(x_0 - 2x) - f(x_0)} = \dfrac{1}{4}$, 所以 $-\dfrac{1}{2} \cdot \dfrac{1}{f'(x_0)} = \dfrac{1}{4}$, 即 $f'(x_0) = -2$.

(5)C. (A) $y = |x|$ 在 $x = 0$ 处连续不可导; (B) $y = 2\sqrt{x}$ 在 $x = 0$ 处的左半邻域内无定义, 因此在 $x = 0$ 处无连续性和可导性; (C) $y = x^3$ 在 $x = 0$ 处连续可导; (D) $y = |\sin x|$ 在 $x = 0$ 处连续不可导.

(6)D. 函数在 $x = 1$ 处连续, 并且

$$y(1) = 1, \quad \lim_{x \to 1^-} y = \lim_{x \to 1^-} x^2 = 1, \quad \lim_{x \to 1^+} y = \lim_{x \to 1^-}(ax + b) = a + b,$$

所以 $a + b = 1$, 即 $b = 1 - a$. 又函数在 $x = 1$ 处可导, 且

$$y_-'(1) = \lim_{x \to 1^-} \frac{y - 1}{x - 1} = \lim_{x \to 1^-} \frac{x^2 - 1}{x - 1} = \lim_{x \to 1^-}(x + 1) = 2,$$

$$y_+'(1) = \lim_{x \to 1^+} \frac{y - 1}{x - 1} = \lim_{x \to 1^+} \frac{(ax + b) - 1}{x - 1} = \lim_{x \to 1^+} \frac{(ax + 1 - a) - 1}{x - 1} = \lim_{x \to 1^+} \frac{ax - a}{x - 1} = a,$$

所以 $a = 2$, 进而 $b = -1$.

(7) C. $f'(x) = -e^{-x}\cos x - e^{-x}\sin x = -e^{-x}(\cos x + \sin x)$，所以 $f'(0) = -1$.

(8) D. $df(\cos 2x) = f'(\cos 2x)d\cos 2x = -f'(\cos 2x)\sin 2x d(2x)$
$$= -2f'(\cos 2x)\sin 2x dx.$$

4. 已知 $f(x) = \begin{cases} \sin x, & x < 0, \\ x, & x \geq 0, \end{cases}$ 求 $f'(x)$.

解 当 $x < 0$ 时，$f'(x) = (\sin x)' = \cos x$；当 $x > 0$ 时，$f'(x) = (x)' = 1$.

当 $x = 0$ 时，
$$f(0) = 0, \quad \lim_{x \to 0^-} f(x) = \lim_{x \to 0^-} \sin x = 0, \quad \lim_{x \to 0^+} f(x) = \lim_{x \to 0^+} x = 0,$$

则 $f(x)$ 在 $x = 0$ 处连续；又由于
$$f'_-(0) = \lim_{x \to 0^-} \frac{\sin x - 0}{x - 0} = \lim_{x \to 0^-} \frac{\sin x}{x} = 1, \quad f'_+(0) = \lim_{x \to 0^+} \frac{x - 0}{x - 0} = 1,$$

所以 $f(x)$ 在 $x = 0$ 处可导，且 $f'(0) = 1$.

综上，
$$f'(x) = \begin{cases} \cos x, & x < 0, \\ 1, & x \geq 0. \end{cases}$$

5. 求双曲线 $y = \frac{1}{x}$ 在点 $\left(\frac{1}{2}, 2\right)$ 处的切线的斜率，并写出在该点处的切线方程和法线方程.

解 显然 $y' = -\frac{1}{x^2}$，则双曲线在点 $\left(\frac{1}{2}, 2\right)$ 处的切线的斜率为
$$k = y'\Big|_{x=\frac{1}{2}} = -4,$$

进而切线方程是
$$y - 2 = -4\left(x - \frac{1}{2}\right),$$

即
$$4x + y - 4 = 0;$$

法线方程是
$$y - 2 = \frac{1}{4}\left(x - \frac{1}{2}\right),$$

即
$$2x - 8y + 15 = 0.$$

6. 计算下列各题:

(1) 设 $y = \sqrt[7]{x} + \sqrt[x]{7} + \sqrt[7]{7}$, 求 $\dfrac{dy}{dx}$.

(2) 设 $y = x^2 e^{\frac{1}{x}}$, 求 y'.

(3) 设 $y = x\sqrt{x} + \ln\cos x$, 求 y'.

(4) 设 $y = y(x)$ 是由方程 $x^2 + y^2 - xy = 4$ 确定的隐函数, 求 dy.

(5) 设 $\cos(x + y) + e^y = 1$, 求 dy.

(6) 已知 $y = x + x^x$, 求 y'.

解 (1) $\dfrac{dy}{dx} = \left(x^{\frac{1}{7}} + 7^{\frac{1}{x}} + \sqrt[7]{7}\right)' = \dfrac{1}{7}x^{-\frac{6}{7}} + 7^{\frac{1}{x}} \cdot \ln 7 \cdot \left(\dfrac{1}{x}\right)' = \dfrac{1}{7}x^{-\frac{6}{7}} - 7^{\frac{1}{x}} \cdot \ln 7 \cdot \dfrac{1}{x^2}$.

(2) $y' = \left(x^2 e^{\frac{1}{x}}\right)' = 2x e^{\frac{1}{x}} + x^2 e^{\frac{1}{x}} \cdot \left(-\dfrac{1}{x^2}\right) = 2x e^{\frac{1}{x}} - e^{\frac{1}{x}} = (2x - 1)e^{\frac{1}{x}}$.

(3) $y' = \left[x^{\frac{3}{2}} + \ln(\cos x)\right]' = \dfrac{3}{2}x^{\frac{1}{2}} + \dfrac{1}{\cos x}(\cos x)' = \dfrac{3}{2}x^{\frac{1}{2}} - \dfrac{\sin x}{\cos x} = \dfrac{3}{2}\sqrt{x} - \tan x$.

(4) 方程两边微分, 得

$$2x\,dx + 2y\,dy - y\,dx - x\,dy = 0,$$

即

$$(2x - y)dx + (2y - x)dy = 0,$$

解得

$$dy = \dfrac{y - 2x}{2y - x}dx.$$

(5) 方程两边微分, 得

$$-\sin(x + y) \cdot (dx + dy) + e^y dy = 0,$$

即

$$-\sin(x + y) \cdot dx + [e^y - \sin(x + y)] \cdot dy = 0,$$

解得

$$dy = \dfrac{\sin(x + y)}{e^y - \sin(x + y)}dx.$$

(6) $y' = (x + x^x)' = 1 + (x^x)' = 1 + (e^{x\ln x})' = 1 + e^{x\ln x}(x\ln x)' = 1 + x^x(\ln x + 1)$.

7. 求由方程 $xy - e^x + e^y = 0$ 所确定的隐函数 y 的导数 $\dfrac{dy}{dx}, \dfrac{dy}{dx}\Big|_{x=0}$.

解 方程两边对 x 求导, 得

$$y + xy' - e^x + e^y y' = 0,$$

解得

$$\frac{dy}{dx} = y' = \frac{e^x - y}{x + e^y}.$$

当 $x = 0$ 时, $y = 0$, 进而

$$\frac{dy}{dx}\Big|_{x=0} = \frac{e^0 - 0}{e^0 + 0} = 1.$$

8. 求由方程 $y\sin x - \cos(x - y) = 0$ 所确定的函数的导数.

解 方程两边对 x 求导, 得

$$y'\sin x + y\cos x + \sin(x - y)(1 - y') = 0,$$

解得

$$y' = \frac{y\cos x + \sin(x - y)}{\sin(x - y) - \sin x}.$$

9. 求由方程 $xy + \ln y = 1$ 所确定的函数 $y = f(x)$ 在点 $M(1,1)$ 处的切线方程.

解 方程两边对 x 求导, 得

$$y + xy' + \frac{y'}{y} = 0,$$

解得

$$y' = -\frac{y^2}{xy + 1}.$$

进而 $y = f(x)$ 在点 $M(1,1)$ 处的切线斜率为

$$k = y'\Big|_{\substack{x=1 \\ y=1}} = \frac{-1}{1+1} = -\frac{1}{2},$$

于是函数 $y = f(x)$ 在点 $M(1,1)$ 处的切线方程为

$$y - 1 = -\frac{1}{2}(x - 1),$$

即

$$x + 2y - 3 = 0.$$

五、拓展训练

例 1　设函数 $f(x)$ 在 $x=0$ 处连续, 且 $\lim\limits_{h\to 0}\dfrac{f(h^2)}{h^2}=1$, 则(　　).

(A) $f(0)=0$ 且 $f'(0)$ 存在
(B) $f(0)=1$ 且 $f'(0)$ 存在
(C) $f(0)=0$ 且 $f'_+(0)$ 存在
(D) $f(0)=1$ 且 $f'_-(0)$ 存在

解　选 C. 因为 $\lim\limits_{h\to 0}\dfrac{f(h^2)}{h^2}=1$, 所以 $\lim\limits_{h\to 0}f(h^2)=0$. 又因为函数 $f(x)$ 在 $x=0$ 处连续, 则

$$f(0)=\lim_{x\to 0}f(x)=\lim_{h\to 0}f(h^2)=0.$$

令 $t=h^2$, 则 $1=\lim\limits_{h\to 0}\dfrac{f(h^2)}{h^2}=\lim\limits_{t\to 0^+}\dfrac{f(t)}{t}=\lim\limits_{t\to 0^+}\dfrac{f(t)-f(0)}{t-0}=f'_+(0).$

例 2　设函数 $f(x)$ 在 $x=2$ 的某邻域内可导, 并且 $f'(x)=\mathrm{e}^{f(x)}$, $f(2)=1$, 则 $f'''(2)=$ _____ .

解　对 $f'(x)=\mathrm{e}^{f(x)}$ 两边关于 x 求导,

$$f''(x)=\mathrm{e}^{f(x)}\cdot f'(x)=\mathrm{e}^{2f(x)},$$

对上式两边关于 x 求导,

$$f'''(x)=\mathrm{e}^{2f(x)}\cdot 2f'(x)=2\mathrm{e}^{3f(x)}$$

又因为 $f(2)=1$, 所以 $f'''(2)=2\mathrm{e}^{3f(2)}=2\mathrm{e}^3$.

例 3　设函数 $f(x)=\begin{cases} x^k\sin\dfrac{1}{x}, & x\neq 0, \\ 0, & x=0 \end{cases}$（其中 k 为常数）, 其导数在 $x=0$ 处连续, 则 k 的取值范围是 _____ .

解　因为函数 $f(x)$ 的导数 $f'(x)$ 在 $x=0$ 处连续, 即 $\lim\limits_{x\to 0}f'(x)=f'(0)$.

当 $x\neq 0$ 时, $f'(x)=kx^{k-1}\sin\dfrac{1}{x}-x^{k-2}\cos\dfrac{1}{x}$;

当 $x=0$ 时, 必须满足 $k>1$, 此时 $f'(0)=\lim\limits_{x\to 0}\dfrac{f(x)-f(0)}{x-0}=\lim\limits_{x\to 0}x^{k-1}\sin\dfrac{1}{x}=0.$

所以 $\lim\limits_{x\to 0}f'(x)=\lim\limits_{x\to 0}\left[kx^{k-1}\sin\dfrac{1}{x}-x^{k-2}\cos\dfrac{1}{x}\right]=0$, 此时必有 $k>2$. 所以, 当函数 $f(x)$ 的导数 $f'(x)$ 在 $x=0$ 处连续时, $k>2$.

例 4　设函数 $f(x)$ 在 $(-\infty,+\infty)$ 内有定义, 在区间 $[0,1]$ 上, $f(x)=x(x^2-1)$, 若对任意 x 都满足 $f(x)=kf(x+1)$, 其中 k 为常数. 问 k 为何值时, $f(x)$ 在 $x=0$ 处可导.

解　当 $-1\leqslant x<0$ 时, 有 $0\leqslant x+1<1$, 所以

$$f(x)=kf(x+1)=k(x+1)[(x+1)^2-1]=kx(x+1)(x+2).$$

因为 $f(x)$ 在 $x=0$ 处可导, 所以 $f'_-(0)=f'_+(0)$. 由已知条件可得 $f(0)=0,$

$$f'_-(0) = \lim_{x \to 0^-} \frac{f(x) - f(0)}{x - 0} = \lim_{x \to 0^-} \frac{kx(x+1)(x+2)}{x} = 2k,$$

$$f'_+(0) = \lim_{x \to 0^+} \frac{f(x) - f(0)}{x - 0} = \lim_{x \to 0^-} \frac{x(x^2 - 1)}{x} = -1.$$

所以 $k = -\dfrac{1}{2}$.

六、自测题

(一)单选题

1. 设 $f(0) = 0$，且 $f'(0)$ 存在，则 $\lim\limits_{x \to 0} \dfrac{f(x)}{x} = ($ 　　$)$.

(A) $f(0)$ 　　　　　　(B) $f'(0)$ 　　　　　　(C) $f'(x)$ 　　　　　　(D) 以上答案都不对

2. 设 $y = f(x)$ 和 $y = g(x)$ 的图形如图 4-1 所示，$u(x) = f[g(x)]$，则 $u'(1)$ 的值为(　　).

(A) $\dfrac{3}{4}$ 　　　　　(B) $-\dfrac{3}{4}$ 　　　　　(C) $-\dfrac{1}{12}$ 　　　　　(D) $\dfrac{1}{12}$

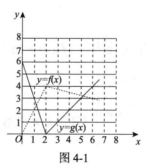

图 4-1

3. 设 $f(x) = \begin{cases} 1, & x > 0, \\ 0, & x = 0, \\ 2, & x < 0, \end{cases}$ 则 $f(x)$ 在 $x = 0$ 处(　　).

(A)左导数存在 　　　(B)右导数存在 　　　(C)不可导 　　　(D)可导

4. 设 $y = x^3 + ax$ 曲线与曲线 $y = bx^2 + c$ 在 $(-1, 0)$ 处相切，其中 a, b, c 为常数，则(　　).

(A) $a = b = -1, c = 1$ 　　　　　　　　(B) $a = 1, b = 2, c = -2$

(C) $a = 1, b = -2, c = 2$ 　　　　　　　(D) $a = c = 1, b = -1$

5. 设函数 $y = f(x)$ 在点 $x = x_0$ 处可微，$\Delta y = f(x_0 + \Delta x) - f(x_0)$ 则当 $\Delta x \to 0$ 时，必有(　　).

(A) $\mathrm{d}y$ 是比 Δx 高阶的无穷小 　　　　(B) $\mathrm{d}y$ 是比 Δx 低阶的无穷小

(C) $\Delta y - \mathrm{d}y$ 是比 Δx 高阶的无穷小 　　　(D) $\Delta y - \mathrm{d}y$ 是比 Δx 低阶的无穷小

6. 下列四条关于函数 $f(x)$ 的性质之间的正确关系是(　　).

(1) $f(x)$ 在点 x_0 处有定义；　　　　　　(2) $f(x)$ 在点 x_0 处连续；

(3) $f(x)$ 在点 x_0 处可导；　　　　　　　(4) $f(x)$ 在点 x_0 处可微.

(A) $(4) \Leftrightarrow (3) \Rightarrow (1) \Rightarrow (2)$ 　　　　　　(B) $(4) \Leftrightarrow (3) \Rightarrow (2) \Rightarrow (1)$

(C) $(2)\Rightarrow(4)\Leftrightarrow(3)\Rightarrow(1)$　　　　　　(D) $(1)\Rightarrow(2)\Rightarrow(3)\Leftrightarrow(4)$

(二)多选题

1. 设 $f(x)$ 是 $(-\infty,+\infty)$ 内的可导函数，$f'(0)\neq0$，则下列计算正确的是（　　）．

(A) $\lim\limits_{h\to0}\dfrac{f(x_0+h)-f(x_0)}{h}=-f'(x_0)$　　　　(B) $\lim\limits_{h\to0}\dfrac{f(x_0+h)-f(x_0-h)}{h}=2f'(x_0)$

(C) $\lim\limits_{h\to0}\dfrac{h}{f(x_0+h)-f(x_0)}=\dfrac{1}{f'(x_0)}$　　(D) $\lim\limits_{h\to0}\dfrac{h}{f(x_0+2h)-f(x_0-h)}=-\dfrac{1}{f'(x_0)}$

2. 设 $F(x)=f[g(x)]$，$G(x)=g[f(x)]$．则根据下表提供的数据，有（　　）．

(A) $F'(3)=-7$　　(B) $F'(3)=-14$　　(C) $G'(3)=-14$　　(D) $G'(3)=-8$

x	$f(x)$	$f'(x)$	$g(x)$	$g'(x)$
3	5	-2	5	7
5	3	-1	12	4

(三)判断题

1. 初等函数在其定义域内可导．　　　　　　　　　　　　　　　（　　）

2. 若曲线 $y=f(x)$ 在处不可导，则曲线在 $(x_0,f(x_0))$ 点处的切线不存在．　（　　）

3. $(3^x+\log_5 x)'=x3^{x-1}+\dfrac{1}{x}\ln5$．　　　　　　　　（　　）

4. 设周期函数 $f(x)$ 在 $(-\infty,+\infty)$ 内可导，周期为 4，又 $\lim\limits_{x\to0}\dfrac{f(1)-f(1-x)}{2x}=-1$，则曲线 $y=f(x)$ 在点 $(5,f(5))$ 处切线斜率为 $\dfrac{1}{2}$．　（　　）

5. $\mathrm{d}(\arctan\sqrt{1+x^2})=\dfrac{1}{2+x^2}\mathrm{d}x$．　　　（　　）

(四)计算题

1. 设 $f(x)=(\sin x)^x+x$，求 $f'(x)$．

2. 函数 $y=f(x)$ 由方程 $y=\mathrm{e}^{xy}+\tan(xy)$ 所确定，求 $y'(0)$．

3. 设 $f(x)=\ln(x+\sqrt{1+x^2})$，求 $f''(x)$．

(五)讨论题

设 n 是正整数，$f(x)=\begin{cases}x^n\sin\dfrac{1}{x},&x\neq0,\\0,&x=0,\end{cases}$ 当 n 为何值时，$f(x)$ 在 $x=0$ 处可导．

第五章　微分中值定理及导数的应用

一、基本要求

1. 理解罗尔定理、拉格朗日中值定理、柯西中值定理.
2. 掌握利用洛必达法则求 $\dfrac{0}{0},\dfrac{\infty}{\infty},0\cdot\infty,\infty-\infty,1^{\infty},0^{0},\infty^{0}$ 型未定式的极限.
3. 掌握利用导数判断函数的单调性及求函数的单调区间.
4. 理解函数极值的概念；理解极值存在的必要条件与充分条件；掌握求函数极值的方法；掌握函数最值的求法.
5. 理解曲线凹凸性和拐点的概念；掌握曲线凹凸区间和拐点的求法.
6. 掌握曲线的水平渐近线与垂直渐近线的求法；了解曲线斜渐近线的求法.
7. 掌握简单函数图形的描绘.

二、知识框架

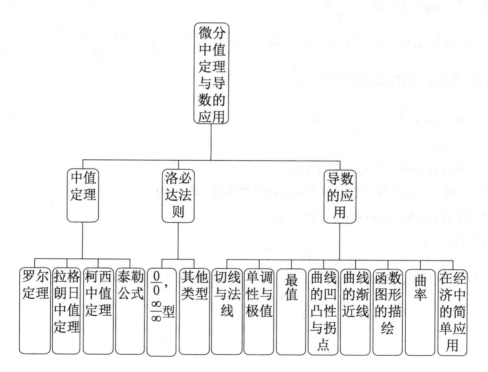

三、典型例题

例 1　设函数 $f(x)$ 在 $[0,1]$ 上可导且 $0<f(x)<1$，$f'(x)\neq 1(0<x<1)$，证明：在 $(0,1)$ 内有且仅有一个 x，使得 $f(x)=x$.

证明　令 $F(x)=f(x)-x$，则函数 $F(x)$ 在 $[0,1]$ 上连续，并且

$$F(0) = f(0) > 0, \quad F(1) = f(1) - 1 < 0,$$

由零点存在定理可知，至少存在一个 $x_1 \in (0,1)$，使得 $F(x_1) = 0$，即 $f(x_1) = x_1$.

假设还存在一个 $x_2 \in (0,1)$，使得 $F(x_2) = 0$，不妨令 $x_1 < x_2$. 因为函数 $F(x)$ 在 $[x_1, x_2]$ 上连续，(x_1, x_2) 内可导，$F(x_1) = F(x_2)$，所以由罗尔定理可知，至少存在一个 $\xi \in (x_1, x_2) \subset (0,1)$，使得 $F'(\xi) = 0$，即 $f'(\xi) = 1$，与已知 $f'(x) \neq 1$ 矛盾.

因此，在 $(0,1)$ 内有且仅有一个 x，使得 $f(x) = x$.

例 2　已知函数 $f(x)$ 在 $[0,2]$ 上连续，在 $(0,2)$ 内可导，且 $f(0) = 0$，$f(2) = 2$. 证明：

(1) 至少存在一个 $\xi \in (0,2)$，使得 $f(\xi) = 2 - \xi$；

(2) 至少存在两个不同的点 $\alpha, \beta \in (0,2)$，使得 $f'(\alpha) f'(\beta) = 1$.

证明　(1) 设 $F(x) = f(x) + x - 2$，则 $F(x)$ 在 $[0,2]$ 上连续，并且

$$F(0) = f(0) - 2 = -2 < 0, \quad F(2) = f(2) + 2 - 2 = 2 > 0,$$

由零点存在定理可知，至少存在一个 $\xi \in (0,2)$，使得 $F(\xi) = 0$，即 $f(\xi) = 2 - \xi$.

(2) 函数 $f(x)$ 在 $[0,\xi]$ 和 $[\xi,2]$ 上连续，在 $(0,\xi)$ 和 $(\xi,2)$ 内可导，由拉格朗日中值定理可知，至少存在一个 $\alpha \in (0,\xi)$ 和一个 $\beta \in (\xi,2)$，使得

$$f'(\alpha) = \frac{f(\xi) - f(0)}{\xi - 0} = \frac{2 - \xi}{\xi}, \quad f'(\beta) = \frac{f(2) - f(\xi)}{2 - \xi} = \frac{\xi}{2 - \xi},$$

即至少存在两个不同的点 $\alpha, \beta \in (0,2)$，使得 $f'(\alpha) f'(\beta) = 1$.

例 3　求 $\lim\limits_{x \to 0} \left(\dfrac{1}{x} - \cot x \right)$.

解　$\lim\limits_{x \to 0} \left(\dfrac{1}{x} - \cot x \right) = \lim\limits_{x \to 0} \dfrac{\sin x - x \cos x}{x \sin x} = \lim\limits_{x \to 0} \dfrac{\sin x - x \cos x}{x^2}$

$$= \lim\limits_{x \to 0} \frac{\cos x - \cos x + x \sin x}{2x} = \lim\limits_{x \to 0} \frac{\sin x}{2} = 0.$$

例 4　设函数 $f(x)$ 在 $(-\infty, +\infty)$ 内连续，其导函数的图形如图 5-1 所示，则有（　　）.

(A) 一个极小值和两个极大值

(B) 两个极小值和一个极大值

(C) 两个极小值和两个极大值

(D) 三个极小值和一个极大值

解　选 C. 因为函数 $f(x)$ 在 $(-\infty, +\infty)$ 内连续，结合导函数的图形可知，函数 $f(x)$ 有三个驻点 x_1, x_2, x_3 和一个不可导点 $x = 0$，并且 $x_1 < x_2 < 0 < x_3$，因此由导函数的图形可得下表：

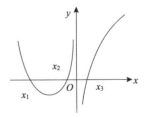

图 5-1

	$(-\infty, x_1)$	x_1	(x_1, x_2)	x_2	$(x_2, 0)$	0	$(0, x_3)$	x_3	$(x_3, +\infty)$
$f'(x)$	+	0	−	0	+	不可导	−	0	+
$f(x)$	增函数	极大值	减函数	极小值	增函数	极大值	减函数	极小值	增函数

例 5　设函数 $y = y(x)$ 由方程 $2y^3 - 2y^2 + 2xy - x^2 = 1$ 所确定，试求 $y = y(x)$ 的驻点，并判断它是否为极值点.

解　方程两边同时对 x 求导，

$$6y^2 \cdot y' - 4y \cdot y' + 2y + 2x \cdot y' - 2x = 0.$$

令 $y' = 0$，可得 $x = y$，代入原方程，解出 $x = y = 1$，所以驻点为 $x = 1$. 再对方程 $3y^2y' - 2yy' + y + xy' - x = 0$ 两边求导，得

$$(3y^2 - 2y + x)y'' + (6y - 2)(y')^2 + 2y' - 1 = 0.$$

当 $x = 1$ 时，$y = 1$，$y'|_{x=1} = 0$，代入上面的方程得 $2y''|_{x=1} - 1 = 0$，即 $y''|_{x=1} = \dfrac{1}{2} > 0$，所以 $x = 1$ 是 $y = y(x)$ 的极小值点.

例 6　求函数 $f(x) = \dfrac{x^2}{1+x}$ 在区间 $\left[-\dfrac{1}{2}, 1\right]$ 上的最值.

解　$f'(x) = \dfrac{x(x+2)}{(1+x)^2}$，令 $f'(x) = 0$，在 $\left(-\dfrac{1}{2}, 1\right)$ 内有 $x = 0$. 计算 $f\left(-\dfrac{1}{2}\right) = \dfrac{1}{2}$，$f(0) = 0$，$f(1) = \dfrac{1}{2}$. 所以 $f(x)$ 在 $\left[-\dfrac{1}{2}, 1\right]$ 上最大值是 $f\left(-\dfrac{1}{2}\right) = f(1) = \dfrac{1}{2}$，最小值是 $f(0) = 0$.

例 7　求曲线 $f(x) = \dfrac{1-2x}{x^2} + 1$ 的渐近线.

解　因为 $\lim\limits_{x \to \infty} f(x) = \lim\limits_{x \to \infty}\left(\dfrac{1-2x}{x^2} + 1\right) = 1$，所以 $y = 1$ 是曲线 $f(x)$ 的水平渐近线.

因为 $\lim\limits_{x \to 0} f(x) = \lim\limits_{x \to 0}\left(\dfrac{1-2x}{x^2} + 1\right) = \infty$，所以 $x = 0$ 是曲线 $f(x)$ 的铅直渐近线.

因为 $\lim\limits_{x \to \infty} \dfrac{f(x)}{x} = \lim\limits_{x \to \infty} \dfrac{\dfrac{1-2x}{x^2} + 1}{x} = \lim\limits_{x \to \infty} \dfrac{1 - 2x + x^2}{x^3} = 0$，所以曲线 $f(x)$ 没有斜渐近线.

四、课后习题全解

习　题　一

1. 验证函数 $f(x) = \ln \sin x$ 在 $\left[\dfrac{\pi}{6}, \dfrac{5\pi}{6}\right]$ 上满足罗尔定理的条件，并求出相应的 ξ，使 $f'(\xi) = 0$.

解　显然 $f(x) = \ln \sin x$ 在 $\left[\dfrac{\pi}{6}, \dfrac{5\pi}{6}\right]$ 上连续，在 $\left(\dfrac{\pi}{6}, \dfrac{5\pi}{6}\right)$ 内可导，并且

$$f\left(\dfrac{\pi}{6}\right) = \ln \sin \dfrac{\pi}{6} = \ln \sin \dfrac{5\pi}{6} = f\left(\dfrac{5\pi}{6}\right),$$

故函数 $f(x)=\ln\sin x$ 在 $\left[\dfrac{\pi}{6},\dfrac{5\pi}{6}\right]$ 上满足罗尔定理. 则存在 $\xi\in\left(\dfrac{\pi}{6},\dfrac{5\pi}{6}\right)$，使得 $f'(\xi)=0$，即 $\cot\xi=0$，解得 $\xi=\dfrac{\pi}{2}\in\left(\dfrac{\pi}{6},\dfrac{5\pi}{6}\right)$.

2. 验证拉格朗日中值定理对函数 $f(x)=x^3+2x$ 在区间 $[0,1]$ 上的正确性.

解　显然 $f(x)=x^3+2x$ 在 $[0,1]$ 上连续, 在 $(0,1)$ 可导, 满足拉格朗日中值定理的条件. 方程 $f(1)-f(0)=f'(\xi)(1-0)$，即 $3=3\xi^2+2$ 在 $(0,1)$ 内有解 $\xi=\dfrac{\sqrt{3}}{3}$，即 $\xi=\dfrac{\sqrt{3}}{3}\in(0,1)$，使得 $f(1)-f(0)=f'(\xi)(1-0)$ 成立, 因此拉格朗日中值定理的结论也成立, 故拉格朗日中值定理对函数 $f(x)=x^3+2x$ 在区间 $[0,1]$ 上是正确的.

3. 下列函数在指定区间上是否满足罗尔定理的三个条件? 有没有满足定理结论中的 ξ?

(1) $f(x)=\mathrm{e}^{x^2}-1$，$[-1,1]$；

(2) $f(x)=|x-1|$，$[0,2]$；

(3) $f(x)=\begin{cases}\sin x, & 0<x\leqslant\pi, \\ 1, & x=0,\end{cases}$ $[0,\pi]$.

解　(1) 显然 $f(x)=\mathrm{e}^{x^2}-1$ 在 $[-1,1]$ 上连续, 在 $(-1,1)$ 内可导, 并且 $f(-1)=\mathrm{e}-1=f(1)$，故函数 $f(x)=\mathrm{e}^{x^2}-1$ 在 $[-1,1]$ 上满足罗尔定理. 则存在 $\xi\in(-1,1)$，使得 $f'(\xi)=0$，即 $2\xi\mathrm{e}^{\xi^2}=0$，解得 $\xi=0\in(-1,1)$.

(2) 显然 $f(x)=|x-1|$ 在 $x=1$ 处不可导, 则 $f(x)=|x-1|$ 在 $(0,2)$ 内不可导, 所以函数 $f(x)=|x-1|$ 在 $[0,2]$ 上不满足罗尔定理.

(3) 由于 $\lim\limits_{x\to0^+}f(x)=\lim\limits_{x\to0^+}\sin x=0\neq1=f(0)$，所以 $f(x)$ 在 $x=0$ 处不右连续, 进而 $f(x)$ 在 $[0,\pi]$ 上不连续, 故函数 $f(x)$ 在 $[0,\pi]$ 上不满足罗尔定理.

4. 不用求出函数 $f(x)=(x-1)(x-2)(x-3)$ 的导数, 说明方程 $f'(x)=0$ 有几个实根, 并指出它们所在的区间.

解　有 2 个实根, 分别在 $(1,2),(2,3)$ 内.

由于函数 $f(x)$ 是三次函数, 所以 $f'(x)=0$ 是二次方程, 因此方程 $f'(x)=0$ 至多有两个实根. 显然 $f(x)$ 在 $[1,2]$，$[2,3]$ 上满足罗尔定理, 则存在 $\xi_1\in(1,2)$，$\xi_2\in(2,3)$，使得 $f'(\xi_1)=0$，$f'(\xi_2)=0$，即 $\xi_1\in(1,2)$，$\xi_2\in(2,3)$ 是方程 $f'(x)=0$ 的两个根. 综上, 方程 $f'(x)=0$ 有且只有两个实根, 且两根分别在 $(1,2),(2,3)$ 内.

5. 已知函数 $f(x)$ 在 $[a,b]$ 上连续, 在 (a,b) 内可导, 且 $f(a)=f(b)=0$，试证: 在 (a,b) 内至少存在一点 ξ，使得

$$f(\xi)+\xi f'(\xi)=0.$$

证明　令 $F(x)=xf(x)$. 由于 $f(x)$ 在 $[a,b]$ 上连续, 在 (a,b) 内可导, 且 $f(a)=f(b)=0$，则有 $F(x)$ 在 $[a,b]$ 上连续, 在 (a,b) 内可导, 且 $F(a)=F(b)=0$. 根据罗尔定理知, 存在 $\xi\in(a,b)$，使得 $F'(\xi)=0$，即 $f(\xi)+\xi f'(\xi)=0$.

6. 若方程

$$a_0 x^n + a_1 x^{n-1} + \cdots + a_{n-1} x = 0$$

有一个正根 x_0，证明方程

$$a_0 n x^{n-1} + a_1(n-1)x^{n-2} + \cdots + a_{n-1} = 0$$

必有一个小于 x_0 的正根.

证明　令 $f(x) = a_0 x^n + a_1 x^{n-1} + \cdots + a_{n-1} x$. 由于 $a_0 x^n + a_1 x^{n-1} + \cdots + a_{n-1} x = 0$ 有一个正根 x_0，所以 $f(x_0) = 0$. 显然 $f(0) = 0$，$f(x)$ 在 $[0, x_0]$ 上连续，在 $(0, x_0)$ 内可导，且 $f(0) = f(x_0)$，因此根据罗尔定理知，存在 $\xi \in (0, x_0)$，使得 $f'(\xi) = 0$，即

$$a_0 n \xi^{n-1} + a_1(n-1)\xi^{n-2} + \cdots + a_{n-1} = 0,$$

亦即方程 $a_0 n x^{n-1} + a_1(n-1)x^{n-2} + \cdots + a_{n-1} = 0$ 必有一个小于 x_0 的正根.

7. 设 $f(a) = f(c) = f(b)$，且 $a < c < b$，$f''(x)$ 在 $[a, b]$ 上存在，证明在 (a, b) 内至少存在一点 ξ，使 $f''(\xi) = 0$.

证明　由于 $f(x)$ 在 $[a, b]$ 内二阶可导，所以 $f(x)$ 在 $[a, c]$，$[c, b]$ 上连续，在 (a, c)，(c, b) 内可导. 又由于 $f(a) = f(c) = f(b)$，故根据罗尔定理知，$\exists \xi_1 \in (a, c)$，$\exists \xi_2 \in (c, b)$，使得 $f'(\xi_1) = 0$，$f'(\xi_2) = 0$. 进而由 $f(x)$ 在 (a, b) 内二阶可导可得，函数 $f'(x)$ 在 $[\xi_1, \xi_2] \subset (a, b)$ 上满足罗尔定理，因此 $\exists \xi \in (\xi_1, \xi_2) \subset (a, b)$，使得 $f''(\xi) = 0$.

8. 设 α 是非零实数. 已知函数 $f(x)$ 在 $[a, b]$ 上连续，在 (a, b) 内可导，且 $f(a) = f(b) = 0$，试证：在 (a, b) 内至少存在一点 ξ，使得

$$f(\xi) + \alpha f'(\xi) = 0.$$

证明　令 $F(x) = e^{\frac{x}{\alpha}} f(x)$. 由于函数 $f(x)$ 在 $[a, b]$ 上连续，在 (a, b) 内可导，且 $f(a) = f(b) = 0$，则 $F(x)$ 在 $[a, b]$ 上连续，在 (a, b) 内可导，且 $F(a) = F(b) = 0$. 根据罗尔定理知，存在 $\xi \in (a, b)$，使得 $F'(\xi) = 0$，即 $f(\xi) + \alpha f'(\xi) = 0$.

9. 证明下列不等式：

(1) $0 < a < b, n > 1$，证明 $na^{n-1}(b-a) < b^n - a^n < nb^{n-1}(b-a)$；

(2) $a > b > 0$，证明 $\dfrac{a-b}{a} < \ln \dfrac{a}{b} < \dfrac{a-b}{b}$；

(3) 若 $x > 0$，试证 $\dfrac{x}{1+x^2} < \arctan x < x$；

(4) 当 $x > 1$ 时，$e^x > e \cdot x$.

证明　(1) 令 $f(x) = x^n$，则 $f(x)$ 在 $[a, b]$ 上连续，在 (a, b) 内可导，于是根据拉格朗日中值定理知，$\exists \xi \in (a, b)$，使得 $f(b) - f(a) = f'(\xi)(b-a)$，即 $b^n - a^n = n\xi^{n-1}(b-a)$. 由于 $n > 1$，$0 < a < \xi < b$，所以 $0 < a^{n-1} < \xi^{n-1} < b^{n-1}$，进而有

$$na^{n-1}(b-a)<b^n-a^n<nb^{n-1}(b-a) .$$

(2) 令 $f(x)=\ln x$，则 $f(x)$ 在 $[b,a]$ 上连续，在 (b,a) 内可导，于是根据拉格朗日中值定理知，$\exists \xi \in (b,a)$，使得 $f(a)-f(b)=f'(\xi)(a-b)$，即 $\ln a-\ln b=\dfrac{a-b}{\xi}$．由于 $0<b<\xi<a$，所以 $0<\dfrac{1}{a}<\dfrac{1}{\xi}<\dfrac{1}{b}$，进而有 $\dfrac{a-b}{a}<\ln\dfrac{a}{b}<\dfrac{a-b}{b}$．

(3) 令 $f(t)=\arctan t$，则当 $x>0$ 时，$f(t)$ 在 $[0,x]$ 上连续，在 $(0,x)$ 内可导，于是根据拉格朗日中值定理知，$\exists \xi \in (0,x)$，使得 $f(x)-f(0)=f'(\xi)(x-0)$，即 $\arctan x=\dfrac{x}{1+\xi^2}$．由于 $0<\xi<x$，所以 $0<\dfrac{1}{1+x^2}<\dfrac{1}{1+\xi^2}<1$，进而有 $\dfrac{x}{1+x^2}<\arctan x<x$．

(4) 令 $f(t)=e^t$，则当 $x>1$ 时，$f(t)$ 在 $[1,x]$ 上连续，在 $(1,x)$ 内可导，于是根据拉格朗日中值定理知，$\exists \xi \in (1,x)$，使得 $f(x)-f(1)=f'(\xi)(x-1)$，即 $e^x-e=e^\xi(x-1)$．由于 $1<\xi<x$，所以 $e^\xi>e$，进而有 $e^x-e=e^\xi(x-1)>e(x-1)$，即 $e^x>e\cdot x$．

10. 设函数 $f(x)$ 在 $[0,1]$ 上连续，在 $(0,1)$ 内可导．试证明至少存在一点 $\xi \in (0,1)$，使

$$f'(\xi)=2\xi[f(1)-f(0)].$$

$$\left(\text{提示：问题转化为证}\ \frac{f(1)-f(0)}{1-0}=\frac{f'(\xi)}{2\xi}=\left.\frac{f'(x)}{(x^2)'}\right|x=\xi\right)$$

证明 令 $g(x)=x^2$，则根据题意有 $f(x)$，$g(x)$ 在 $[0,1]$ 上连续，在 $(0,1)$ 内可导，且 $g'(x)=2x\neq 0$．根据柯西中值定理知，存在 $\xi \in (0,1)$，使得 $\dfrac{f(1)-f(0)}{g(1)-g(0)}=\dfrac{f'(\xi)}{g'(\xi)}$，即 $f(1)-f(0)=\dfrac{f'(\xi)}{2\xi}$，亦即 $f'(\xi)=2\xi[f(1)-f(0)]$．

习 题 二

1. 利用洛必达法则求下列极限：

(1) $\lim\limits_{x\to a}\dfrac{x^m-a^m}{x^n-a^n}$；

(2) $\lim\limits_{x\to 0}\dfrac{e^x-e^{-x}}{\sin x}$；

(3) $\lim\limits_{x\to \pi}\dfrac{\sin 3x}{\tan 5x}$；

(4) $\lim\limits_{x\to \frac{\pi}{2}}\dfrac{\ln\sin x}{(\pi-2x)^2}$；

(5) $\lim\limits_{x\to 0^+}\dfrac{\ln x}{\cot x}$；

(6) $\lim\limits_{x\to +\infty}\dfrac{\ln\left(1+\dfrac{1}{x}\right)}{\operatorname{arc}\cot x}$；

(7) $\lim\limits_{x\to \frac{\pi}{2}}\dfrac{\tan x}{\tan 3x}$；

(8) $\lim\limits_{x\to 0}\dfrac{e^x-x-1}{x(e^x-1)}$；

(9) $\lim\limits_{x\to 0^+}\sin x\ln x$；

(10) $\lim\limits_{x\to 0}\left(\dfrac{e^x}{x}-\dfrac{1}{e^x-1}\right)$；

(11) $\lim\limits_{x\to 0}(1+\sin x)^{\frac{1}{x}}$；

(12) $\lim\limits_{x\to 0}x^2 e^{\frac{1}{x^2}}$；

(13) $\lim\limits_{x\to +\infty}(\sqrt[3]{x^3+x^2+x+1}-x)$；

(14) $\lim\limits_{x\to +\infty}\left(\dfrac{2\arctan x}{\pi}\right)^x$；

(15) $\lim\limits_{x\to 0}\left(\dfrac{3-e^x}{2+x}\right)^{\csc x}$；

(16) $\lim\limits_{x\to 0}\dfrac{(a+x)^x-a^x}{x^2}$，$a>0$.

解 (1) $\lim\limits_{x\to a}\dfrac{x^m-a^m}{x^n-a^n}=\lim\limits_{x\to a}\dfrac{mx^{m-1}}{nx^{n-1}}=\dfrac{m}{n}a^{m-n}$.

(2) $\lim\limits_{x\to 0}\dfrac{e^x-e^{-x}}{\sin x}=\lim\limits_{x\to 0}\dfrac{e^x+e^{-x}}{\cos x}=2$.

(3) $\lim\limits_{x\to \pi}\dfrac{\sin 3x}{\tan 5x}=\lim\limits_{x\to \pi}\dfrac{3\cos 3x}{5\sec^2 5x}=-\dfrac{3}{5}$.

(4) $\lim\limits_{x\to \frac{\pi}{2}}\dfrac{\ln\sin x}{(\pi-2x)^2}=\lim\limits_{x\to \frac{\pi}{2}}\dfrac{\cot x}{-4(\pi-2x)}=\lim\limits_{x\to \frac{\pi}{2}}\dfrac{-\csc^2 x}{8}=-\dfrac{1}{8}$.

(5) $\lim\limits_{x\to 0^+}\dfrac{\ln x}{\cot x}=\lim\limits_{x\to 0^+}\dfrac{\frac{1}{x}}{-\csc^2 x}=-\lim\limits_{x\to 0^+}\dfrac{\sin x}{x}\cdot\sin x=0$.

(6) $\lim\limits_{x\to +\infty}\dfrac{\ln\left(1+\frac{1}{x}\right)}{\operatorname{arc}\cot x}=\lim\limits_{x\to +\infty}\dfrac{\frac{1}{x}}{\operatorname{arc}\cot x}=\lim\limits_{x\to +\infty}\dfrac{-\frac{1}{x^2}}{-\frac{1}{1+x^2}}=\lim\limits_{x\to +\infty}\dfrac{1+x^2}{x^2}=1$.

(7) $\lim\limits_{x\to \frac{\pi}{2}}\dfrac{\tan x}{\tan 3x}=\lim\limits_{x\to \frac{\pi}{2}}\dfrac{\sec^2 x}{3\sec^2 3x}=\lim\limits_{x\to \frac{\pi}{2}}\dfrac{\cos^2 3x}{3\cos^2 x}=\lim\limits_{x\to \frac{\pi}{2}}\dfrac{-\sin 6x}{-\sin 2x}=\lim\limits_{x\to \frac{\pi}{2}}\dfrac{6\cos 6x}{2\cos 2x}=3$.

(8) $\lim\limits_{x\to 0}\dfrac{e^x-x-1}{x(e^x-1)}=\lim\limits_{x\to 0}\dfrac{e^x-x-1}{x^2}=\lim\limits_{x\to 0}\dfrac{e^x-1}{2x}=\lim\limits_{x\to 0}\dfrac{e^x}{2}=\dfrac{1}{2}$.

(9) $\lim\limits_{x\to 0^+}\sin x\ln x=\lim\limits_{x\to 0^+}\dfrac{\ln x}{\csc x}=\lim\limits_{x\to 0^+}\dfrac{\frac{1}{x}}{-\csc x\cot x}=-\lim\limits_{x\to 0^+}\dfrac{\sin x}{x}\cdot\tan x=0$.

(10) $\lim\limits_{x\to 0}\left(\dfrac{e^x}{x}-\dfrac{1}{e^x-1}\right)=\lim\limits_{x\to 0}\dfrac{e^x(e^x-1)-x}{x(e^x-1)}=\lim\limits_{x\to 0}\dfrac{e^{2x}-e^x-x}{x^2}=\lim\limits_{x\to 0}\dfrac{2e^{2x}-e^x-1}{2x}$

$=\lim\limits_{x\to 0}\dfrac{4e^{2x}-e^x}{2}=\dfrac{3}{2}$.

(11) $\lim\limits_{x\to 0}(1+\sin x)^{\frac{1}{x}}=\lim\limits_{x\to 0}e^{\frac{1}{x}\ln(1+\sin x)}=e^{\lim\limits_{x\to 0}\frac{\ln(1+\sin x)}{x}}=e^{\lim\limits_{x\to 0}\frac{\sin x}{x}}=e$.

(12) $\lim\limits_{x\to 0}x^2 e^{\frac{1}{x^2}}\xlongequal{x^2=\frac{1}{t}}\lim\limits_{t\to +\infty}\dfrac{e^t}{t}=\lim\limits_{t\to +\infty}e^t=+\infty$.

(13) $\lim\limits_{x\to+\infty}(\sqrt[3]{x^3+x^2+x+1}-x)\underset{x=\frac{1}{t}}{=\!=\!=}\lim\limits_{t\to0^+}\left(\dfrac{\sqrt[3]{1+t+t^2+t^3}}{t}-\dfrac{1}{t}\right)=\lim\limits_{t\to0^+}\dfrac{\sqrt[3]{1+t+t^2+t^3}-1}{t}$

$$=\lim\limits_{t\to0^+}\dfrac{1+2t+3t^2}{3\sqrt[3]{(1+t+t^2+t^3)^2}}=\dfrac{1}{3}.$$

(14) $\lim\limits_{x\to+\infty}\left(\dfrac{2\arctan x}{\pi}\right)^x=\lim\limits_{x\to+\infty}\mathrm{e}^{x\ln\left(\frac{2\arctan x}{\pi}\right)}=\mathrm{e}^{\lim\limits_{x\to+\infty}x\ln\left(\frac{2\arctan x}{\pi}\right)}=\mathrm{e}^{\lim\limits_{x\to+\infty}\frac{\ln2\arctan x-\ln\pi}{\frac{1}{x}}}$

$$=\mathrm{e}^{\lim\limits_{x\to+\infty}\frac{\frac{1}{2\arctan x}\cdot\frac{2}{1+x^2}}{-\frac{1}{x^2}}}=\mathrm{e}^{-\lim\limits_{x\to+\infty}\frac{1}{\arctan x}\cdot\frac{x^2}{1+x^2}}=\mathrm{e}^{-\frac{2}{\pi}}.$$

(15) $\lim\limits_{x\to0}\left(\dfrac{3-\mathrm{e}^x}{2+x}\right)^{\csc x}=\lim\limits_{x\to0}\mathrm{e}^{\csc x\ln\left(\frac{3-\mathrm{e}^x}{2+x}\right)}=\mathrm{e}^{\lim\limits_{x\to0}\csc x\ln\left(\frac{3-\mathrm{e}^x}{2+x}\right)}=\mathrm{e}^{\lim\limits_{x\to0}\frac{\ln\left(1+\frac{1-x-\mathrm{e}^x}{2+x}\right)}{\sin x}}$

$$=\mathrm{e}^{\lim\limits_{x\to0}\frac{\frac{1-x-\mathrm{e}^x}{2+x}}{x}}=\mathrm{e}^{\lim\limits_{x\to0}\frac{1-x-\mathrm{e}^x}{2x+x^2}}=\mathrm{e}^{\lim\limits_{x\to0}\frac{-1-\mathrm{e}^x}{2+2x}}=\mathrm{e}^{-1}.$$

(16) $\lim\limits_{x\to0}\dfrac{(a+x)^x-a^x}{x^2}=\lim\limits_{x\to0}\dfrac{\mathrm{e}^{x\ln(a+x)}-a^x}{x^2}$

$$=\lim\limits_{x\to0}\dfrac{\mathrm{e}^{x\ln(a+x)}\left(\ln(a+x)+\dfrac{x}{a+x}\right)-a^x\cdot\ln a}{2x}$$

$$=\lim\limits_{x\to0}\left[\dfrac{\mathrm{e}^{x\ln(a+x)}\ln(a+x)-a^x\cdot\ln a}{2x}+\dfrac{\mathrm{e}^{x\ln(a+x)}}{2(a+x)}\right]$$

$$=\lim\limits_{x\to0}\dfrac{\mathrm{e}^{x\ln(a+x)}\ln(a+x)-a^x\cdot\ln a}{2x}+\lim\limits_{x\to0}\dfrac{\mathrm{e}^{x\ln(a+x)}}{2(a+x)}$$

$$=\lim\limits_{x\to0}\dfrac{\mathrm{e}^{x\ln(a+x)}\left(\ln(a+x)+\dfrac{x}{a+x}\right)\ln(a+x)+\dfrac{\mathrm{e}^{x\ln(a+x)}}{a+x}-a^x\cdot\ln^2 a}{2}+\dfrac{1}{2a}$$

$$=\lim\limits_{x\to0}\dfrac{\mathrm{e}^{x\ln(a+x)}\ln^2(a+x)-a^x\cdot\ln^2 a+\dfrac{x\mathrm{e}^{x\ln(a+x)}\ln(a+x)}{a+x}+\dfrac{\mathrm{e}^{x\ln(a+x)}}{a+x}}{2}+\dfrac{1}{2a}$$

$$=\dfrac{1}{2a}+\dfrac{1}{2a}=\dfrac{1}{a}.$$

2. 设 $\lim\limits_{x\to1}\dfrac{x^2+mx+n}{x-1}=5$，求常数 m,n 的值.

解　因为 $\lim\limits_{x\to1}(x-1)=0$，所以 $\lim\limits_{x\to1}(x^2+mx+n)=0$，即 $1+m+n=0$.

$\lim\limits_{x\to1}\dfrac{x^2+mx+n}{x-1}=\lim\limits_{x\to1}(2x+m)=2+m$，即 $2+m=5$，进而 $m=3$，$n=-4$.

3. 验证极限 $\lim\limits_{x\to\infty}\dfrac{x+\sin x}{x}$ 存在，但不能由洛必达法则得出.

解　$\lim\limits_{x\to\infty}\dfrac{x+\sin x}{x}=\lim\limits_{x\to\infty}\left(1+\dfrac{1}{x}\cdot\sin x\right)=1+0=1$.

由于 $\lim\limits_{x\to\infty}\dfrac{(x+\sin x)'}{x'}=\lim\limits_{x\to\infty}(1+\cos x)$ 不存在，故极限 $\lim\limits_{x\to\infty}\dfrac{x+\sin x}{x}$ 不能使用洛必达法则计算.

4. 设 $f(x)$ 二阶可导，求 $\lim\limits_{h\to0}\dfrac{f(x+h)-2f(x)+f(x-h)}{h^2}$.

解　$\lim\limits_{h\to0}\dfrac{f(x+h)-2f(x)+f(x-h)}{h^2}$

$=\lim\limits_{h\to0}\dfrac{f'(x+h)-f'(x-h)}{2h}$

$=\lim\limits_{h\to0}\dfrac{f'(x+h)-f'(x)+f'(x)-f'(x-h)}{2h}$

$=\lim\limits_{h\to0}\dfrac{1}{2}\left[\dfrac{f'(x+h)-f'(x)}{h}+\dfrac{f'(x-h)-f'(x)}{-h}\right]=\dfrac{1}{2}[f''(x)+f''(x)]=f''(x)$.

5. 讨论函数

$$f(x)=\begin{cases}\left[\dfrac{1}{e}(1+x)^{\frac{1}{x}}\right]^{\frac{1}{x}}, & x\neq0,\\[3mm] e^{-\frac{1}{2}}, & x=0\end{cases}$$

在点 $x=0$ 处的连续性.

解　$\lim\limits_{x\to0}f(x)=\lim\limits_{x\to0}\left[\dfrac{1}{e}(1+x)^{\frac{1}{x}}\right]^{\frac{1}{x}}=\lim\limits_{x\to0}e^{\frac{1}{x}\ln\left[\frac{1}{e}(1+x)^{\frac{1}{x}}\right]}=e^{\lim\limits_{x\to0}\frac{\ln\left[\frac{1}{e}(1+x)^{\frac{1}{x}}\right]}{x}}$

$=e^{\lim\limits_{x\to0}\frac{\frac{\ln(1+x)}{x}-1}{x}}=e^{\lim\limits_{x\to0}\frac{\ln(1+x)-x}{x^2}}=e^{\lim\limits_{x\to0}\frac{\frac{1}{1+x}-1}{2x}}=e^{\lim\limits_{x\to0}\frac{-1}{2(1+x)}}=e^{-\frac{1}{2}}=f(0)$.

所以 $f(x)$ 在点 $x=0$ 处连续.

6. 设 $f(x)$ 具有二阶连续导数，且 $f(0)=0$，试证

$$g(x)=\begin{cases}\dfrac{f(x)}{x}, & x\neq0,\\[3mm] f'(0), & x=0\end{cases}$$

可导，且导函数连续.

证明　因为 $f(x)$ 具有二阶连续导数，且 $f(0)=0$，所以当 $x\neq0$ 时，$g(x)=\dfrac{f(x)}{x}$ 可导，且导函数 $g'(x)=\dfrac{xf'(x)-f(x)}{x^2}$ 连续. 当 $x=0$ 时，

$$\lim\limits_{x\to0}g(x)=\lim\limits_{x\to0}\dfrac{f(x)}{x}=\lim\limits_{x\to0}\dfrac{f(x)-f(0)}{x-0}=f'(0),$$

所以 $g(x)$ 在 $x=0$ 处连续,

$$g'(0)=\lim_{x\to0}\frac{g(x)-g(0)}{x-0}=\lim_{x\to0}\frac{\dfrac{f(x)}{x}-f'(0)}{x}=\lim_{x\to0}\frac{f(x)-xf'(0)}{x^2}=\lim_{x\to0}\frac{f'(x)-f'(0)}{2x}$$

$$=\lim_{x\to0}\frac{f''(x)}{2}=\frac{f''(0)}{2},$$

即 $g(x)$ 在 $x=0$ 处可导. 综上 $g'(x)=\begin{cases}\dfrac{xf'(x)-f(x)}{x^2}, & x\neq0,\\[2mm]\dfrac{f''(0)}{2}, & x=0.\end{cases}$

由于

$$\lim_{x\to0}g'(x)=\lim_{x\to0}\frac{xf'(x)-f(x)}{x^2}=\lim_{x\to0}\frac{f'(x)+xf''(x)-f'(x)}{2x}=\lim_{x\to0}\frac{f''(x)}{2}=\frac{f''(0)}{2}=g'(0),$$

所以 $g'(x)$ 在 $x=0$ 处连续, 故 $g'(x)$ 连续.

习　题　三

1. 求函数 $f(x)=xe^x$ 的 n 阶麦克劳林公式.

解　因为 $f(x)=xe^x$, $f^{(n)}(x)=(x+n)e^x$, $f^{(n)}(0)=n$, 故

$$f(x)=xe^x=f(0)+f'(0)x+\frac{1}{2!}f''(0)x^2+\cdots+\frac{1}{n!}f^{(n)}(0)x^n+o(x^n)$$

$$=x+x^2+\frac{x^3}{2!}+\cdots+\frac{x^n}{(n-1)!}+o(x^n).$$

2. 当 $x_0=-1$ 时, 求函数 $f(x)=\dfrac{1}{x}$ 的 n 阶泰勒公式.

解　因为 $f^{(n)}(x)=\dfrac{(-1)^n n!}{x^{n+1}}$, $f^{(n)}(-1)=-n!$, 故

$$f(x)=\frac{1}{x}=f(-1)+f'(-1)(x+1)+\frac{f''(-1)}{2!}(x+1)^2+\frac{f'''(-1)}{3!}(x+1)^3+\cdots$$

$$+\frac{f^{(n)}(-1)}{n!}(x+1)^n+\frac{f^{(n+1)}(\xi)}{(n+1)!}(x+1)^{n+1}$$

$$=-[1+(x+1)+(x+1)^2+\cdots+(x+1)^n]+\frac{(-1)^{n+1}}{\xi^{n+2}}(x+1)^{n+1},$$

其中 ξ 介于 x 与 -1 之间.

3. 按 $x-4$ 的乘幂展开多项式 $f(x)=x^4-5x^3+x^2-3x+4$.

解　因为

$$f'(x) = 4x^3 - 15x^2 + 2x - 3, \quad f''(x) = 12x^2 - 30x + 2,$$

$$f'''(x) = 24x - 30, \quad f^{(4)}(x) = 24, \quad f^{(n)}(x) = 0 \quad (n \geqslant 5).$$

则有

$$f(4) = -56, \quad f'(4) = 21, \quad f''(4) = 74, \quad f'''(4) = 66, \quad f^{(4)}(4) = 24.$$

因此

$$f(x) = x^4 - 5x^3 + x^2 - 3x + 4$$

$$= f(4) + f'(4)(x-4) + \frac{f''(4)}{2!}(x-4)^2 + \frac{f'''(4)}{3!}(x-4)^3 + \frac{f^{(4)}(4)}{4!}(x-4)^4$$

$$= -56 + 21(x-4) + 37(x-4)^2 + 11(x-4)^3 + (x-4)^4.$$

4. 利用泰勒公式求下列极限:

(1) $\lim\limits_{x \to 0} \dfrac{x - \ln(1+x)}{x^2}$;

(2) $\lim\limits_{x \to 0} \dfrac{e^{x^2} + 2\cos x - 3}{x^4}$.

解 (1) $\lim\limits_{x \to 0} \dfrac{x - \ln(1+x)}{x^2} = \lim\limits_{x \to 0} \dfrac{x - \left[x - \dfrac{x^2}{2} + o(x^2)\right]}{x^2} = \lim\limits_{x \to 0} \dfrac{\dfrac{x^2}{2} - o(x^2)}{x^2} = \dfrac{1}{2}.$

(2) $\lim\limits_{x \to 0} \dfrac{e^{x^2} + 2\cos x - 3}{x^4}$

$$= \lim\limits_{x \to 0} \dfrac{\left[1 + x^2 + \dfrac{1}{2}x^4 + o(x^4)\right] + 2\left[1 - \dfrac{1}{2!}x^2 + \dfrac{1}{4!}x^4 + o(x^4)\right] - 3}{x^4}$$

$$= \lim\limits_{x \to 0} \dfrac{\dfrac{7}{12}x^4 + o(x^4)}{x^4} = \dfrac{7}{12}.$$

习　题　四

1. 求下面函数的单调区间与极值:

(1) $f(x) = 2x^3 - 6x^2 - 18x - 7$;

(2) $f(x) = x - \ln x$;

(3) $f(x) = 1 - (x-2)^{\frac{2}{3}}$;

(4) $f(x) = |x|(x-4)$.

解 (1) $f(x)$ 的定义域是 $(-\infty, +\infty)$. $f'(x) = 6x^2 - 12x - 18 = 6(x+1)(x-3)$, 令 $f'(x) = 0$ 得 $x = -1$ 或 $x = 3$. 利用 $x = -1$ 和 $x = 3$ 划分定义域, 列表讨论.

x	$(-\infty, -1)$	-1	$(-1, 3)$	3	$(3, +\infty)$
$f'(x)$	+	0	−	0	+
$f(x)$	增	极大值 3	减	极小值 −61	增

综上, $f(x)$ 的增区间是 $(-\infty, -1)$ 和 $(3, +\infty)$, 减区间是 $(-1, 3)$; 在 $x = -1$ 处取得极大值 3 , 在 $x = 3$ 处取得极小值 −61 .

(2) $f(x)$ 的定义域是 $(0,+\infty)$. $f'(x)=1-\dfrac{1}{x}$, 令 $f'(x)=0$ 得 $x=1$. 利用 $x=1$ 划分定义域, 列表讨论.

x	$(0,1)$	1	$(1,+\infty)$
$f'(x)$	$-$	0	$+$
$f(x)$	减	极小值1	增

综上, $f(x)$ 的增区间是 $(1,+\infty)$, 减区间是 $(0,1)$; 在 $x=1$ 处取得极小值 1.

(3) $f(x)$ 的定义域是 $(-\infty,+\infty)$. $f'(x)=-\dfrac{2}{3\sqrt[3]{x-2}}$, 显然 $f(x)$ 在 $x=2$ 处不可导, 且没有驻点. 利用 $x=2$ 划分定义域, 列表讨论.

x	$(-\infty,2)$	2	$(2,+\infty)$
$f'(x)$	$+$	不存在	$-$
$f(x)$	增	极大值1	减

综上, $f(x)$ 的增区间是 $(-\infty,2)$, 减区间是 $(2,+\infty)$; 在 $x=2$ 处取得极大值 1.

(4) $f(x)$ 的定义域是 $(-\infty,+\infty)$, 且 $f(x)=|x|(x-4)=\begin{cases}-x^2+4x, & x<0,\\ x^2-4x, & x\geqslant 0.\end{cases}$ 显然 $f(x)$ 在 $x=0$ 处不可导. $f'(x)=\begin{cases}-2x+4, & x<0,\\ 2x-4, & x>0,\end{cases}$ 令 $f'(x)=0$ 得 $x=2$. 利用 $x=0$ 和 $x=2$ 划分定义域, 列表讨论.

x	$(-\infty,0)$	0	$(0,2)$	2	$(2,+\infty)$
$f'(x)$	$+$	不存在	$-$	0	$+$
$f(x)$	增	极大值0	减	极小值 -4	增

综上, $f(x)$ 的增区间是 $(-\infty,0)$ 和 $(2,+\infty)$, 减区间是 $(0,2)$; 在 $x=0$ 处取得极大值 0, 在 $x=2$ 处取得极小值 -4.

2. 试证方程 $\sin x=x$ 只有一个根.

证明　显然 $x=0$ 是方程 $\sin x=x$ 的一个根.

令 $f(x)=\sin x-x$, 且 $f'(x)=\cos x-1\leqslant 0$, 则 $f(x)$ 在定义域内严格单调减少(除点 $x=k\pi,k\in\mathbf{Z}$ 之外), 所以 $f(x)$ 在定义域内至多有一个根, 故方程 $\sin x=x$ 只有一个根.

3. 已知 $f(x)$ 在 $[0,+\infty)$ 上连续, 若 $f(0)=0$, $f'(x)$ 在 $[0,+\infty)$ 上存在且单调增加, 证明 $\dfrac{f(x)}{x}$ 在 $(0,+\infty)$ 内也单调增加.

证明　当 $x>0$ 时, 根据题意知 $f(t)$ 在 $[0,x]$ 上满足拉格朗日中值定理, 故存在 $\xi\in(0,x)$, 使得 $f(x)-f(0)=f'(\xi)(x-0)$, 即 $f(x)=xf'(\xi)$. 又 $f'(x)$ 在 $[0,+\infty)$ 上存在且单调增加, 所以 $f'(x)>f'(\xi)$. 进而

$$\left[\frac{f(x)}{x}\right]'=\frac{xf'(x)-f(x)}{x^2}=\frac{xf'(x)-xf'(\xi)}{x^2}=\frac{x[f'(x)-f'(\xi)]}{x^2}\geqslant 0,$$

所以 $\dfrac{f(x)}{x}$ 在 $(0,+\infty)$ 内也单调增加.

4. 证明下列不等式:

(1) $1+x\ln(x+\sqrt{1+x^2}) \geqslant \sqrt{1+x^2}$, $x>0$;　　　(2) $x-\dfrac{x^2}{2} < \ln(1+x) < x$, $x>0$.

证明 (1) 令 $f(t)=1+t\ln(t+\sqrt{1+t^2})-\sqrt{1+t^2}$, 显然 $f(t)$ 在 $[0,+\infty)$ 上连续, 且

$$f'(t)=\ln(t+\sqrt{1+t^2})+\frac{t}{\sqrt{1+t^2}}-\frac{t}{\sqrt{1+t^2}}=\ln(t+\sqrt{1+t^2}) \geqslant 0,$$

所以 $f(t)$ 在 $[0,+\infty)$ 上单调增加, 于是当 $x>0$ 时, $f(x) \geqslant f(0)$, 即

$$1+x\ln(x+\sqrt{1+x^2})-\sqrt{1+x^2} \geqslant 0.$$

(2) 令 $f(t)=t-\dfrac{t^2}{2}-\ln(1+t)$, $g(t)=\ln(1+t)-t$. 显然 $f(t)$, $g(t)$ 在 $[0,+\infty)$ 上连续, 且

$$f'(t)=1-t-\frac{1}{1+t}=-\frac{t^2}{1+t} \leqslant 0, \quad g'(t)=\frac{1}{1+t}-1=-\frac{t}{1+t} \leqslant 0,$$

所以 $f(t)$, $g(t)$ 在 $[0,+\infty)$ 上单调减少, 于是当 $x>0$ 时, $f(x) \leqslant f(0)$, $g(x) \leqslant g(0)$, 即

$$x-\frac{x^2}{2}-\ln(1+x) \leqslant 0, \quad \ln(1+x)-x \leqslant 0,$$

进而 $x-\dfrac{x^2}{2} < \ln(1+x) < x$.

5. 试问 a 为何值时, $f(x)=a\sin x+\dfrac{1}{3}\sin 3x$ 在 $x=\dfrac{\pi}{3}$ 处取得极值, 是极大值还是极小值? 并求出此极值.

解 由于 $f(x)$ 是可导函数, 所以 $f(x)$ 的极值点是驻点. $f'(x)=a\cos x+\cos 3x$, 由 $x=\dfrac{\pi}{3}$ 是极值点得 $f'\left(\dfrac{\pi}{3}\right)=0$, 即 $\dfrac{1}{2}a-1=0$, 解得 $a=2$. 因此当 $a=2$ 时, $f(x)$ 在 $x=\dfrac{\pi}{3}$ 处取得极值. 又 $f''\left(\dfrac{\pi}{3}\right)=-a\sin\dfrac{\pi}{3}-3\sin\pi=-\dfrac{\sqrt{3}}{2}a=-\sqrt{3}<0$, 所以 $f(x)$ 在 $x=\dfrac{\pi}{3}$ 处取得极大值, 且极大值 $f\left(\dfrac{\pi}{3}\right)=a\sin\dfrac{\pi}{3}+\dfrac{1}{3}\sin\pi=\dfrac{\sqrt{3}}{2}a=\sqrt{3}$.

习 题 五

1. 求 $y=2x^3+3x^2-12x+14$ 在 $[-3,4]$ 上的最大值与最小值.

解 $y'=6x^2+6x-12=6(x+2)(x-1)$, 令 $y'=0$, 在 $(-3,4)$ 内得 $x=-2$ 或 $x=1$. 计算

$$y|_{x=-3}=23, \quad y|_{x=-2}=34, \quad y|_{x=1}=7, \quad y|_{x=4}=142.$$

比较大小得，函数在 $[-3,4]$ 上的最大值是 $y|_{x=4}=142$ ，最小值是 $y|_{x=1}=7$.

2. 求函数 $y=\sin 2x-x$ 在 $\left[-\dfrac{\pi}{2},\dfrac{\pi}{2}\right]$ 上的最大值及最小值.

解　$y'=2\cos 2x-1$ ，令 $y'=0$ ，在 $\left(-\dfrac{\pi}{2},\dfrac{\pi}{2}\right)$ 内得 $x=\pm\dfrac{\pi}{6}$. 计算

$$y\big|_{x=-\frac{\pi}{2}}=\frac{\pi}{2},\quad y\big|_{x=-\frac{\pi}{6}}=\frac{\pi}{6}-\frac{\sqrt{3}}{2},\quad y\big|_{x=\frac{\pi}{6}}=\frac{\sqrt{3}}{2}-\frac{\pi}{6},\quad y\big|_{x=\frac{\pi}{2}}=-\frac{\pi}{2}.$$

比较大小得，函数在 $\left[-\dfrac{\pi}{2},\dfrac{\pi}{2}\right]$ 上的最大值是 $y\big|_{x=-\frac{\pi}{2}}=\dfrac{\pi}{2}$ ，最小值是 $y\big|_{x=\frac{\pi}{2}}=-\dfrac{\pi}{2}$.

3. 某车间靠墙壁要盖一间长方形小屋，现有存砖只够砌 20m 长的墙壁，问应围成怎样的长方形才能使这间小屋的面积最大？

解　设小屋垂直于墙壁的边长为 $x\,\mathrm{m}$ ，则平行于墙壁的边长为 $(20-2x)\mathrm{m}$ ，小屋面积为

$$S=x(20-2x)=20x-2x^{2}.$$

$S'=20-4x$ ，令 $S'=0$ ，得 $x=5$ ，且 $S''(5)=-4<0$ ，所以 S 在 $x=5$ 处最大. 即当小屋垂直于墙壁的边长为 $5\,\mathrm{m}$ ，平行于墙壁的边长为 $10\,\mathrm{m}$ 时，小屋的面积最大.

4. 一房地产公司有 50 套公寓要出租，当月租金定位 180 元时，公寓会全部租出去. 当月租金每月增加 10 元时，就会多一套公寓租不出去，而租出去的公寓每月需花费 20 元维修费. 试问房租定位多少时可获得最大收入.

解　设每套月房租为 x 元，则租不出去的房子套数为 $\dfrac{x-180}{10}=\dfrac{x}{10}-18$ ，租出去的套数为 $50-\left(\dfrac{x}{10}-18\right)=68-\dfrac{x}{10}$ ，租出去的每套房子获利 $x-20$ 元. 故总利润为

$$y=\left(68-\frac{x}{10}\right)(x-20)=-\frac{x^{2}}{10}+70x-1360.$$

$$y'=-\frac{x}{5}+70,\quad y''=-\frac{1}{5}.$$

令 $y'=0$ ，得 $x=350$. 由 $y''=-\dfrac{1}{5}\leqslant 0$ 知， $x=350$ 为极大值点，又驻点唯一，这个极大值点处取得最大值. 即当每套月房租为 350 元时，可获得最大收入.

5. 求内接于椭圆 $\dfrac{x^{2}}{a^{2}}+\dfrac{y^{2}}{b^{2}}=1$ 而面积最大的矩形的各边之长.

解　设椭圆的内接矩形在第一象限的顶点坐标为 (s,t) ，则内接矩形的两边长分别是 $2s$ ， $2t$ ，且 $t=\dfrac{b}{a}\sqrt{a^{2}-s^{2}}$ ，内接矩形的面积为

$$S=4st=\frac{4b}{a}s\sqrt{a^{2}-s^{2}}\quad(0<s<a),$$

$$S' = \frac{4b}{a}\frac{a^2-2s^2}{\sqrt{a^2-s^2}}.$$

令 $S'=0$，得 $s=\frac{\sqrt{2}}{2}a$，讨论得 $s=\frac{\sqrt{2}}{2}a$ 是 S 的极大值点，有驻点唯一性知，S 在 $s=\frac{\sqrt{2}}{2}a$ 处取得最大值. 因此当内接矩形的边长分别为 $\sqrt{2}a$，$\sqrt{2}b$ 时，面积最大.

6. 用一块半径为 R 的圆形铁皮，剪去一圆心角为 α 的扇形后，做成一个漏斗形容器，问 α 为何值时，容器的容积最大？

解 设漏斗的高为 h，底圆半径为 r，则漏斗的容积为 $V=\frac{1}{3}\pi r^2 h$，又

$$2\pi r = R\alpha, \quad h=\sqrt{R^2-r^2}.$$

故

$$V=\frac{R^3}{24\pi^2}\sqrt{4\pi^2\alpha^4-\alpha^6} \quad (0<\alpha<2\pi),$$

$$V'=\frac{R^3}{24\pi^2}\frac{16\pi^2\alpha^3-6\alpha^5}{2\sqrt{4\pi^2\alpha^4-\alpha^6}}=\frac{R^3}{24\pi^2}\frac{8\pi^2\alpha-3\alpha^3}{\sqrt{4\pi^2-\alpha^2}}.$$

令 $V'=0$，得 $\alpha=\sqrt{\frac{8}{3}}\pi=\frac{2\sqrt{6}}{3}\pi$. 当 $0<\alpha<\frac{2\sqrt{6}}{3}\pi$ 时，$V'>0$，故 V 在 $\left(0,\frac{2\sqrt{6}}{3}\pi\right]$ 内单调增加；当 $\frac{2\sqrt{6}}{3}\pi<\alpha<2\pi$ 时，$V'<0$，故 V 在 $\left[\frac{2\sqrt{6}}{3}\pi,2\pi\right)$ 内单调减少. 因此 $\alpha=\frac{2\sqrt{6}}{3}\pi$ 为极大值点，又驻点唯一，从而在 $\alpha=\frac{2\sqrt{6}}{3}\pi$ 处取得最大值，即当 $\alpha=\frac{2\sqrt{6}}{3}\pi$ 时，做成的漏斗容积最大.

习　题　六

1. 讨论下列函数曲线的凹凸性，并求曲线的拐点：

(1) $y=x^2-x^3$；　(2) $y=\ln(1+x^2)$；　(3) $y=xe^x$；

(4) $y=(x+1)^4+e^x$；　(5) $y=\frac{x}{(x+3)^2}$；　(6) $y=e^{\arctan x}$.

解 (1) $f(x)$ 的定义域是 $(-\infty,+\infty)$. $f'(x)=2x-3x^2$，$f''(x)=2-6x$，令 $f''(x)=0$ 得 $x=\frac{1}{3}$. 利用 $x=\frac{1}{3}$ 划分定义域，列表讨论.

x	$\left(-\infty,\frac{1}{3}\right)$	$\frac{1}{3}$	$\left(\frac{1}{3},+\infty\right)$
$f''(x)$	+	0	−
$f(x)$	凹	拐点 $\frac{2}{27}$	凸

综上, $f(x)$ 的凹区间是 $\left(-\infty, \dfrac{1}{3}\right)$, 凸区间是 $\left(\dfrac{1}{3}, +\infty\right)$, 拐点是 $\left(\dfrac{1}{3}, \dfrac{2}{27}\right)$.

(2) $f(x)$ 的定义域是 $(-\infty, +\infty)$. $f'(x) = \dfrac{2x}{1+x^2}$, $f''(x) = \dfrac{2(1-x^2)}{(1+x^2)^2}$, 令 $f''(x) = 0$ 得 $x = \pm 1$. 利用 $x = \pm 1$ 划分定义域, 列表讨论.

x	$(-\infty, -1)$	-1	$(-1, 1)$	1	$(1, +\infty)$
$f''(x)$	$-$	0	$+$	0	$-$
$f(x)$	凸	拐点 $\ln 2$	凹	拐点 $\ln 2$	凸

综上, $f(x)$ 的凹区间是 $(-1, 1)$, 凸区间是 $(-\infty, -1)$ 和 $(1, +\infty)$, 拐点是 $(-1, \ln 2)$ 和 $(1, \ln 2)$.

(3) $f(x)$ 的定义域是 $(-\infty, +\infty)$. $f'(x) = (x+1)\mathrm{e}^x$, $f''(x) = (x+2)\mathrm{e}^x$, 令 $f''(x) = 0$ 得 $x = -2$. 利用 $x = -2$ 划分定义域, 列表讨论.

x	$(-\infty, -2)$	-2	$(-2, +\infty)$
$f''(x)$	$-$	0	$+$
$f(x)$	凸	拐点 $-2\mathrm{e}^{-2}$	凹

综上, $f(x)$ 的凹区间是 $(-2, +\infty)$, 凸区间是 $(-\infty, -2)$, 拐点是 $(-2, -2\mathrm{e}^{-2})$.

(4) $f(x)$ 的定义域是 $(-\infty, +\infty)$. $f'(x) = 4(x+1)^3 + \mathrm{e}^x$, $f''(x) = 12(x+1)^2 + \mathrm{e}^x$, 显然 $f''(x) > 0$, 所以 $f(x)$ 在定义域 $(-\infty, +\infty)$ 内是凹的, 且不存在拐点.

(5) $f(x)$ 的定义域是 $(-\infty, -3) \bigcup (-3, +\infty)$. $f'(x) = \dfrac{3-x}{(x+3)^3}$, $f''(x) = \dfrac{2(x-6)}{(x+3)^4}$, 令 $f''(x) = 0$ 得 $x = 6$. 利用 $x = 6$ 划分定义域, 列表讨论.

x	$(-\infty, -3)$	$(-3, 6)$	6	$(6, +\infty)$
$f''(x)$	$-$	$-$	0	$+$
$f(x)$	凸	凸	拐点 $\dfrac{2}{27}$	凹

综上, $f(x)$ 的凹区间是 $(6, +\infty)$, 凸区间是 $(-\infty, -3)$ 和 $(-3, 6)$, 拐点是 $\left(6, \dfrac{2}{27}\right)$.

(6) $f(x)$ 的定义域是 $(-\infty, +\infty)$. $f'(x) = \dfrac{\mathrm{e}^{\arctan x}}{1+x^2}$, $f'(x) = \dfrac{(1-2x)\mathrm{e}^{\arctan x}}{(1+x^2)^2}$, 令 $f''(x) = 0$ 得 $x = \dfrac{1}{2}$. 利用 $x = \dfrac{1}{2}$ 划分定义域, 列表讨论.

x	$\left(-\infty, \dfrac{1}{2}\right)$	$\dfrac{1}{2}$	$\left(\dfrac{1}{2}, +\infty\right)$
$f''(x)$	$+$	0	$-$
$f(x)$	凹	拐点 $\mathrm{e}^{\arctan\frac{1}{2}}$	凸

综上, $f(x)$ 的凹区间是 $\left(-\infty, \dfrac{1}{2}\right)$, 凸区间是 $\left(\dfrac{1}{2}, +\infty\right)$, 拐点是 $\left(\dfrac{1}{2}, \mathrm{e}^{\arctan\frac{1}{2}}\right)$.

2. 当 a,b 为何值时, 点 $(1,3)$ 为曲线 $y = ax^3 + bx^2$ 的拐点.

解　根据已知条件有 $\begin{cases} a + b = 3, \\ y''|_{x=1} = 6a + 2b = 0, \end{cases}$ 解得 $\begin{cases} a = -\dfrac{3}{2}, \\ b = \dfrac{9}{2}. \end{cases}$ 即 $a = -\dfrac{3}{2}$, $b = \dfrac{9}{2}$ 时, 点 $(1,3)$ 为

曲线 $y = ax^3 + bx^2$ 的拐点.

3. 利用函数的凹凸性证明下列不等式:

(1) $\dfrac{e^x + e^y}{2} > e^{\frac{x+y}{2}}$, $x \neq y$;

(2) $x \ln x + y \ln y > (x + y) \ln \dfrac{x+y}{2}$, $x, y > 0$, 且 $x \neq y$.

证明　(1) 令 $f(t) = e^t$, 显然 $f''(t) = e^t > 0$, 则 $f(t)$ 在定义域 $(-\infty, +\infty)$ 内是凹的. 根据凹

的定义知, 当 $x \neq y$ 时, 对任意 $t \in (0,1)$ 有 $f[tx + (1-t)y] < tf(x) + (1-t)f(y)$. 取 $t = \dfrac{1}{2}$, 得

$f\left(\dfrac{x+y}{2}\right) < \dfrac{f(x) + f(y)}{2}$, 即 $\dfrac{e^x + e^y}{2} > e^{\frac{x+y}{2}}$. 亦即 $x \ln x + y \ln y > (x + y) \ln \dfrac{x+y}{2}$.

(2) 令 $f(t) = t \ln t$, 显然 $f(t)$ 在定义域 $(0, +\infty)$ 二阶可导, $f''(t) = \dfrac{1}{t} > 0$, 则 $f(t)$ 在定义域

$(0, +\infty)$ 内是凹的. 根据凹的定义知, 当 $x, y > 0$, 且 $x \neq y$ 时, 对任意 $t \in (0,1)$ 有

$tf(x) + (1-t)f(y) > f[tx + (1-t)y]$. 取 $t = \dfrac{1}{2}$, 得 $\dfrac{f(x) + f(y)}{2} > f\left(\dfrac{x+y}{2}\right)$, 即 $\dfrac{x \ln x + y \ln y}{2} >$

$\dfrac{x+y}{2} \ln \dfrac{x+y}{2}$, 所以有 $x \ln x + y \ln y > (x + y) \ln \dfrac{x+y}{2}$.

习　题　七

1. 求下列曲线的渐近线:

(1) $y = \dfrac{x}{3 - x^2}$;　　　　　　　　　　　　(2) $y = \dfrac{x^2}{2x - 1}$;

(3) $y = \ln x$;　　　　　　　　　　　　　　(4) $y = x - \operatorname{arccot} x$.

解　(1) 函数 $y = \dfrac{x}{3 - x^2}$ 的定义域是 $(-\infty, -\sqrt{3}) \cup (-\sqrt{3}, \sqrt{3}) \cup (\sqrt{3}, +\infty)$.

因为

$$\lim_{x \to \infty} y = \lim_{x \to \infty} \dfrac{x}{3 - x^2} = 0,$$

所以直线 $y = 0$ 是曲线 $y = \dfrac{x}{3 - x^2}$ 的水平渐近线.

因为

$$\lim_{x \to -\sqrt{3}} y = \lim_{x \to -\sqrt{3}} \dfrac{x}{3 - x^2} = \infty, \text{ 以及 } \lim_{x \to \sqrt{3}} y = \lim_{x \to \sqrt{3}} \dfrac{x}{3 - x^2} = \infty,$$

所以直线 $x=-\sqrt{3}$ 和 $x=\sqrt{3}$ 是曲线 $y=\dfrac{x}{3-x^2}$ 的垂直渐近线.

因为

$$\lim_{x\to\infty}\frac{y}{x}=\lim_{x\to\infty}\frac{1}{3-x^2}=0,$$

所以曲线 $y=\dfrac{x}{3-x^2}$ 没有斜渐近线.

(2) 函数 $y=\dfrac{x^2}{2x-1}$ 的定义域是 $\left(-\infty,\dfrac{1}{2}\right)\cup\left(\dfrac{1}{2},+\infty\right)$.

因为

$$\lim_{x\to\infty}y=\lim_{x\to\infty}\frac{x^2}{2x-1}=\infty,$$

所以曲线 $y=\dfrac{x^2}{2x-1}$ 没有水平渐近线.

因为

$$\lim_{x\to\frac{1}{2}}y=\lim_{x\to\frac{1}{2}}\frac{x^2}{2x-1}=\infty,$$

所以直线 $x=\dfrac{1}{2}$ 是曲线 $y=\dfrac{x^2}{2x-1}$ 的垂直渐近线.

因为

$$\lim_{x\to\infty}\frac{y}{x}=\lim_{x\to\infty}\frac{x}{2x-1}=\frac{1}{2},\quad \lim_{x\to\infty}(y-x)=\lim_{x\to\infty}\left(\frac{x^2}{2x-1}-\frac{1}{2}x\right)=\lim_{x\to\infty}\frac{x}{2(2x-1)}=\frac{1}{4},$$

所以直线 $y=\dfrac{1}{2}x+\dfrac{1}{4}$ 是曲线 $y=\dfrac{x^2}{2x-1}$ 的斜渐近线.

(3) 函数 $y=\ln x$ 的定义域是 $(0,+\infty)$.

因为

$$\lim_{x\to+\infty}y=\lim_{x\to+\infty}\ln x=+\infty,$$

所以曲线 $y=\ln x$ 没有水平渐近线.

因为

$$\lim_{x\to0^+}y=\lim_{x\to0^+}\ln x=-\infty,$$

所以直线 $x=0$ 是曲线 $y=\ln x$ 的垂直渐近线.

因为

$$\lim_{x\to+\infty}\frac{y}{x}=\lim_{x\to+\infty}\frac{\ln x}{x}=\lim_{x\to+\infty}\frac{1}{x}=0,$$

所以曲线 $y = \ln x$ 也没有斜渐近线.

(4)函数 $y = x - \text{arccot}x$ 的定义域是 $(-\infty, +\infty)$，显然曲线没有垂直渐近线. 因为

$$\lim_{x \to \infty} y = \lim_{x \to \infty}(x - \text{arccot}x) = \infty,$$

所以曲线 $y = x - \text{arccot}x$ 没有水平渐近线.

因为

$$\lim_{x \to +\infty} \frac{y}{x} = \lim_{x \to +\infty} \frac{x - \text{arccot}x}{x} = \lim_{x \to +\infty}\left(1 - \frac{\text{arccot}x}{x}\right) = 1, \quad \lim_{x \to +\infty}(y - x) = \lim_{x \to +\infty}(-\text{arccot}x) = 0,$$

以及

$$\lim_{x \to -\infty} \frac{y}{x} = \lim_{x \to -\infty} \frac{x - \text{arccot}x}{x} = \lim_{x \to -\infty}\left(1 - \frac{\text{arccot}x}{x}\right) = 1, \quad \lim_{x \to -\infty}(y - x) = \lim_{x \to -\infty}(-\text{arccot}x) = -\pi,$$

所以直线 $y = x$ 和 $y = x - \pi$ 是曲线 $y = x - \text{arccot}x$ 的斜渐近线[①].

2. 作出下列函数的图形:

(1) $f(x) = \dfrac{x}{1 + x^2}$; (2) $f(x) = x - 2\arctan x$;

(3) $f(x) = 2xe^{-x}$, $x \in (0, +\infty)$.

解 (1) $f(x)$ 定义域为 $(-\infty, +\infty)$，是奇函数，并且在定义域内二阶可导.

$$f'(x) = \frac{1 - x^2}{(1 + x^2)^2}, \quad f''(x) = \frac{2x(x^2 - 3)}{(1 + x^2)^3}.$$

令 $f'(x) = 0$，得 $x = \pm 1$；令 $f''(x) = 0$，得 $x = 0$，$x = \pm\sqrt{3}$. 划分定义域，列表讨论(根据奇偶性具有对称性[②]，仅讨论 $x \geqslant 0$ 部分的性质)单调性、凹凸性，确定极值、拐点:

x	0	$(0,1)$	1	$(1,\sqrt{3})$	$\sqrt{3}$	$(\sqrt{3},+\infty)$
$f'(x)$	+	+	0	−	−	−
$f''(x)$	0	−	−	−	0	+
$f(x)$	拐点 0	增、凸	极大值 $\frac{1}{2}$	减、凸	拐点 $\frac{\sqrt{3}}{4}$	减、凹

因为 $\lim_{x \to \infty} f(x) = \lim_{x \to \infty} \dfrac{x}{1 + x^2} = 0$，所以 $y = 0$ 是曲线的水平渐近线. 曲线没有垂直渐近线，也没有斜渐近线. 作图如图 5-2 所示.

---

① 通过大量的例题可以看出(事实上，可以论证)，曲线在同一方向下($x \to \infty$，$x \to +\infty$，$x \to -\infty$)水平渐近线与斜渐近线不能共存(当然这两种渐近线也可能都不存在).

② 在关于原点对称区间内，奇函数的单调性相同，凸性相反; 偶函数的单调性相反，凸性相同.

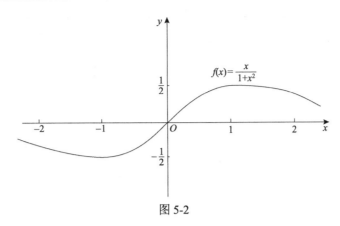

图 5-2

(2) $f(x)$ 定义域为 $(-\infty,+\infty)$，是奇函数，并且在定义域内二阶可导.

$$f'(x) = 1 - \frac{2}{1+x^2} = \frac{x^2-1}{1+x^2}, \quad f''(x) = \frac{4x}{(1+x^2)^2}.$$

令 $f'(x)=0$，得 $x=\pm1$；令 $f''(x)=0$，得 $x=0$. 划分定义域，列表讨论单调性、凹凸性，确定极值、拐点：

x	$(-\infty,-1)$	-1	$(-1,0)$	0	$(0,1)$	1	$(1,+\infty)$
$f'(x)$	+	0	−	−	−	0	+
$f''(x)$	−	−	−	0	+	+	+
$f(x)$	增、凸	极大值 $\frac{\pi}{2}-1$	减、凸	拐点 0	减、凹	极小值 $1-\frac{\pi}{2}$	增、凹

因为 $\lim\limits_{x\to\pm\infty}\dfrac{f(x)}{x} = \lim\limits_{x\to\pm\infty}\left(1-\dfrac{2}{x}\cdot\arctan x\right) = 1$，$\lim\limits_{x\to\pm\infty}[f(x)-x] = \lim\limits_{x\to\pm\infty}(-2\arctan x) = \mp\pi$，所以 $y=x+\pi$ 和 $y=x-\pi$ 是曲线的斜渐近线. 曲线没有水平渐近线，也没有垂直渐近线. 作图如图 5-3 所示.

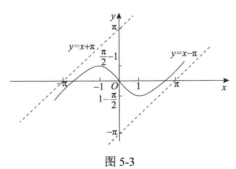

图 5-3

(3) $f(x)$ 定义域为 $(0,+\infty)$，且在定义域内二阶可导.

$$f'(x) = 2(1-x)e^{-x}, \quad f''(x) = 2(x-2)e^{-x}.$$

令 $f'(x)=0$，得 $x=1$；令 $f''(x)=0$，得 $x=2$. 划分定义域，列表讨论单调性、凹凸性，确定极值、拐点：

x	$(0,1)$	1	$(1,2)$	2	$(2,+\infty)$
$f'(x)$	+	0	−	−	−
$f''(x)$	−	−	−	0	+
$f(x)$	增、凸	极大值 $\dfrac{2}{e}$	减、凸	拐点 $\dfrac{4}{e^2}$	减、凹

因为 $\lim\limits_{x\to+\infty}f(x)=\lim\limits_{x\to+\infty}2xe^{-x}=\lim\limits_{x\to+\infty}\dfrac{2x}{e^x}=\lim\limits_{x\to+\infty}\dfrac{2}{e^x}=0$，所以 $y=0$ 是曲线的水平渐近线. 曲线没有垂直渐近线，也没有斜渐近线. 作图如图 5-4 所示.

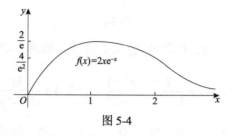

图 5-4

习　题　八

1. 求双曲线 $xy=1$ 的曲率半径 R，并分析何处 R 最小?

解　由于 $y=\dfrac{1}{x}$，则 $y'=-\dfrac{1}{x^2}$，$y''=\dfrac{2}{x^3}$，故曲率为

$$K=\frac{|y''|}{(1+y'^2)^{3/2}}=\left|\frac{2}{x^3}\cdot\frac{1}{\left(1+\dfrac{1}{x^4}\right)^{3/2}}\right|=\frac{2|x|^3}{(x^4+1)^{\frac{3}{2}}},$$

进而曲率半径

$$R=\frac{1}{K}=\frac{(x^4+1)^{\frac{3}{2}}}{2|x|^3}.$$

由于

$$R=\frac{(x^4+1)^{\frac{3}{2}}}{2|x|^3}=\frac{1}{2}\left(\frac{x^4+1}{x^2}\right)^{\frac{3}{2}}=\frac{1}{2}\left(x^2+\frac{1}{x^2}\right)^{\frac{3}{2}}\geqslant\frac{1}{2}\left(2\sqrt{x^2\cdot\frac{1}{x^2}}\right)^{\frac{3}{2}}=\sqrt{2},$$

等号成立当且仅当 $x^2=\dfrac{1}{x^2}$，即 $x=\pm1$. 故在点 $(-1,-1)$ 和 $(1,1)$ 曲率半径最小，此时曲率半径 $R=\sqrt{2}$.

2. 求椭圆 $\begin{cases} x = a\cos t, \\ y = b\sin t \end{cases}$ 在 $(0, b)$ 点处的曲率及曲率半径.

解 显然当 $t = \dfrac{\pi}{2}$ 时，椭圆上的点为 $(0, b)$. 由于

$$y' = \frac{\mathrm{d}y}{\mathrm{d}x} = \frac{\dfrac{\mathrm{d}y}{\mathrm{d}t}}{\dfrac{\mathrm{d}x}{\mathrm{d}t}} = \frac{b\cos t}{-a\sin t} = -\frac{b}{a}\cot t, \qquad y'' = \frac{\mathrm{d}^2 y}{\mathrm{d}x^2} = \frac{\dfrac{\mathrm{d}y'}{\mathrm{d}t}}{\dfrac{\mathrm{d}x}{\mathrm{d}t}} = \frac{\dfrac{b}{a}\csc^2 t}{-a\sin t} = -\frac{b}{a^2}\csc^3 t,$$

则曲率为

$$K = \frac{|y''|}{(1 + y'^2)^{3/2}} = \frac{\dfrac{b}{a^2}\left|\csc^3 t\right|}{\left[1 + \left(-\dfrac{b}{a}\cot t\right)^2\right]^{\frac{3}{2}}} = \frac{ab}{(a^2\sin^2 t + b^2\cos^2 t)^{\frac{3}{2}}},$$

进而 $(0, b)$ 点处的曲率为

$$K = \frac{ab}{\left(a^2\sin^2\dfrac{\pi}{2} + b^2\cos^2\dfrac{\pi}{2}\right)^{\frac{3}{2}}} = \frac{b}{a^2},$$

曲率半径为

$$\rho = \frac{1}{K} = \frac{a^2}{b}.$$

3. 飞机沿抛物线 $y = \dfrac{x^2}{4000}$ （单位：米）俯冲飞行，原点处速度为 $v = 400$ 米/秒，飞行员体重 70 千克. 求俯冲到原点时，飞行员对座椅的压力.

解 由于 $y' = \dfrac{x}{2000}$，$y'' = \dfrac{1}{2000}$，因此抛物线在坐标原点的曲率半径为

$$\rho = \frac{1}{K}\bigg|_{x=0} = \frac{(1 + y'^2)^{\frac{3}{2}}}{|y''|}\bigg|_{x=0} = 2000\,(\mathrm{m}).$$

所以向心力为

$$F_1 = \frac{mv^2}{R} = \frac{70 \times 400^2}{2000} = 5600\,(\mathrm{N}).$$

飞行员对座椅的压力 F 等于飞行员的离心力及飞行员本身的重量对座椅的压力之和，因此

$$F = F_1 + mg = 5600 + 70 \times 9.8 = 6286\,(\mathrm{N}).$$

4. 设 $y=f(x)$ 为过原点的一条曲线, $f'(0)$, $f''(0)$ 存在, 已知有一条抛物线 $y=g(x)$ 与曲线 $y=f(x)$ 在原点相切, 在该点处有相同的曲率, 且在该点附近此二曲线有相同的凹向, 求 $g(x)$.

解　设 $g(x)=ax^2+bx+c$ $(a\neq0)$. 据题意有

$$\begin{cases}g(0)=0,\\g'(0)=f'(0),\\g''(x)f''(x)>0,\\\dfrac{|g''(0)|}{[1+g'^2(0)]^{3/2}}=\dfrac{|f''(0)|}{[1+f'^2(0)]^{3/2}},\end{cases}$$

即 $\begin{cases}c=0,\\b=f'(0),\\a\cdot f''(x)>0,\\|a|=|f''(0)|,\end{cases}$ 故 $\begin{cases}a=f''(0),\\b=f'(0),\\c=0,\end{cases}$ 即 $g(x)=f''(0)\cdot x^2+f'(0)\cdot x$.

习　题　九

1. 设某商品的需求函数和成本函数分别为 $P+0.1x=80$, $c(x)=5000+20x$, 其中 x 为销售量(产量), P 为价格. 求边际利润函数, 并计算 $x=150$ 和 $x=400$ 时的边际利润, 解释所得结果的经济意义.

解　由于成本函数为 $c(x)=5000+20x$, 总收益函数为 $R(x)=x(80-0.1x)$, 则总利润函数为

$$L(x)=R(x)-c(x)=x(80-0.1x)-(5000+20x)=-0.1x^2+60x-5000,$$

进而边界利润函数为

$$L'(x)=-0.2x+60.$$

当 $x=150$ 时, $L'(150)=30$; 当 $x=400$ 时, $L'(400)=-20$.

由所得结果可知, 当销售量(即需求量)为 150 个单位时, 再增加销售可使总收入增加, 多销售一个单位商品, 总利润约增加 30 个单位; 当销售量为 400 个单位时, 再多销售一个单位产品, 反而使总收入约减少 20 个单位, 或者说, 再少销售一个单位产品, 将使总收入少损失约 20 个单位.

2. 某种商品的需求量 Q 与价格 P(单位: 元)的关系式为 $Q=f(P)=1600\times\left(\dfrac{1}{4}\right)^P$.

(1)求需求弹性函数 $\dfrac{EQ}{EP}$;

(2)当价格 $P=10$ 元时, 再增加 1%, 该商品的需求量 Q 如何变化.

解　(1)需求弹性函数

$$\varepsilon_P = \frac{EQ}{EP} = \frac{P}{Q} \cdot \frac{\mathrm{d}Q}{\mathrm{d}P} = \frac{P}{1600 \times \left(\frac{1}{4}\right)^P} \cdot 1600 \times \left(\frac{1}{4}\right)^P \cdot \ln\frac{1}{4} = -2\ln 2 \cdot P.$$

(2) 当 $P = 10$ 时，$\varepsilon_{10} = -20\ln 2 \approx -13.86$. 若商品的价格增加1%时，价格的变动对需求量的影响较大. 由于

$$\frac{\Delta Q}{Q} \approx \varepsilon_P \cdot \frac{\Delta P}{P} \approx -13.86 \times 0.01 = -0.1386,$$

则需求量将降低 13.86%.

3. 设某种商品的销售额 Q 是价格 P（单位：元）的函数，$Q = f(P) = 300P - 2P^2$. 分别求价格 $P = 50$ 元及 $P = 120$ 元时，销售额对价格 P 的弹性，并说明其经济意义.

解
$$\varepsilon_P = \frac{EQ}{EP} = \frac{P}{Q} \cdot \frac{\mathrm{d}Q}{\mathrm{d}P} = \frac{P}{300P - 2P^2} \cdot (300 - 4P) = \frac{150 - 2P}{150 - P},$$

$$\varepsilon_{50} = \frac{150 - 100}{150 - 50} = 0.5, \quad \varepsilon_{120} = \frac{150 - 240}{150 - 120} = -3.$$

$\varepsilon_{50} = 0.5 < 1$，为低弹性，经济意义为当价格 $P = 50$ 时，若增加 1%，则需求量下降 0.5%，而总收益增加（$\Delta R > 0$）；

$\varepsilon_{120} = -3 < -1$，为高弹性，经济意义为当价格 $P = 120$ 时，商品的价格变动1%时，需求量变动的百分比大于1%，价格的变动对需求量的影响较大.

4. 设某商品的需求弹性为1.5—2.0，现打算明年将该商品的价格下调12%，那么明年该商品的需求量和总收益将如何变化？变化多少？

解 由于
$$\frac{\Delta Q}{Q} \approx \varepsilon_P \cdot \frac{\Delta P}{P} \quad (\text{由 } P\mathrm{d}Q \approx \varepsilon_P Q\mathrm{d}P),$$

$$\frac{\Delta R}{R} \approx (1 - |\varepsilon_P|)\frac{\Delta P}{P} \quad (\text{由 } \Delta R \approx (1 - |\varepsilon_P|)Q\Delta P),$$

于是当 $|\varepsilon_P| = 1.5$ 时，

$$\frac{\Delta Q}{Q} \approx (-1.5) \cdot (-0.12) = 18\%,$$

$$\frac{\Delta R}{R} \approx (1 - 1.5) \cdot (-0.12) = 6\%;$$

当 $|\varepsilon_P| = 2.0$ 时，

$$\frac{\Delta Q}{Q} \approx (-2.0) \cdot (-0.12) = 24\%,$$

$$\frac{\Delta R}{R} \approx (1 - 2.0) \cdot (-0.12) = 12\%.$$

可见，明年将该商品的价格下调 12%时，企业销售量预期将增加 18%—24%；总收益预期将增加 6%—12%.

复 习 题 五

1. 填空题

(1) 设 $f(x)=x^2$，则在 $x,x+\Delta x$ 之间满足拉格朗日中值定理结论的 $\xi=$＿＿＿＿＿＿；

(2) 设函数 $g(x)$ 在 $[a,b]$ 上连续，(a,b) 内可导，则至少存在一点 $\xi\in(a,b)$，使 $e^{g(b)}-e^{g(a)}=$＿＿＿＿＿＿成立；

(3) $f(x)=x^n e^{-x}(n>0,x\geqslant 0)$ 的单调增加区间是＿＿＿＿＿＿，单调减少区间是＿＿＿＿＿；

(4) 若点 $\left(1,\dfrac{4}{3}\right)$ 为曲线 $y=ax^3-x^2+b$ 为拐点，则 $a=$＿＿＿＿＿，$b=$＿＿＿＿＿；

(5) 曲线 $y=\sqrt{\dfrac{x-1}{x+1}}$ 的水平渐近线为＿＿＿＿＿，垂直渐近线为＿＿＿＿＿.

分析 (1) $f(x+\Delta x)-f(x)=f'(\xi)\cdot\Delta x$，即 $(x+\Delta x)^2-x^2=2\xi\cdot\Delta x$，解得 $\xi=x+\dfrac{\Delta x}{2}$.

(2) $F(x)=e^{g(x)}$ 在 $[a,b]$ 满足拉格朗日中值定理，因此至少存在一点 $\xi\in(a,b)$，$e^{g(b)}-e^{g(a)}=g'(\xi)e^{g(\xi)}(b-a)$.

(3) $f'(x)=x^{n-1}(n-x)e^{-x}$，令 $f'(x)=0$，得 $x=n$. 当 $0<x<n$ 时，$f'(x)>0$；当 $x>n$ 时，$f'(x)<0$. 所以单调增加区间是 $[0,n]$，单调减少区间是 $(n,+\infty)$.

(4) 点 $\left(1,\dfrac{4}{3}\right)$ 为曲线 $y=ax^3-x^2+b$ 为拐点，则

$$\begin{cases} a-1+b=\dfrac{4}{3},\\ y''|_{x=1}=6a-2=0,\end{cases}$$

解得 $a=\dfrac{1}{3}$，$b=2$.

(5) 因为 $\lim\limits_{x\to\infty}y=\lim\limits_{x\to\infty}\sqrt{\dfrac{x-1}{x+1}}=1$，所以直线 $y=1$ 是曲线的水平渐近线；

因为 $\lim\limits_{x\to-1^-}y=\lim\limits_{x\to-1^-}\sqrt{\dfrac{x-1}{x+1}}=\infty$，所以直线 $x=-1$ 是曲线的垂直渐近线.

2. 选择题

(1) 在 $[-1,1]$ 上满足罗尔定理的条件的函数是（　　）.

(A) $\ln|x|$　　　　　　　　　　(B) e^x

(C) $1-x^2$　　　　　　　　　　(D) $\dfrac{2}{1-x^2}$

(2) 正确应用洛必达法则求极限的式子是（　　）.

(A) $\lim\limits_{x\to 0}\dfrac{\sin x}{e^x-1}=\lim\limits_{x\to 0}\dfrac{\cos x}{e^x}=\lim\limits_{x\to 0}\dfrac{-\sin x}{e^x}=0$

(B) $\lim\limits_{x\to 0}\dfrac{x+\sin x}{x}=\lim\limits_{x\to 0}(1+\cos x)$ 不存在

(C) $\lim\limits_{x\to 0}\dfrac{1}{x}\left(\dfrac{1}{x}-\cot x\right)=\lim\limits_{x\to 0}\dfrac{\sin x-x\cos x}{x^2\sin x}=\lim\limits_{x\to 0}\dfrac{\sin x-x\cos x}{x^3}=\lim\limits_{x\to 0}\dfrac{x\sin x}{3x^2}=\dfrac{1}{3}$

(D) $\lim\limits_{x\to\infty}\dfrac{e^x-e^{-x}}{e^x+e^{-x}}=\lim\limits_{x\to\infty}\dfrac{e^{-x}(e^{2x}-1)}{e^{-x}(e^{2x}+1)}=\lim\limits_{x\to\infty}\dfrac{e^{2x}-1}{e^{2x}+1}=\lim\limits_{x\to\infty}\dfrac{2e^{2x}}{2e^{2x}}=1$

(3) 方程 $e^x-x-1=0$（　　）.

(A) 没有实根　　　　　　　　　　　(B) 有且仅有一个实根

(C) 有且仅有两个实根　　　　　　　(D) 有三个不同实根

(4) 函数 $y=f(x)$ 具有下列特征：$f(0)=1,f'(0)=0$, 当 $x\ne 0$ 时，$f'(x)>0$；当 $x<0$ 时，$f''(x)<0$；当 $x>0$ 时，$f''(x)>0$. 则其图形为（　　）.

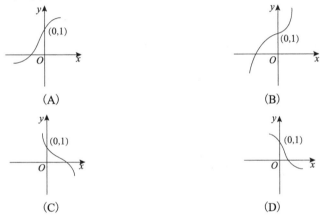

(5) 设 $f(x)$ 在 $[a,b]$ 上连续，$f(a)=f(b)$，且 $f(x)$ 不恒为常数, 则在 (a,b) 内（　　）.

(A) 必有最大值或最小值　　　　　　(B) 既有极大值又有极小值
(C) 既有最大值又有最小值　　　　　(D) 至少存在一点 ξ，使 $f'(\xi)=0$

(6) 设 $\lim\limits_{x\to x_0}\dfrac{f(x)}{g(x)}$ 为未定型, 则 $\lim\limits_{x\to x_0}\dfrac{f'(x)}{g'(x)}$ 存在是 $\lim\limits_{x\to x_0}\dfrac{f(x)}{g(x)}$ 也存在的（　　）.

(A) 必要条件　　　　　　　　　　　(B) 充分条件

(C) 充分必要条件　　　　　　　　　(D) 既非充分也非必要条件

(7) 已知 $f(x)$ 在 $[a,b]$ 上连续, 在 (a,b) 内可导, 且当 $x\in(a,b)$ 时，有 $f'(x)>0$，又已知 $f(a)<0$, 则（　　）.

(A) $f(x)$ 在 $[a,b]$ 上单调增加, 且 $f(b)>0$

(B) $f(x)$ 在 $[a,b]$ 上单调减少, 且 $f(b)<0$

(C) $f(x)$ 在 $[a,b]$ 上单调增加, 且 $f(b)<0$

(D) $f(x)$ 在 $[a,b]$ 上单调增加, 但 $f(b)$ 正负号无法确定

(8) 函数 $y=x\arctan x$, 在（　　）.

(A) $(-\infty,+\infty)$ 内是凸的　　　　　　(B) $(-\infty,+\infty)$ 内是凹的

(C) $(-\infty,0)$ 内是凸的, 在 $(0,+\infty)$ 内是凹的 (D) $(-\infty,0)$ 内是凹的, 在 $(0,+\infty)$ 内是凸的

(9) 若在区间 (a,b) 内, 函数 $f(x)$ 的一阶导数 $f'(x)>0$, 二阶导数 $f''(x)<0$, 则函数 $f(x)$ 在此区间内是( ).

(A)单调减少, 曲线是凹的　　　　(B)单调增加, 曲线是凹的

(C)单调减少, 曲线是凸的　　　　(D)单调增加, 曲线是凸的

(10) 曲线 $y=(x-5)^{\frac{5}{3}}+2$ ( ).

(A)有极值点 $x=5$, 但无拐点　　　(B)有拐点 $(5,2)$, 但无极值点

(C) $x=5$ 有极值点, 且 $(5,2)$ 是拐点　(D)既无极值点, 又无拐点

分析 (1)选 C.(A), (D) 由于 $\ln|x|$ 和 $\dfrac{2}{1-x^2}$ 在 $x=0$ 处和 $x=\pm1$ 处都没有定义, 所以 $\ln|x|$ 和 $\dfrac{2}{1-x^2}$ 在 $[-1,1]$ 上不满足罗尔定理的条件; (B) 由于 $e\neq e^{-1}$, 端点处函数值不相等, 所以 e^x 在 $[-1,1]$ 上不满足罗尔定理的条件; (C) 易证 $1-x^2$ 在 $[-1,1]$ 上连续, $(-1,1)$ 内可导, 且 $(1-x^2)\big|_{x=-1}=(1-x^2)\big|_{x=1}=0$, 所以 $1-x^2$ 在 $[-1,1]$ 上满足罗尔定理的条件.

(2)选 C. (A) $\lim\limits_{x\to0}\dfrac{\sin x}{e^x-1}=\lim\limits_{x\to0}\dfrac{\cos x}{e^x}=1$; (B) $\lim\limits_{x\to0}\dfrac{x+\sin x}{x}=\lim\limits_{x\to0}(1+\cos x)=2$; (D) 由于 $x\to-\infty$ 时, $e^x\to0$, $x\to+\infty$ 时, $e^x\to+\infty$, 所以

$$\lim_{x\to-\infty}\frac{e^x-e^{-x}}{e^x+e^{-x}}=\lim_{x\to-\infty}\frac{e^{-x}(e^{2x}-1)}{e^{-x}(e^{2x}+1)}=\lim_{x\to-\infty}\frac{e^{2x}-1}{e^{2x}+1}=-1,$$

$$\lim_{x\to+\infty}\frac{e^x-e^{-x}}{e^x+e^{-x}}=\lim_{x\to+\infty}\frac{e^{-x}(e^{2x}-1)}{e^{-x}(e^{2x}+1)}=\lim_{x\to+\infty}\frac{e^{2x}-1}{e^{2x}+1}=\lim_{x\to+\infty}\frac{2e^{2x}}{2e^{2x}}=1,$$

即 $\lim\limits_{x\to-\infty}\dfrac{e^x-e^{-x}}{e^x+e^{-x}}\neq\lim\limits_{x\to+\infty}\dfrac{e^x-e^{-x}}{e^x+e^{-x}}$, 于是 $\lim\limits_{x\to\infty}\dfrac{e^x-e^{-x}}{e^x+e^{-x}}$ 不存在.

(3)选 B. 显然 $x=0$ 是方程 $e^x-x-1=0$ 的一个实根. 令 $f(x)=e^x-x-1$, 则

$$f'(x)=e^x-1, \quad f''(x)=e^x>0.$$

令 $f'(x)=0$, 得 $x=0$, 且 $f''(0)>0$, 所以 $x=0$ 是 $f(x)$ 在 $(-\infty,+\infty)$ 内唯一极值点, 且是极小值点, 因此 $f(x)$ 只能在 $x=0$ 确定最小值. 进而当 $x\neq0$ 时, $f(x)>f(0)=0$, 即 $f(x)=e^x-x-1$ 只能在 $x=0$ 处的值为 0, 所以方程 $e^x-x-1=0$ 有且只有一个实根.

(4)选 B.由于 $f(0)=1$, 所以点 $(0,1)$ 在曲线 $f(x)$ 上; 又 $f'(0)=0$, 当 $x\neq0$ 时, $f'(x)>0$, 则 $f(x)$ 严格单调增加; 又因为在 $(-\infty,0)$ 内, 曲线 $f(x)$ 是凸的, 在 $(0,+\infty)$ 内, 曲线 $f(x)$ 是凹的, 因此 $f(x)$ 的图形为 B.

(5)选 A. $f(x)=(x-a)(x-b)$ 在 $[a,b]$ 上连续, $f(a)=f(b)$, 则在 (a,b) 内有极小值(最小值) $f\left(\dfrac{a+b}{2}\right)$, 但在 (a,b) 内没有极大值(最大值); $f(x)=(x-a)(b-x)$ 在 $[a,b]$ 上连续, $f(a)=f(b)$, 则在 (a,b) 内有极大值(最大值) $f\left(\dfrac{a+b}{2}\right)$, 但在 (a,b) 内没有极小值(最小值),

故 (B)，(C) 错误，(A) 正确. 令 $f(x)=\left|x-\dfrac{a+b}{2}\right|$ 在 $[a,b]$ 上连续，$f(a)=f(b)$，并且 $f(x)=$ $\left|x-\dfrac{a+b}{2}\right|$ 在 $x=\dfrac{a+b}{2}$ 处不可导，当 $a<x<\dfrac{a+b}{2}$ 时，$f'(x)=-1$，当 $\dfrac{a+b}{2}<x<b$ 时，$f'(x)=1$，显然在 (a,b) 内任意点 ξ 处要么不可导，要么 $f'(\xi)\neq0$，故 (D) 错误.

(6) 选 B. 根据洛必达法则易知 B 正确.

(7) 选 D. $f'(x)>0$，则 $f(x)$ 在 $[a,b]$ 上严格单调增加，进而 $f(b)>f(a)$，显然根据 $f(a)<0$ 无法判断 $f(b)$ 的符号.

(8) 选 B. $y'=\arctan x+\dfrac{x}{1+x^2}$，$y''=\dfrac{1}{1+x^2}+\dfrac{1-x^2}{(1+x^2)^2}=\dfrac{2}{(1+x^2)^2}>0$，所以图形在 $(-\infty,+\infty)$ 内是凹的.

(9) 选 D. $f'(x)>0$，则 $f(x)$ 在 (a,b) 内严格单调增加；$f''(x)<0$，则 $f(x)$ 在 (a,b) 内是凸的.

(10) 选 B. $y'=\dfrac{5}{3}(x-5)^{\frac{2}{3}}$，$y''=\dfrac{10}{9}\cdot\dfrac{1}{\sqrt[3]{x-5}}$. 显然 $y'\geqslant0$，在 $x=5$ 处二阶导数不存在，并且当 $x<5$ 时，$y''<0$，当 $x>5$ 时，$y''>0$，所以曲线 $y=(x-5)^{\frac{5}{3}}+2$ 没有极值点，有拐点 $(5,2)$.

3. 求极限：

(1) $\lim\limits_{x\to0}\dfrac{\mathrm{e}^x-(1+2x)^{\frac{1}{2}}}{\ln(1+x^2)}$；

(2) $\lim\limits_{x\to0}\left(\dfrac{1}{x}-\dfrac{1}{\mathrm{e}^x-1}\right)$；

(3) $\lim\limits_{x\to0}\left(\dfrac{1}{x^2}-\dfrac{1}{x\tan x}\right)$；

(4) $\lim\limits_{x\to0}\left(\dfrac{a^x+b^x}{2}\right)^{\frac{1}{x}}\ (a>0,b>0)$.

解 (1) $\lim\limits_{x\to0}\dfrac{\mathrm{e}^x-(1+2x)^{\frac{1}{2}}}{\ln(1+x^2)}=\lim\limits_{x\to0}\dfrac{\mathrm{e}^x-(1+2x)^{\frac{1}{2}}}{x^2}=\lim\limits_{x\to0}\dfrac{\mathrm{e}^x-(1+2x)^{-\frac{1}{2}}}{2x}$

$=\lim\limits_{x\to0}\dfrac{\mathrm{e}^x+(1+2x)^{-\frac{3}{2}}}{2}=1.$

(2) $\lim\limits_{x\to0}\left(\dfrac{1}{x}-\dfrac{1}{\mathrm{e}^x-1}\right)=\lim\limits_{x\to0}\dfrac{\mathrm{e}^x-1-x}{x(\mathrm{e}^x-1)}=\lim\limits_{x\to0}\dfrac{\mathrm{e}^x-1-x}{x^2}=\lim\limits_{x\to0}\dfrac{\mathrm{e}^x-1}{2x}=\lim\limits_{x\to0}\dfrac{x}{2x}=\dfrac{1}{2}.$

(3) $\lim\limits_{x\to0}\left(\dfrac{1}{x^2}-\dfrac{1}{x\tan x}\right)=\lim\limits_{x\to0}\dfrac{\tan x-x}{x^2\tan x}=\lim\limits_{x\to0}\dfrac{\tan x-x}{x^3}=\lim\limits_{x\to0}\dfrac{\sec^2 x-1}{3x^2}=\lim\limits_{x\to0}\dfrac{\tan^2 x}{3x^2}$

$=\lim\limits_{x\to0}\dfrac{x^2}{3x^2}=\dfrac{1}{3}.$

(4)

$\lim\limits_{x\to0}\left(\dfrac{a^x+b^x}{2}\right)^{\frac{1}{x}}=\lim\limits_{x\to0}\mathrm{e}^{\frac{1}{x}\ln\left(\frac{a^x+b^x}{2}\right)}=\mathrm{e}^{\lim\limits_{x\to0}\frac{1}{x}\ln\left(\frac{a^x+b^x}{2}\right)}=\mathrm{e}^{\lim\limits_{x\to0}\frac{\ln\left[1+\left(\frac{a^x+b^x}{2}-1\right)\right]}{x}}$

$=\mathrm{e}^{\lim\limits_{x\to0}\frac{\frac{a^x+b^x}{2}-1}{x}}=\mathrm{e}^{\frac{1}{2}\lim\limits_{x\to0}\left(\frac{a^x-1}{x}+\frac{b^x-1}{x}\right)}=\mathrm{e}^{\frac{1}{2}\left(\lim\limits_{x\to0}\frac{a^x-1}{x}+\lim\limits_{x\to0}\frac{b^x-1}{x}\right)}$

$$= \mathrm{e}^{\frac{1}{2}\left(\lim_{x \to 0} a^x \ln a + \lim_{x \to 0} b^x \ln b\right)} = \mathrm{e}^{\frac{1}{2}(\ln a + \ln b)} = \mathrm{e}^{\ln \sqrt{ab}} = \sqrt{ab}.$$

4. 讨论函数 $y = 2x^3 - 6x^2 - 18x + 7$ 的单调性、凹凸性, 并求极值与拐点.

解 函数定义域为 $(-\infty, +\infty)$, 显然在定义域内二阶可导.

$$y' = 6x^2 - 12x - 18 = 6(x+1)(x-3), \quad y'' = 12x - 12 = 12(x-1).$$

令 $y' = 0$, 得 $x = -1$, $x = 3$; 令 $y'' = 0$, 得 $x = 1$. 划分定义域, 列表讨论.

x	$(-\infty, -1)$	-1	$(-1,1)$	1	$(1,3)$	3	$(3, +\infty)$
y'	+	0	−	−	−	0	+
y''	−	−	−	0	+	+	+
y	增、凸	极大值 17	减、凸	拐点 −15	减、凹	极小值 −47	增、凹

综上, 函数的单调增加区间是 $(-\infty, -1)$ 和 $(3, +\infty)$, 单调减少区间是 $(-1,3)$; 在 $x = -1$ 处取得极大值 17, 在 $x = 3$ 处取得极小值 −47; 凸区间是 $(-\infty, 1)$, 凹区间是 $(1, +\infty)$, 拐点是 $(1, -15)$.

5. 证明: 当 $0 < x < \dfrac{\pi}{2}$ 时, 有 $\tan x + 2\sin x > 3x$ 成立.

证明 令 $f(x) = \tan x + 2\sin x - 3x$, 显然 $f(x)$ 在 $\left[0, \dfrac{\pi}{2}\right]$ 上二阶可导. 在 $\left(0, \dfrac{\pi}{2}\right)$ 内,

$$f'(x) = \sec^2 x + 2\cos x - 3, \quad f''(x) = 2\sec^2 x \tan x - 2\sin x.$$

当 $0 < x < \dfrac{\pi}{2}$ 时,

$$f''(x) = 2\sec^2 x \tan x - 2\sin x = \frac{2\sin x \cdot (1 - \cos^3 x)}{\cos^3 x} > 0.$$

则 $f'(x)$ 在 $\left[0, \dfrac{\pi}{2}\right]$ 上单调增加, 进而当 $0 < x < \dfrac{\pi}{2}$ 时, $f'(x) > f'(0)$, 即 $f'(x) > 0$. 于是 $f(x)$ 在 $\left[0, \dfrac{\pi}{2}\right]$ 上严格单调增加, 所以当 $0 < x < \dfrac{\pi}{2}$ 时, $f(x) > f(0)$, 即

$$\tan x + 2\sin x - 3x > 0.$$

6. 当 $x > 0$ 时, 证明 $x - \dfrac{x^3}{3} < \arctan x < x$.

证明 令 $f(x) = \arctan x - x + \dfrac{x^3}{3}$, $g(x) = \arctan x - x$, 显然 $f(x), g(x)$ 在 $[0, +\infty)$ 上可导. 当 $x > 0$ 时,

$$f'(x) = \frac{1}{1 + x^2} - 1 + x^2 = \frac{x^4}{1 + x^2} > 0, \quad g'(x) = \frac{1}{1 + x^2} - 1 = -\frac{x^2}{1 + x^2} < 0,$$

所以 $f(x)$ 在 $[0, +\infty)$ 上严格单调增加, $g(x)$ 在 $[0, +\infty)$ 上严格单调减少. 当 $x > 0$ 时, $f(x) >$

$f(0)$，$g(x) < g(0)$，即

$$\arctan x - x + \frac{x^3}{3} > 0, \quad \arctan x - x < 0.$$

故有

$$x - \frac{x^3}{3} < \arctan x < x.$$

7. 正方形的纸板边长为 $2a$，将其四角各剪去一个边长相等的小正方形，做成一个无盖的纸盒，问剪去的小正方形边长等于多少时，纸盒的容积最大？

解　设剪去的小正方形边长为 x，则纸盒容积 $V = x(2a - 2x)^2 \ (0 < x < a)$.

$$V' = 4a^2 - 16ax + 12x^2 = 4(3x - a)(x - a), \quad V'' = -16a + 24x.$$

令 $V' = 0$，得 $x = \dfrac{a}{3}$，$x = a$（舍去），且 $V''\Big|_{x=\frac{a}{3}} = -8a < 0$，所以 V 在 $x = \dfrac{a}{3}$ 处取得极大值，而 $x = \dfrac{a}{3}$ 是 V 在 $(0, a)$ 内唯一的极值点，故 V 在 $x = \dfrac{a}{3}$ 处取得最大值，即剪去的小正方形边长为 $\dfrac{a}{3}$ 时，纸盒的容积最大.

8. 某工厂生产某产品，年产量为 x 百台，总成本为 c 万元，其中固定成本 2 万元，每生产一百台，成本增加 2 万元，市场上可销售此种商品 3 百台，其销售收入

$$R(x) = \begin{cases} 6x - x^2 + 1, & 0 \leqslant x \leqslant 3 \, (万元), \\ 10, & x > 3 \, (万元), \end{cases}$$

问每年生产多少台，总利润最大？

解　根据题意知，成本函数是 $c(x) = 2 + 2x$，则利润函数为

$$L(x) = R(x) - c(x) = \begin{cases} -x^2 + 4x - 1, & 0 \leqslant x \leqslant 3, \\ 8 - 2x, & x > 3. \end{cases}$$

显然 $L'(x) = \begin{cases} -2x + 4, & 0 < x < 3, \\ -2, & x > 3, \end{cases}$ 令 $L'(x) = 0$，得 $x = 2$，并且 $L''(2) = -2 < 0$，则 $L(x)$ 在 $x = 2$ 取得最大值. 因此每年生成 2 百台，总利润最大.

9. 糖果厂每周的销售量为 Q 千袋，每袋价格为 2 元，总成本函数为

$$C(Q) = 100Q^2 + 1300Q + 1000 \, (元).$$

试求：(1)不盈不亏的销售量；(2)可取得利润的销售量；(3)取得最大利润的销售量和最大利润；(4)平均成本最小的产量.

解　总收入函数为 $R(Q) = 2000Q$（元），利润函数为 $L(Q) = R(Q) - C(Q)$.

(1)当 $R(Q) = C(Q)$ 时，不盈不亏. 即

$$2000Q = 100Q^2 + 1300Q + 1000,$$

化简得 $Q^2 - 7Q + 10 = 0$，解得 $Q = 2$ 或 $Q = 5$．故当销售量为 2 千袋或 5 千袋时，不盈不亏.

(2) 当 $L(Q) > 0$ 时，可取得利润，即 $R(Q) > C(Q)$，

$$2000Q > 100Q^2 + 1300Q + 1000,$$

化简得 $Q^2 - 7Q + 10 < 0$，解得 $2 < Q < 5$．故当销售量多于 2 千袋且少于 5 千袋时，可取得利润.

(3) $L'(Q) = R'(Q) - C'(Q) = 2000 - 200Q - 1300 = 700 - 200Q$，令 $L'(Q) = 0$，得 $Q = 3.5$，并且 $L''(3.5) = -200 < 0$，所以 $L(Q)$ 在 $Q = 3.5$ 处取得最大值，即当销售量为 3.5 千袋时，取得最大利润 225 元.

(4) 平均成本函数为 $\overline{C}(Q) = \dfrac{C(Q)}{Q} = 100Q + 1300 + \dfrac{1000}{Q}$，显然有

$$\overline{C}(Q) = 100Q + 1300 + \frac{1000}{Q} \geqslant 2\sqrt{100Q \cdot \frac{1000}{Q}} + 1300,$$

等号成立，当且仅当 $100Q = \dfrac{1000}{Q}$，即 $Q = \sqrt{10}$．因此当 $Q = \sqrt{10}$ 时，$\overline{C}(Q)$ 取得最小值，即平均成本最小的销售量为 $Q = \sqrt{10} \approx 3.16$ 千袋.

五、拓展训练

例 1 设函数 $f(x)$ 在 $[0,3]$ 上连续，在 $(0,3)$ 内可导，并且 $f(0) + f(1) + f(2) = 3$，$f(3) = 1$．试证至少存在一个 $\xi \in (0,3)$，使得 $f'(\xi) = 0$．

证明 因为函数 $f(x)$ 在 $[0,3]$ 上连续，所以 $f(x)$ 在 $[0,2]$ 上连续，则 $f(x)$ 在 $[0,2]$ 上存在最大值 M 和最小值 m，于是

$$m \leqslant f(0) \leqslant M, \quad m \leqslant f(1) \leqslant M, \quad m \leqslant f(2) \leqslant M,$$

所以，有 $m \leqslant \dfrac{f(0) + f(1) + f(2)}{3} \leqslant M$．由介值定理可知，至少存在一个点 $\alpha \in (0,2)$，使得

$$f(\alpha) = \frac{f(0) + f(1) + f(2)}{3} = 1.$$

又因为函数 $f(x)$ 在 $[\alpha,3]$ 上连续，在 $(\alpha,3)$ 内可导，并且 $f(\alpha) = f(3) = 1$，所以由罗尔定理可知，至少存在一个 $\xi \in (\alpha,3) \subset (0,3)$，使得 $f'(\xi) = 0$．

例 2 若 $a > 0$，$b > 0$ 都是常数，求 $\lim\limits_{x \to 0} \left(\dfrac{a^x + b^x}{2} \right)^{\frac{3}{x}}$．

解 令 $y = \left(\dfrac{a^x + b^x}{2} \right)^{\frac{3}{x}}$，则 $\ln y = \dfrac{3}{x} \ln \left(\dfrac{a^x + b^x}{2} \right) = \dfrac{3\ln(a^x + b^x) - 3\ln 2}{x}$，因为

$$\lim_{x\to 0}\ln y = \lim_{x\to 0}\frac{3\ln(a^x+b^x)-3\ln 2}{x} = 3\lim_{x\to 0}\frac{\dfrac{a^x\ln a + b^x\ln b}{a^x+b^x}}{1} = \frac{3}{2}\ln(ab) = \ln(ab)^{\frac{3}{2}},$$

所以，

$$\lim_{x\to 0}\left(\frac{a^x+b^x}{2}\right)^{\frac{3}{x}} = \lim_{x\to 0}e^{\ln y} = e^{\lim_{x\to 0}\ln y} = (ab)^{\frac{3}{2}}.$$

例 3　设函数 $f(x)$ 的导函数在 $x=a$ 处连续，并且 $\lim\limits_{x\to a}\dfrac{f'(x)}{x-a}=-1$，则（　　　）.

(A) $x=a$ 是函数 $f(x)$ 的极小值点　　　　　　(B) $x=a$ 是函数 $f(x)$ 的极大值点

(C) $(a,f(a))$ 是曲线 $y=f(x)$ 的拐点

(D) $x=a$ 不是函数 $f(x)$ 的极值点，$(a,f(a))$ 也不是曲线 $y=f(x)$ 的拐点

解　选 B. 因为 $\lim\limits_{x\to a}\dfrac{f'(x)}{x-a}=-1<0$，由极限的局部保号性以及极值的判别法可得.

例 4　当 $0<x<\pi$ 时，试证明 $\sin\dfrac{x}{2}>\dfrac{x}{\pi}$.

证明　令 $f(x)=\dfrac{\sin\dfrac{x}{2}}{x}-\dfrac{1}{\pi}(0<x<\pi)$，则

$$f'(x)=\frac{\dfrac{x}{2}\cos\dfrac{x}{2}-\sin\dfrac{x}{2}}{x^2}=\frac{\cos\dfrac{x}{2}\left(\dfrac{x}{2}-\tan\dfrac{x}{2}\right)}{x^2}.$$

因为 $0<x<\pi$，所以 $\cos\dfrac{x}{2}>0$，$\tan\dfrac{x}{2}>\dfrac{x}{2}$，则 $f'(x)<0$，从而函数 $f(x)$ 在 $(0,\pi)$ 内是单调递减函数. 因此，$f(x)>f(\pi)=0$，则 $\dfrac{\sin\dfrac{x}{2}}{x}-\dfrac{1}{\pi}>0$，即 $\sin\dfrac{x}{2}>\dfrac{x}{\pi}$.

例 5　设 $a>1$，$f(x)=a^x-ax$ 在 $(-\infty,+\infty)$ 驻点为 $x(a)$. 问 a 为何值时，$x(a)$ 最小，并求出最小值.

解　由 $f'(x)=a^x\ln a - a = 0$，解得函数 $f(x)$ 唯一驻点 $x(a)=1-\dfrac{\ln\ln a}{\ln a}$. 下面计算函数 $x(a)=1-\dfrac{\ln\ln a}{\ln a}$ 在 $a>1$ 时的最小值. 由 $x'(a)=-\dfrac{\dfrac{1}{a}-\dfrac{1}{a}\ln\ln a}{(\ln a)^2}=-\dfrac{1-\ln\ln a}{a(\ln a)^2}=0$，解得函数 $x(a)$ 的唯一驻点 $a=e^e$.

当 $1<a<e^e$ 时，$x'(a)<0$；当 $a>e^e$ 时，$x'(a)>0$，因此，$x(e^e)=1-\dfrac{1}{e}$ 为函数 $x(a)$ 的极小值，从而是最小值.

例 6　曲线 $y = x\mathrm{e}^{\frac{1}{x^2}}$（　　）.

(A)仅有水平渐近线　　　　　　　　　　　　(B)仅有铅直渐近线

(C)既有水平渐近线又有铅直渐近线　　　　(D)既有铅直渐近线又有斜渐近线

解　选 D.

$\lim\limits_{x \to \infty} y = \lim\limits_{x \to \infty} x\mathrm{e}^{\frac{1}{x^2}} = \infty$，因此曲线 $y = x\mathrm{e}^{\frac{1}{x^2}}$ 没有水平渐近线.

$\lim\limits_{x \to 0} y = \lim\limits_{x \to 0} x\mathrm{e}^{\frac{1}{x^2}} \xlongequal{t=\frac{1}{x}} \lim\limits_{t \to \infty} \dfrac{\mathrm{e}^{t^2}}{t} = \lim\limits_{t \to \infty} \dfrac{2t\mathrm{e}^{t^2}}{1} = \infty$，因此 $x=0$ 是曲线 $y = x\mathrm{e}^{\frac{1}{x^2}}$ 的铅直渐近线.

$\lim\limits_{x \to \infty} \dfrac{f(x)}{x} = \lim\limits_{x \to \infty} \mathrm{e}^{\frac{1}{x^2}} = 1$，即 $a = 1$，$\lim\limits_{x \to \infty}[f(x) - x] = \lim\limits_{x \to \infty} x\left(\mathrm{e}^{\frac{1}{x^2}} - 1\right) = \lim\limits_{x \to \infty} x \cdot \dfrac{1}{x^2} = 0$，即 $b = 0$，

因此 $y = x$ 是曲线 $y = x\mathrm{e}^{\frac{1}{x^2}}$ 的斜渐近线.

六、自测题

(一)单选题

1. $f(x) = x\sqrt{3-x}$ 在 $[0,3]$ 上满足罗尔定理的 ξ 是（　　）.

(A) 0 　　　　　　(B) 3 　　　　　　(C) $\dfrac{3}{2}$ 　　　　　　(D) 2

2. 下列求极限问题中能够使用洛必达法则的是（　　）.

(A) $\lim\limits_{x \to 0} \dfrac{x^2 \sin\frac{1}{x}}{\sin x}$ 　　　　　　　　(B) $\lim\limits_{x \to 1} \dfrac{1-x}{1-\sin x}$

(C) $\lim\limits_{x \to 0} \dfrac{x - \sin x}{x\sin x}$ 　　　　　　　　(D) $\lim\limits_{x \to \infty} x\left(\dfrac{\pi}{2} - \arctan x\right)$

3. 若 $f(x)$ 在 $x = a$ 点的邻域内有定义，且除点 $x = a$ 外恒有 $\dfrac{f(x) - f(a)}{(x-a)^2} > 0$，则以下结论正确的是（　　）.

(A) $f(x)$ 在点的邻域内单调增加　　　　(B) $f(x)$ 在点的邻域内单调减少

(C) $f(a)$ 为 $f(x)$ 的极大值　　　　　　(D) $f(a)$ 为 $f(x)$ 的极小值

4. 设 $y = f(x)$ 在 $[a,b]$ 上有二阶导数，则当（　　）成立时，曲线 $y = f(x)$ 在 (a,b) 内是凹的.

(A) $f''(a) > 0$　　　　　　　　　　　　(B) $f''(b) > 0$

(C) 在 (a,b) 内 $f''(x) \neq 0$　　　　　　(D) $f''(a) > 0$ 且 $f''(x)$ 在 (a,b) 内单调增加

5. 当 $x \to 0$ 时，$f(x) = \sqrt{1+x} + ax + b$ 是关于 x 的二阶无穷小，则（　　）.

(A) $a = -\dfrac{1}{2}, b = -1$　　　　　　　(B) $a = \dfrac{1}{2}, b = 1$

(C) $a = \dfrac{1}{2}, b = -1$　　　　　　　(D) $a = -\dfrac{1}{2}, b = 1$

(二)多选题

1. 下列函数在 $[-1,1]$ 上不满足拉格朗日中值定理条件的是(　　).

(A) $|x|$ 　　　　　　(B) $\ln(1+x^2)$ 　　　　　(C) $\ln(1+x)$ 　　　　　(D) $\dfrac{1}{x}$

2. 曲线 $y=\dfrac{3x^3}{2x^3-5x^2+2x}$ (　　).

(A)有水平渐近线 $y=\dfrac{3}{2}$ 　　　　　　(B)有铅直渐近线 $x=\dfrac{1}{2}$ 和 $x=2$

(C)有铅直渐近线 $x=0$ 　　　　　　　　(D)既没有水平渐近线也没有铅直渐近线

(三)判断题

1. 函数 $y=\ln(x+1)$ 在 $[0,1]$ 上满足拉格朗日中值定理的 $\xi=\dfrac{1}{\ln 2}-1$.　　　　(　　)

2. 设 $f(x)$ 和 $g(x)$ 可导, 当 $x>0$ 时, $f'(x)>g'(x)$, 且 $f(0)=g(0)$, 则 $f(x)>g(x)$.(　　)

3. 设 $f(x)$ 在 x_0 处二阶可导, 且 $f'(x_0)=0$, $f''(x_0)\neq 0$, 则 $f(x)$ 在 x_0 处取得极值. (　　)

4. 设 $f(x)$ 在 x_0 处三阶可导, 且 $f'(x_0)=f''(x_0)=0$, $f'''(x_0)\neq 0$, 则 $f(x)$ 在 x_0 处取得拐点.　　　　　　　　　　　　　　　　　　　　　　　　　　　　　(　　)

(四)计算题

1. $\lim\limits_{x\to 0}\dfrac{\sin x-x\cos x}{x\sin^2 x}$.

2. 利用三次泰勒多项式计算 $\sqrt{e}$ 的近似值, 并估计误差.

(五)证明题

1. 证明: 当 $x>0$ 时, $\ln(x+\sqrt{1+x^2})>\dfrac{x}{\sqrt{1+x^2}}$.

2. 证明: 方程 $x^5+3x^3+x-3=0$ 只有一个正根.

(六)讨论题

设 $f(x)$ 在 $(-\infty,+\infty)$ 内有连续的二阶导数, 且 $f(0)=0,\ f'(0)=0,\ f''(0)=0$, $g(x)=$
$\begin{cases}\dfrac{f(x)}{x}, & x\neq 0,\\ a, & x=0,\end{cases}$ a 取何值时, $g(x)$ 在 $(-\infty,+\infty)$ 内连续, 并且求 $g'(x)$.

第六章 不定积分

一、基本要求

1. 理解原函数和不定积分的概念；了解函数可积的充分条件；掌握不定积分的性质；掌握基本积分公式.

2. 掌握不定积分的直接积分法、第一类换元法、第二类换元法（包括三角代换与简单的根式代换.

3. 掌握分部积分法.

4. 掌握简单有理函数的不定积分.

二、知识框架

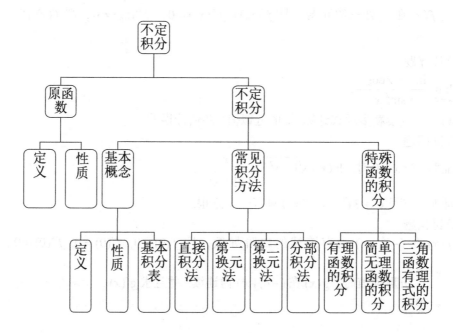

三、典型例题

例 1　设 $f(x) = \begin{cases} x+1, & x \leqslant 1, \\ 2x, & x > 1, \end{cases}$ 求 $\displaystyle\int f(x)\mathrm{d}x$.

解　在 $(-\infty, 1)$ 和 $(1, +\infty)$ 内函数 $f(x)$ 的原函数为

$$F(x) = \begin{cases} \dfrac{x^2}{2} + x + C, & x < 1, \\ x^2 + C_1, & x > 1. \end{cases}$$

因为 $f(x)$ 在 $x = 1$ 处连续，所以原函数 $F(x)$ 在 $x = 1$ 处有定义且可导，因此

$$\lim_{x\to 1^-} F(x) = \lim_{x\to 1^+} F(x) = F(1).$$

从而 $\frac{1}{2}+1+C = 1+C_1$，解得 $C_1 = \frac{1}{2}+C$，所以，

$$\int f(x)dx = \begin{cases} \dfrac{x^2}{2}+x+C, & x\leqslant 1, \\ x^2+\dfrac{1}{2}+C, & x>1. \end{cases}$$

例2 设 $f(x)$ 可导，$f(1)=0$，$f'(\mathrm{e}^x)=3\mathrm{e}^{2x}+2$，求 $f(x)$．

解 令 $\mathrm{e}^x = t$，则 $f'(t)=3t^2+2$，所以 $f(t)=t^3+2t+C$，即

$$f(x)=x^3+2x+C.$$

又因为 $f(1)=0$，解得 $C=-3$，所以 $f(x)=x^3+2x-3$．

例3 求 $\int \dfrac{x^3}{1+x^2}dx$．

解 $\int \dfrac{x^3}{1+x^2}dx = \dfrac{1}{2}\int \dfrac{1+x^2-1}{1+x^2}dx^2 = \dfrac{1}{2}\int\left(1-\dfrac{1}{1+x^2}\right)dx^2 = \dfrac{1}{2}x^2-\dfrac{1}{2}\ln(1+x^2)+C$．

例4 求 $\int \dfrac{x\sin\sqrt{1-x^2}}{\sqrt{1-x^2}}dx$．

解 $\int \dfrac{x\sin\sqrt{1-x^2}}{\sqrt{1-x^2}}dx = \int \sin\sqrt{1-x^2}\cdot\dfrac{x}{\sqrt{1-x^2}}dx = -\int \sin\sqrt{1-x^2}\,d\sqrt{1-x^2}$

$$= \cos\sqrt{1-x^2}+C.$$

例5 求 $\int \dfrac{1}{\sin x\cos^3 x}dx$．

解 $\int \dfrac{1}{\sin x\cos^3 x}dx = \int \dfrac{\sin^2 x+\cos^2 x}{\sin x\cos^3 x}dx = \int \dfrac{\sin x}{\cos^3 x}dx + \int \dfrac{1}{\sin x\cos x}dx$

$$= -\int \dfrac{1}{\cos^3 x}d\cos x + \int \csc 2x\,d2x$$

$$= \dfrac{1}{2\cos^2 x}+\ln|\csc 2x-\cot 2x|+C.$$

例6 求 $\int \dfrac{1}{\sqrt{\mathrm{e}^{2x}-1}}dx$．

解 $\int \dfrac{1}{\sqrt{\mathrm{e}^{2x}-1}}dx = \int \dfrac{1}{\mathrm{e}^x\sqrt{1-\mathrm{e}^{-2x}}}dx = -\int \dfrac{1}{\sqrt{1-(\mathrm{e}^{-x})^2}}d\mathrm{e}^{-x} = -\arcsin \mathrm{e}^{-x}+C$．

例7 求 $\int \sqrt{\dfrac{x}{1+x\sqrt{x}}}dx$．

解 令 $t=\sqrt{x}$，则 $x=t^2$，$dx=2tdt$，则

$$\int \sqrt{\dfrac{x}{1+x\sqrt{x}}}dx = \int \sqrt{\dfrac{t^2}{1+t^3}}\cdot 2tdt = 2\int \dfrac{t^2}{\sqrt{1+t^3}}dt = \dfrac{2}{3}\int \dfrac{1}{\sqrt{1+t^3}}d(1+t^3)$$

$$= \frac{4}{3}\sqrt{1+t^3} + C = \frac{4}{3}\sqrt{1+x\sqrt{x}} + C.$$

例 8 求 $\int \frac{1-\ln x}{(x-\ln x)^2} dx$.

解 令 $x = \frac{1}{t}$, 则 $dx = -\frac{1}{t^2} dt$, 则

$$\int \frac{1-\ln x}{(x-\ln x)^2} dx = \int \frac{1+\ln t}{\left(\frac{1}{t}+\ln t\right)^2} \cdot \left(-\frac{1}{t^2}\right) dt = -\int \frac{1+\ln t}{(1+t\ln t)^2} dt = -\int \frac{d(1+t\ln t)}{(1+t\ln t)^2}$$

$$= \frac{1}{1+t\ln t} + C = \frac{1}{1-\frac{1}{x}\ln x} + C = \frac{x}{x-\ln x} + C.$$

四、课后习题全解

习 题 一

1. 设 $f(x) = (2x+1)e^{-x^2}$, 则 $\int f'(x)dx = $ _____.

分析 $\int f'(x)dx = f(x) + C = (2x+1)e^{-x^2} + C$.

2. 设 $\sin x$ 是 $f(x)$ 的一个原函数, 则 $\int f(x)dx = $ _____.

分析 由于 $\sin x$ 是 $f(x)$ 的一个原函数, 所以 $\int f(x)\,dx = \sin x + C$.

3. 求下列不定积分:

(1) $\int \left(\frac{1}{x} - \frac{3}{\sqrt{1-x^2}}\right) dx$;

(2) $\int \left(\frac{x}{2} - \frac{1}{x} + \frac{4}{x^3}\right) dx$;

(3) $\int \left(2^x + x^2 + \frac{3}{x}\right) dx$;

(4) $\int (1 - \sqrt[3]{x^2})^2 dx$;

(5) $\int 2^x e^{-x} dx$;

(6) $\int \frac{dx}{x^2(1+x^2)}$;

(7) $\int \frac{1+2x^2}{x^2(1+x^2)} dx$;

(8) $\int \frac{e^{2x}-1}{e^x-1} dx$;

(9) $\int \frac{2 \cdot 3^x - 5 \cdot 2^x}{3^x} dx$;

(10) $\int \frac{\cos 2x}{\cos x - \sin x} dx$;

(11) $\int \sin^2 \frac{x}{2} dx$;

(12) $\int \cot^2 x dx$;

(13) $\int \frac{dx}{1+\cos 2x}$;

(14) $\int \frac{1+\cos^2 x}{1+\cos 2x} dx$.

解 (1) $\int\left(\dfrac{1}{x}-\dfrac{3}{\sqrt{1-x^2}}\right)\mathrm{d}x=\ln|x|-3\arcsin x+C$.

(2) $\int\left(\dfrac{x}{2}-\dfrac{1}{x}+\dfrac{4}{x^3}\right)\mathrm{d}x=\int\left(\dfrac{x}{2}-\dfrac{1}{x}+4x^{-3}\right)\mathrm{d}x=\dfrac{x^2}{4}-\ln|x|-\dfrac{2}{x^2}+C$.

(3) $\int\left(2^x+x^2+\dfrac{3}{x}\right)\mathrm{d}x=\dfrac{2^x}{\ln 2}+\dfrac{x^3}{3}+3\ln|x|+C$.

(4) $\int(1-\sqrt[3]{x^2})^2\mathrm{d}x=\int\left(1-x^{\frac{2}{3}}\right)^2\mathrm{d}x=\int\left(1-2x^{\frac{2}{3}}+x^{\frac{4}{3}}\right)\mathrm{d}x=x-\dfrac{6}{5}x^{\frac{5}{3}}+\dfrac{3}{7}x^{\frac{7}{3}}+C$.

(5) $\int 2^x\mathrm{e}^{-x}\mathrm{d}x=\int(2\mathrm{e}^{-1})^x\mathrm{d}x=\dfrac{(2\mathrm{e}^{-1})^x}{\ln 2\mathrm{e}^{-1}}+C$.

(6) $\int\dfrac{1}{x^2(1+x^2)}\mathrm{d}x=\int\dfrac{1+x^2-x^2}{x^2(1+x^2)}\mathrm{d}x=\int\dfrac{1}{x^2}\mathrm{d}x-\int\dfrac{1}{1+x^2}\mathrm{d}x=-\dfrac{1}{x}-\arctan x+C$.

(7) $\int\dfrac{1+2x^2}{x^2(1+x^2)}\mathrm{d}x=\int\dfrac{1+x^2+x^2}{x^2(1+x^2)}\mathrm{d}x=\int\dfrac{1}{x^2}\mathrm{d}x+\int\dfrac{1}{1+x^2}\mathrm{d}x=-\dfrac{1}{x}+\arctan x+C$.

(8) $\int\dfrac{\mathrm{e}^{2x}-1}{\mathrm{e}^x-1}\mathrm{d}x=\int\dfrac{(\mathrm{e}^x-1)(\mathrm{e}^x+1)}{\mathrm{e}^x-1}\mathrm{d}x=\int(\mathrm{e}^x+1)\mathrm{d}x=\mathrm{e}^x+x+C$.

(9) $\int\dfrac{2\cdot 3^x-5\cdot 2^x}{3^x}\mathrm{d}x=\int 2\mathrm{d}x-\int 5\cdot\left(\dfrac{2}{3}\right)^x\mathrm{d}x=\int 2\mathrm{d}x-\int 5\cdot\left(\dfrac{2}{3}\right)^x\mathrm{d}x$

$$=2x-5\cdot\dfrac{\left(\dfrac{2}{3}\right)^x}{\ln\dfrac{2}{3}}+C.$$

(10) $\int\dfrac{\cos 2x}{\cos x-\sin x}\mathrm{d}x=\int\dfrac{\cos^2 x-\sin^2 x}{\cos x-\sin x}\mathrm{d}x=\int(\cos x+\sin x)\mathrm{d}x$

$$=\sin x-\cos x+C.$$

(11) $\int\sin^2\dfrac{x}{2}\mathrm{d}x=\int\dfrac{1-\cos x}{2}\mathrm{d}x=\dfrac{x-\sin x}{2}+C$.

(12) $\int\cot^2 x\mathrm{d}x=\int(\csc^2 x-1)\mathrm{d}x=-\cot x-x+C$.

(13) $\int\dfrac{\mathrm{d}x}{1+\cos 2x}=\int\dfrac{\mathrm{d}x}{2\cos^2 x}=\int\dfrac{\sec^2 x}{2}\mathrm{d}x=\dfrac{\tan x}{2}+C$.

(14) $\int\dfrac{1+\cos^2 x}{1+\cos 2x}\mathrm{d}x=\int\dfrac{1+\cos^2 x}{2\cos^2 x}\mathrm{d}x=\int\dfrac{\sec^2 x+1}{2}\mathrm{d}x=\dfrac{1}{2}\tan x+\dfrac{1}{2}x+C$.

4. 一曲线通过点 $(\mathrm{e}^2,3)$ ，且在任一点处的切线的斜率等于该点横坐标的倒数，求该曲线的方程.

解 设该曲线为 $y=f(x)$ ，则 $y'=\dfrac{1}{x}$ ，

$$y = \int \frac{1}{x}dx = \ln|x| + C,$$

由于曲线通过点 $(e^2, 3)$，代入 $y = \ln|x| + C$，得 $C = 1$，所求曲线为 $y = \ln|x| + 1$。

5. 对任意 $x \in \mathbf{R}$，$f'(\sin^2 x) = \cos^2 x$，且 $f(1) = 1$，求 $f(x)$。

解 由 $f'(\sin^2 x) = \cos^2 x = 1 - \sin^2 x$，则 $f'(x) = 1 - x$，

$$f(x) = \int (1-x)dx = x - \frac{x^2}{2} + C,$$

代入 $f(1) = 1$，得 $C = \frac{1}{2}$，所以 $f(x) = x - \frac{x^2}{2} + \frac{1}{2}$。

<h1 style="text-align:center">习 题 二</h1>

1. 填空题

(1) $dx = \underline{\qquad} d(5x + 2)$；

(2) $\cos 3x dx = \underline{\qquad} d\sin 3x$；

(3) $e^{3x}dx = \underline{\qquad} de^{3x}$；

(4) $x^9 dx = \underline{\qquad} d(2x^{10} - 5)$；

(5) $\frac{1}{x^2}dx = \underline{\qquad} d\left(\frac{2}{x}\right)$；

(6) $\frac{1}{2x+1}dx = \underline{\qquad} d[7\ln(2x+1)]$；

(7) $\frac{dx}{1+9x^2} = \underline{\qquad} d(\arctan 3x)$；

(8) $\frac{1}{\sqrt{1-9x^2}}dx = \underline{\qquad} d(\arcsin 3x)$；

(9) $\frac{dx}{\cos^2 2x} = \underline{\qquad} d(\tan 2x)$。

答案 (1) $\frac{1}{5}$； (2) $\frac{1}{3}$； (3) $\frac{1}{3}$； (4) $\frac{1}{20}$； (5) $-\frac{1}{2}$； (6) $\frac{1}{14}$； (7) $\frac{1}{3}$； (8) $\frac{1}{3}$；

(9) $\frac{1}{2}$。

2. 求下列不定积分：

(1) $\int e^{3x-1}dx$；

(2) $\int (3-2x)^{10}dx$；

(3) $\int \frac{dx}{\sqrt[3]{2-3x}}$；

(4) $\int \frac{1}{1-5x}dx$；

(5) $\int \frac{1}{x^2}e^{-\frac{1}{x}}dx$；

(6) $\int x\cos(x^2)dx$；

(7) $\int \frac{\sin\sqrt{t}}{\sqrt{t}}dt$；

(8) $\int \frac{\sin x}{\cos^3 x}dx$；

(9) $\int \frac{\arccos^2 x}{\sqrt{1-x^2}}dx$；

(10) $\int \frac{10^{\arctan x}}{1+x^2}dx$；

(11) $\int \frac{xdx}{\sqrt{2-3x^2}}$；

(12) $\int \frac{3x^3}{1-x^4}dx$；

(13) $\int \frac{dx}{x(2+5\ln x)}$；

(14) $\int \frac{dx}{x\ln x\ln\ln x}$；

(15) $\int \cos^5 x dx$；

(16) $\displaystyle\int \frac{\mathrm{d}x}{1+\sqrt{1-x^2}}$; 　　(17) $\displaystyle\int \frac{\sqrt{x^2-9}}{x}\mathrm{d}x$; 　　(18) $\displaystyle\int \frac{\mathrm{d}x}{x^2\sqrt{x^2+1}}$;

(19) $\displaystyle\int \frac{1-\tan x}{1+\tan x}\mathrm{d}x$; 　　(20) $\displaystyle\int \frac{1+\ln x}{(x\ln x)^2}\mathrm{d}x$; 　　(21) $\displaystyle\int \frac{\mathrm{d}x}{(\arcsin x)^2\sqrt{1-x^2}}$;

(22) $\displaystyle\int \frac{1}{1+\mathrm{e}^x}\mathrm{d}x$; 　　(23) $\displaystyle\int \frac{\mathrm{d}x}{\mathrm{e}^x+\mathrm{e}^{-x}}$; 　　(24) $\displaystyle\int \frac{\sin x\cos x}{1+\sin^4 x}\mathrm{d}x$;

(25) $\displaystyle\int \frac{x+1}{\sqrt{2-x-x^2}}\mathrm{d}x$; 　　(26) $\displaystyle\int \frac{x^2\mathrm{d}x}{(x-1)^{100}}$; 　　(27) $\displaystyle\int \frac{6^x}{4^x+9^x}\mathrm{d}x$;

(28) $\displaystyle\int \frac{\sqrt{a^2-x^2}}{x^2}\mathrm{d}x(a>0)$; 　　(29) $\displaystyle\int \frac{\mathrm{d}x}{(x^2+a^2)^{\frac{3}{2}}}(a>0)$; 　　(30) $\displaystyle\int \sqrt{5-4x-x^2}\mathrm{d}x$.

解　(1) $\displaystyle\int \mathrm{e}^{3x-1}\mathrm{d}x=\frac{1}{3}\int \mathrm{e}^{3x-1}\mathrm{d}(3x-1)=\frac{1}{3}\mathrm{e}^{3x-1}+C$.

(2) $\displaystyle\int (3-2x)^{10}\mathrm{d}x=-\frac{1}{2}\int (3-2x)^{10}\mathrm{d}(3-2x)=-\frac{1}{22}(3-2x)^{11}+C$.

(3) $\displaystyle\int \frac{\mathrm{d}x}{\sqrt[3]{2-3x}}=-\frac{1}{3}\int (2-3x)^{-\frac{1}{3}}\mathrm{d}(2-3x)=-\frac{1}{2}(2-3x)^{\frac{2}{3}}+C$.

(4) $\displaystyle\int \frac{1}{1-5x}\mathrm{d}x=-\frac{1}{5}\int \frac{1}{1-5x}\mathrm{d}(1-5x)=-\frac{1}{5}\ln|1-5x|+C$.

(5) $\displaystyle\int \frac{1}{x^2}\mathrm{e}^{-\frac{1}{x}}\mathrm{d}x=\int \mathrm{e}^{-\frac{1}{x}}\mathrm{d}\left(-\frac{1}{x}\right)=\mathrm{e}^{-\frac{1}{x}}+C$.

(6) $\displaystyle\int x\cos(x^2)\mathrm{d}x=\frac{1}{2}\int \cos(x^2)\mathrm{d}x^2=\frac{1}{2}\sin x^2+C$.

(7) $\displaystyle\int \frac{\sin\sqrt{t}}{\sqrt{t}}\mathrm{d}t=2\int \sin\sqrt{t}\mathrm{d}\sqrt{t}=-2\cos\sqrt{t}+C$.

(8) $\displaystyle\int \frac{\sin x}{\cos^3 x}\mathrm{d}x=-\int \frac{1}{\cos^3 x}\mathrm{d}\cos x=-\int \cos^{-3}x\mathrm{d}\cos x=\frac{1}{2\cos^2 x}+C$.

(9) $\displaystyle\int \frac{\arccos^2 x}{\sqrt{1-x^2}}\mathrm{d}x=-\int \arccos^2 x\mathrm{d}\arccos x=-\frac{1}{3}\arccos^3 x+C$.

(10) $\displaystyle\int \frac{10^{\arctan x}}{1+x^2}\mathrm{d}x=\int 10^{\arctan x}\mathrm{d}\arctan x=\frac{10^{\arctan x}}{\ln 10}+C$.

(11) $\displaystyle\int \frac{x\mathrm{d}x}{\sqrt{2-3x^2}}=-\frac{1}{6}\int \frac{\mathrm{d}(2-3x^2)}{\sqrt{2-3x^2}}=-\frac{1}{3}\int \frac{\mathrm{d}(2-3x^2)}{2\sqrt{2-3x^2}}=-\frac{1}{3}\sqrt{2-3x^2}+C$.

(12) $\displaystyle\int \frac{3x^3}{1-x^4}\mathrm{d}x=-\frac{3}{4}\int \frac{1}{1-x^4}\mathrm{d}(1-x^4)=-\frac{3}{4}\ln|1-x^4|+C$.

(13) $\displaystyle\int \frac{\mathrm{d}x}{x(2+5\ln x)}=\frac{1}{5}\int \frac{\mathrm{d}(2+5\ln x)}{(2+5\ln x)}=\frac{1}{5}\ln|2+5\ln x|+C$.

(14) $\displaystyle\int \frac{\mathrm{d}x}{x\ln x\ln\ln x}=\int \frac{1}{\ln x\ln\ln x}\mathrm{d}\ln x=\int \frac{1}{\ln\ln x}\mathrm{d}\ln\ln x=\ln\left|\ln\ln x\right|+C.$

(15) $\displaystyle\int \cos^5 x\mathrm{d}x=\int \cos^4 x\cos x\mathrm{d}x=\int (1-\sin^2 x)^2\mathrm{d}\sin x$

$$=\sin x-\frac{2}{3}\sin^3 x+\frac{1}{5}\sin^5 x+C.$$

(16) $\displaystyle\int \frac{\mathrm{d}x}{1+\sqrt{1-x^2}}\xlongequal{x=\sin t}\int \frac{\cos t}{1+\cos t}\mathrm{d}t=\int \frac{\cos^2\frac{t}{2}-\sin^2\frac{t}{2}}{2\cos^2\frac{t}{2}}\mathrm{d}t=\frac{1}{2}\int \left(1-\tan^2\frac{t}{2}\right)\mathrm{d}t$

$$=\frac{1}{2}\int \left(2-\sec^2\frac{t}{2}\right)\mathrm{d}t=\left(t-\tan\frac{t}{2}\right)+C$$

$$=\arcsin x-\tan\frac{\arcsin x}{2}+C.$$

(17) $\displaystyle\int \frac{\sqrt{x^2-9}}{x}\mathrm{d}x\xlongequal{x=3\sec t}\int \frac{3\tan t}{3\sec t}\cdot 3\sec t\cdot\tan t\mathrm{d}t=\int 3\tan^2 t\mathrm{d}t=\int 3(\sec^2 t-1)\mathrm{d}t$

$$=3(\tan t-t)+C=3\left(\frac{\sqrt{x^2-9}}{3}-\arccos\frac{3}{x}\right)+C.$$

(18) $\displaystyle\int \frac{\mathrm{d}x}{x^2\sqrt{x^2+1}}\xlongequal{x=\tan t}\int \frac{\sec^2 t\mathrm{d}t}{\tan^2 t\cdot\sec t}=\int \frac{\sec t\mathrm{d}t}{\tan^2 t}=\int \frac{\cos t\mathrm{d}t}{\sin^2 t}=\int \frac{\mathrm{d}\sin t}{\sin^2 t}=-\frac{1}{\sin t}+C$

$$=-\frac{\sqrt{x^2+1}}{x}+C.$$

(19) $\displaystyle\int \frac{1-\tan x}{1+\tan x}\mathrm{d}x=\int \frac{\cos x-\sin x}{\cos x+\sin x}\mathrm{d}x=\int \frac{1}{\cos x+\sin x}\mathrm{d}(\cos x+\sin x)$

$$=\ln\left|\cos x+\sin x\right|+C.$$

(20) $\displaystyle\int \frac{1+\ln x}{(x\ln x)^2}\mathrm{d}x=\int \frac{1}{(x\ln x)^2}\mathrm{d}(x\ln x)=-\frac{1}{x\ln x}+C.$

(21) $\displaystyle\int \frac{\mathrm{d}x}{(\arcsin x)^2\sqrt{1-x^2}}=\int \frac{\mathrm{d}\arcsin x}{(\arcsin x)^2}=-\frac{1}{\arcsin x}+C.$

(22) $\displaystyle\int \frac{1}{1+\mathrm{e}^x}\mathrm{d}x=\int \frac{1+\mathrm{e}^x-\mathrm{e}^x}{1+\mathrm{e}^x}\mathrm{d}x=\int \left(1-\frac{\mathrm{e}^x}{1+\mathrm{e}^x}\right)\mathrm{d}x=x-\ln\left|1+\mathrm{e}^x\right|+C.$

(23) $\displaystyle\int \frac{\mathrm{d}x}{\mathrm{e}^x+\mathrm{e}^{-x}}=\int \frac{\mathrm{d}x}{\mathrm{e}^x+\frac{1}{\mathrm{e}^x}}=\int \frac{\mathrm{e}^x\mathrm{d}x}{1+(\mathrm{e}^x)^2}=\int \frac{\mathrm{d}\mathrm{e}^x}{1+(\mathrm{e}^x)^2}=\arctan\mathrm{e}^x+C.$

(24) $\displaystyle\int \frac{\sin x\cos x}{1+\sin^4 x}\mathrm{d}x=\frac{1}{2}\int \frac{1}{1+\sin^4 x}\mathrm{d}\sin^2 x=\frac{1}{2}\arctan(\sin^2 x)+C.$

(25) $\displaystyle\int\frac{x+1}{\sqrt{2-x-x^2}}\mathrm{d}x=\int\frac{x+\dfrac{1}{2}+\dfrac{1}{2}}{\sqrt{\dfrac{9}{4}-\left(x+\dfrac{1}{2}\right)^2}}\mathrm{d}x$

$$=\int\frac{x+\dfrac{1}{2}}{\sqrt{\dfrac{9}{4}-\left(x+\dfrac{1}{2}\right)^2}}\mathrm{d}x+\int\frac{\dfrac{1}{2}}{\sqrt{\dfrac{9}{4}-\left(x+\dfrac{1}{2}\right)^2}}\mathrm{d}x$$

$$=-\int\frac{1}{2\sqrt{\dfrac{9}{4}-\left(x+\dfrac{1}{2}\right)^2}}\mathrm{d}\left[\dfrac{9}{4}-\left(x+\dfrac{1}{2}\right)^2\right]+\frac{1}{2}\int\frac{1}{\sqrt{\dfrac{9}{4}-\left(x+\dfrac{1}{2}\right)^2}}\mathrm{d}\left(x+\dfrac{1}{2}\right)$$

$$=-\sqrt{\frac{9}{4}-\left(x+\frac{1}{2}\right)^2}+\frac{1}{2}\arcsin\frac{2x+1}{3}=-\sqrt{2-x-x^2}+\frac{1}{2}\arcsin\frac{2x+1}{3}+C.$$

(26) $\displaystyle\int\frac{x^2\mathrm{d}x}{(x-1)^{100}}\xlongequal{t=x-1}\int\frac{(t+1)^2}{t^{100}}\mathrm{d}t=\int\frac{t^2+2t+1}{t^{100}}\mathrm{d}t=\int(t^{-98}+2t^{-99}+t^{-100})\,\mathrm{d}t$

$$=-\frac{1}{97}t^{-97}-\frac{1}{49}t^{-98}-\frac{1}{99}t^{-99}+C$$

$$=-\frac{1}{97}(x-1)^{-97}-\frac{1}{49}(x-1)^{-98}-\frac{1}{99}(x-1)^{-99}+C.$$

(27) $\displaystyle\int\frac{6^x}{4^x+9^x}\mathrm{d}x=\int\frac{\dfrac{6^x}{4^x}}{1+\dfrac{9^x}{4^x}}\mathrm{d}x=\int\frac{\left(\dfrac{3}{2}\right)^x}{1+\left(\dfrac{3}{2}\right)^{2x}}\mathrm{d}x=\frac{1}{\ln\dfrac{3}{2}}\int\frac{1}{1+\left(\dfrac{3}{2}\right)^{2x}}\mathrm{d}\left(\dfrac{3}{2}\right)^x$

$$=\frac{1}{\ln\dfrac{3}{2}}\arctan\left(\frac{3}{2}\right)^x+C.$$

(28) $\displaystyle\int\frac{\sqrt{a^2-x^2}}{x^2}\mathrm{d}x\xlongequal{x=a\sin t}\int\frac{a\cos t}{a^2\sin^2 t}a\cos t\mathrm{d}t=\int\cot^2 t\mathrm{d}t=\int(\csc^2 t-1)\mathrm{d}t$

$$=-\cot t-t+C=-\frac{\sqrt{a^2-x^2}}{x}-\arcsin\frac{x}{a}+C.$$

(29) $\displaystyle\int\frac{\mathrm{d}x}{(x^2+a^2)^{\frac{3}{2}}}\xlongequal{x=a\tan t}\int\frac{a\sec^2 t}{a^3\sec^3 t}\mathrm{d}t=\frac{1}{a^2}\int\cos t\mathrm{d}t=\frac{1}{a^2}\sin t+C$

$$=\frac{x}{a^2\sqrt{x^2+a^2}}+C.$$

(30) $\displaystyle\int\sqrt{5-4x-x^2}\mathrm{d}x=\int\sqrt{3^2-(x+2)^2}\mathrm{d}(x+2)\xlongequal{u=x+2}\int\sqrt{3^2-u^2}\mathrm{d}u$

$$\xlongequal{u=3\sin t}\int 9\cos^2 t\mathrm{d}t=\frac{9}{2}\int(\cos 2t+1)\,\mathrm{d}t=\frac{9}{2}\left(\frac{1}{2}\sin 2t+t\right)+C$$

$$= \frac{9}{2}\left(\frac{x+2}{3} \cdot \frac{\sqrt{5-4x-x^2}}{3} + \arcsin\frac{x+2}{3} \right) + C.$$

3. 已知 $F'(x) = \dfrac{\cos 2x}{\sin^2 2x}$，且 $F\left(\dfrac{1}{4}\right) = 1$，求 $F(x)$.

解　由于 $F'(x) = \dfrac{\cos 2x}{\sin^2 2x}$，所以

$$F(x) = \int F'(x)\mathrm{d}x = \int \frac{\cos 2x}{\sin^2 2x}\mathrm{d}x = \frac{1}{2}\int \frac{1}{\sin^2 2x}\mathrm{d}\sin 2x = -\frac{1}{2\sin 2x} + C,$$

又 $F\left(\dfrac{1}{4}\right) = 1$，则 $C = 1 + \dfrac{1}{2\sin\dfrac{1}{2}}$，所以 $F(x) = -\dfrac{1}{2\sin 2x} + 1 + \dfrac{1}{2\sin\dfrac{1}{2}}$.

习　题　三

1. 求下列不定积分:

(1) $\displaystyle\int x\mathrm{e}^{-x}\mathrm{d}x$；
(2) $\displaystyle\int x\cos 2x\mathrm{d}x$；
(3) $\displaystyle\int \arccos x\mathrm{d}x$；

(4) $\displaystyle\int \arctan x\mathrm{d}x$；
(5) $\displaystyle\int x\ln(x-1)\mathrm{d}x$；
(6) $\displaystyle\int \ln(x^2+1)\mathrm{d}x$；

(7) $\displaystyle\int \ln^2 x\mathrm{d}x$；
(8) $\displaystyle\int \cos\ln x\mathrm{d}x$；
(9) $\displaystyle\int \frac{\ln\sin x}{\sin^2 x}\mathrm{d}x$；

(10) $\displaystyle\int \frac{\ln(1+x)}{(2-x)^2}\mathrm{d}x$；
(11) $\displaystyle\int \frac{x\arcsin x}{\sqrt{1-x^2}}\mathrm{d}x$；
(12) $\displaystyle\int \mathrm{e}^{\sqrt{2x+1}}\mathrm{d}x$；

(13) $\displaystyle\int (\arcsin x)^2\mathrm{d}x$；
(14) $\displaystyle\int x\cos^2 x\mathrm{d}x$；
(15) $\displaystyle\int \mathrm{e}^x\sin^2 x\mathrm{d}x$.

解　(1) $\displaystyle\int x\mathrm{e}^{-x}\mathrm{d}x = -\int x\mathrm{d}\mathrm{e}^{-x} = -\left(x\mathrm{e}^{-x} - \int \mathrm{e}^{-x}\mathrm{d}x \right) = -(x\mathrm{e}^{-x} + \mathrm{e}^{-x}) + C$.

(2) $\displaystyle\int x\cos 2x\mathrm{d}x = \frac{1}{2}\int x\mathrm{d}\sin 2x = \frac{1}{2}\left(x\sin 2x - \int \sin 2x\mathrm{d}x \right)$

$$= \frac{1}{2}\left(x\sin 2x + \frac{1}{2}\cos 2x \right) + C.$$

(3) $\displaystyle\int \arccos x\mathrm{d}x = x\arccos x - \int x\mathrm{d}\arccos x = x\arccos x + \int \frac{x}{\sqrt{1-x^2}}\mathrm{d}x$

$$= x\arccos x - \frac{1}{2}\int \frac{1}{\sqrt{1-x^2}}\mathrm{d}(1-x^2) = x\arccos x - \sqrt{1-x^2} + C.$$

(4) $\displaystyle\int \arctan x\mathrm{d}x = x\arctan x - \int x\mathrm{d}\arctan x = x\arctan x - \int \frac{x}{1+x^2}\mathrm{d}x$

$$= x\arctan x - \frac{1}{2}\int \frac{1}{1+x^2}\mathrm{d}(1+x^2) = x\arctan x - \frac{1}{2}\ln\left|1+x^2\right| + C.$$

(5) $\int x\ln(x-1)\mathrm{d}x = \int \ln(x-1)\mathrm{d}\dfrac{x^2-1}{2} = \dfrac{x^2-1}{2}\ln(x-1) - \int \dfrac{x^2-1}{2}\mathrm{d}\ln(x-1)$

$\qquad = \dfrac{x^2-1}{2}\ln(x-1) - \int \dfrac{x^2-1}{2}\cdot\dfrac{1}{x-1}\mathrm{d}x = \dfrac{x^2-1}{2}\ln(x-1) - \int \dfrac{x+1}{2}\mathrm{d}x$

$\qquad = \dfrac{x^2-1}{2}\ln(x-1) - \dfrac{1}{2}\left(\dfrac{x^2}{2}+x\right) + C.$

(6) $\int \ln(x^2+1)\mathrm{d}x = x\ln(x^2+1) - \int x\mathrm{d}\ln(x^2+1) = x\ln(x^2+1) - \int \dfrac{2x^2}{1+x^2}\mathrm{d}x$

$\qquad = x\ln(x^2+1) - 2\int \dfrac{x^2+1-1}{1+x^2}\mathrm{d}x = x\ln(x^2+1) - 2\int\left(1-\dfrac{1}{1+x^2}\right)\mathrm{d}x$

$\qquad = x\ln(x^2+1) - 2(x-\arctan x) + C.$

(7) $\int \ln^2 x\mathrm{d}x = x\ln^2 x - \int x\mathrm{d}\ln^2 x = x\ln^2 x - \int x\cdot 2\ln x\cdot\dfrac{1}{x}\mathrm{d}x = x\ln^2 x - 2\int \ln x\mathrm{d}x$

$\qquad = x\ln^2 x - 2\left(x\ln x - \int x\mathrm{d}\ln x\right) = x\ln^2 x - 2\left(x\ln x - \int \mathrm{d}x\right)$

$\qquad = x\ln^2 x - 2(x\ln x - x) + C.$

(8) $\int \cos\ln x\mathrm{d}x = x\cos\ln x - \int x\mathrm{d}\cos\ln x = x\cos\ln x + \int x\sin\ln x\cdot\dfrac{1}{x}\mathrm{d}x$

$\qquad = x\cos\ln x + \int \sin\ln x\mathrm{d}x = x\cos\ln x + x\sin\ln x - \int x\mathrm{d}\sin\ln x$

$\qquad = x\cos\ln x + x\sin\ln x - \int \cos\ln x\mathrm{d}x,$

所以 $\int \cos\ln x\mathrm{d}x = \dfrac{x}{2}(\cos\ln x + \sin\ln x) + C.$

(9) $\int \dfrac{\ln\sin x}{\sin^2 x}\mathrm{d}x = \int \ln\sin x\cdot\csc^2 x\mathrm{d}x = -\int \ln\sin x\mathrm{d}\cot x$

$\qquad = -\cot x\ln\sin x + \int \cot x\mathrm{d}\ln\sin x = -\cot x\ln\sin x + \int \cot^2 x\mathrm{d}x$

$\qquad = -\cot x\ln\sin x + \int(\csc^2 x-1)\mathrm{d}x = -\cot x\ln\sin x - \cot x - x + C.$

(10) $\int \dfrac{\ln(1+x)}{(2-x)^2}\mathrm{d}x = \int \ln(1+x)\mathrm{d}\dfrac{1}{2-x} = \dfrac{\ln(1+x)}{2-x} - \int \dfrac{1}{2-x}\mathrm{d}\ln(1+x)$

$\qquad = \dfrac{\ln(1+x)}{2-x} - \int \dfrac{1}{2-x}\cdot\dfrac{1}{1+x}\mathrm{d}x = \dfrac{\ln(1+x)}{2-x} + \dfrac{1}{3}\int\left(\dfrac{1}{x-2}-\dfrac{1}{x+1}\right)\mathrm{d}x$

$\qquad = \dfrac{\ln(1+x)}{2-x} + \dfrac{1}{3}\ln\left|\dfrac{x-2}{x+1}\right| + C.$

(11) $\int \dfrac{x\arcsin x}{\sqrt{1-x^2}}\mathrm{d}x = -\int \dfrac{\arcsin x}{2\sqrt{1-x^2}}\mathrm{d}(1-x^2) = -\int \arcsin x\mathrm{d}\sqrt{1-x^2}$

$\qquad = -\sqrt{1-x^2}\arcsin x + \int \sqrt{1-x^2}\mathrm{d}\arcsin x = -\sqrt{1-x^2}\arcsin x + \int \mathrm{d}x$

$\qquad = -\sqrt{1-x^2}\arcsin x + x + C.$

(12) $\displaystyle\int e^{\sqrt{2x+1}}dx \xlongequal{t=\sqrt{2x+1}} \int te^t dt = \int t de^t = te^t - \int e^t dt = e^t(t-1)+C$

$\qquad = e^{\sqrt{2x+1}}(\sqrt{2x+1}-1)+C.$

(13) $\displaystyle\int (\arcsin x)^2 dx \xlongequal{\arcsin x=t} \int t^2 d\sin t = t^2\sin t - \int \sin t dt^2 = t^2\sin t - 2\int t\sin t dt$

$\qquad = t^2\sin t + 2\int t d\cos t = t^2\sin t + 2\left(t\cos t - \int \cos t dt\right)$

$\qquad = t^2\sin t + 2(t\cos t - \sin t)+C$

$\qquad = x(\arcsin x)^2 + 2\arcsin x\sqrt{1-x^2} - 2x + C.$

(14) $\displaystyle\int x\cos^2 x dx = \int x\cdot\frac{\cos 2x+1}{2}dx = \frac{1}{2}\int x(\cos 2x+1)dx = \frac{1}{2}\left(\int x dx + \int x\cos 2x dx\right)$

$\qquad = \frac{1}{2}\left(\frac{1}{2}x^2 + \frac{1}{2}\int x d\sin 2x\right) = \frac{1}{4}x^2 + \frac{1}{4}\left(x\sin 2x - \int \sin 2x dx\right)$

$\qquad = \frac{1}{4}x^2 + \frac{1}{4}\left(x\sin 2x + \frac{1}{2}\cos 2x\right)+C.$

(15) $\displaystyle\int e^x \sin^2 x dx = \int e^x\frac{1-\cos 2x}{2}dx = \frac{1}{2}\int e^x dx - \frac{1}{2}\int e^x\cos 2x dx,$

$\displaystyle\int e^x\cos 2x dx = \int \cos 2x de^x = e^x\cos 2x - \int e^x d\cos 2x = e^x\cos 2x + 2\int e^x\sin 2x dx$

$\qquad = e^x\cos 2x + 2\int \sin 2x de^x = e^x\cos 2x + 2\left(e^x\sin 2x - \int e^x d\sin 2x\right)$

$\qquad = e^x\cos 2x + 2e^x\sin 2x - 4\int e^x\cos 2x dx,$

所以 $\displaystyle\int e^x\cos 2x dx = \frac{e^x\cos 2x + 2e^x\sin 2x}{5}+C_1$, 于是 $\displaystyle\int e^x\sin^2 x dx = \frac{1}{2}e^x - \frac{1}{10}(e^x\cos 2x + 2e^x\sin 2x)+C.$

2. 设 $f(x)$ 的一个原函数为 $\dfrac{\sin x}{x}$, 求 $\displaystyle\int xf'(x)dx$.

解 $\displaystyle\int xf'(x)dx = \int x df(x) = xf(x) - \int f(x)dx = x\left(\frac{\sin x}{x}\right)' - \frac{\sin x}{x}+C$

$\qquad = \cos x - \dfrac{2\sin x}{x}+C.$

习　题　四

求下列不定积分:

(1) $\displaystyle\int \frac{1}{x(x^2+1)}dx$;

(2) $\displaystyle\int \frac{dx}{x(x^6+4)}$;

(3) $\displaystyle\int \frac{6x+5}{x^2+4}dx$;

(4) $\displaystyle\int \frac{2x+3}{x^2+8x+16}dx$;

(5) $\displaystyle\int \frac{\sqrt{x+2}}{x+3}dx$;

(6) $\displaystyle\int \frac{\sqrt{x+1}-1}{\sqrt{x+1}+1}dx$;

(7) $\int \dfrac{\mathrm{d}x}{\sqrt{x}+\sqrt[4]{x}}$; 　　(8) $\int \dfrac{\mathrm{d}x}{x^8(1-x^2)}$; 　　(9) $\int \sqrt{\dfrac{a+x}{a-x}}\mathrm{d}x$;

(10) $\int \dfrac{x\mathrm{d}x}{(x+2)(x+3)^2}$; 　　(11) $\int \dfrac{x\mathrm{d}x}{(x+1)(x+2)(x+3)}$; 　　(12) $\int \dfrac{\mathrm{d}x}{x^3-8}$;

(13) $\int \dfrac{2x^2-3x+1}{(x^2+1)(x^2+x)}\mathrm{d}x$; 　　(14) $\int \dfrac{\mathrm{d}x}{2+\sin x}$; 　　(15) $\int \dfrac{\mathrm{d}x}{1+3\cos^2 x}$.

解 (1) $\displaystyle\int \frac{1}{x(x^2+1)}\mathrm{d}x = \int \frac{1+x^2-x^2}{x(x^2+1)}\mathrm{d}x = \int \frac{1}{x}\mathrm{d}x + \int \frac{-x}{x^2+1}\mathrm{d}x = \ln|x| - \frac{1}{2}\ln|x^2+1| + C .$

(2) $\displaystyle\int \frac{\mathrm{d}x}{x(x^6+4)} \xlongequal{x=\frac{1}{t}} \int \frac{1}{\frac{1}{t}\left(\frac{1}{t^6}+4\right)} \cdot \left(-\frac{1}{t^2}\right)\mathrm{d}t = \int \frac{-t^5}{1+4t^6}\mathrm{d}t = -\frac{1}{24}\int \frac{\mathrm{d}(1+4t^6)}{1+4t^6}$

$\displaystyle = -\frac{1}{24}\ln|1+4t^6| + C = -\frac{1}{24}\ln\left|1+\frac{4}{x^6}\right| + C .$

(3) $\displaystyle\int \frac{6x+5}{x^2+4}\mathrm{d}x = \int \frac{6x}{x^2+4}\mathrm{d}x + \int \frac{5}{x^2+4}\mathrm{d}x = 3\int \frac{1}{x^2+4}\mathrm{d}(x^2+4) + 5\int \frac{1}{x^2+4}\mathrm{d}x$

$\displaystyle = 3\ln|x^2+4| + \frac{5}{2}\arctan \frac{x}{2} + C .$

(4) $\displaystyle\int \frac{2x+3}{x^2+8x+16}\mathrm{d}x = \int \frac{2x+8-5}{x^2+8x+16}\mathrm{d}x = \int \frac{2x+8}{x^2+8x+16}\mathrm{d}x - \int \frac{5}{x^2+8x+16}\mathrm{d}x$

$\displaystyle = \int \frac{1}{x^2+8x+16}\mathrm{d}(x^2+8x+16) - 5\int \frac{1}{(x+4)^2}\mathrm{d}x$

$\displaystyle = \ln|x^2+8x+16| + \frac{5}{x+4} + C .$

(5) $\displaystyle\int \frac{\sqrt{x+2}}{x+3}\mathrm{d}x \xlongequal{t=\sqrt{x+2}} \int \frac{t}{t^2+1}2t\mathrm{d}t = 2\int \frac{t^2+1-1}{t^2+1}\mathrm{d}t = 2\int \left(1-\frac{1}{t^2+1}\right)\mathrm{d}t$

$\displaystyle = 2(t-\arctan t) + C = 2(\sqrt{x+2}-\arctan \sqrt{x+2}) + C .$

(6) $\displaystyle\int \frac{\sqrt{x+1}-1}{\sqrt{x+1}+1}\mathrm{d}x \xlongequal{\sqrt{x+1}=t} \int \frac{t-1}{t+1}\cdot 2t\mathrm{d}t = 2\int \frac{t^2-t}{t+1}\mathrm{d}t = 2\int \frac{t^2+t-2(t+1)+2}{t+1}\mathrm{d}t$

$\displaystyle = 2\int \left(t-2+\frac{2}{t+1}\right)\mathrm{d}t = t^2-4t+4\ln|t+1| + C_1$

$\displaystyle = x+1-4\sqrt{x+1}+4\ln\left|\sqrt{x+1}+1\right| + C_1$

$\displaystyle = x-4\sqrt{x+1}+4\ln\left|\sqrt{x+1}+1\right| + C .$

(7) $\displaystyle\int \frac{\mathrm{d}x}{\sqrt{x}+\sqrt[4]{x}} \xlongequal{t=\sqrt[4]{x}} \int \frac{4t^3\mathrm{d}t}{t^2+t} = 4\int \frac{t^2\mathrm{d}t}{t+1} = 4\int \frac{(t^2-1+1)\mathrm{d}t}{t+1} = 4\int (t-1)\,\mathrm{d}t + 4\int \frac{1}{t+1}\mathrm{d}t$

$\displaystyle = 2t^2-4t+4\ln|t+1| + C = 2\sqrt{x}-4\sqrt[4]{x}+4\ln\left|\sqrt[4]{x}+1\right| + C .$

(8) $\displaystyle\int\frac{1}{x^8(1-x^2)}dx=\int\frac{1-x^8+x^8}{x^8(1-x^2)}dx=\int\frac{(1-x^2)(1+x^2)(1+x^4)+x^8}{x^8(1-x^2)}dx$

$\displaystyle\qquad=\int\frac{(1+x^2)(1+x^4)}{x^8}dx+\int\frac{1}{1-x^2}dx$

$\displaystyle\qquad=\int\frac{1+x^2+x^4+x^6}{x^8}dx-\int\frac{1}{x^2-1}dx=-\frac{1}{7x^7}-\frac{1}{5x^5}-\frac{1}{3x^3}-\frac{1}{x}-\frac{1}{2}\ln\left|\frac{x-1}{x+1}\right|+C.$

(9) $\displaystyle\int\sqrt{\frac{a+x}{a-x}}dx=\int\sqrt{\frac{(a+x)(a+x)}{(a-x)(a+x)}}dx=\int\frac{a+x}{\sqrt{a^2-x^2}}dx$

$\displaystyle\qquad=\int\frac{a}{\sqrt{a^2-x^2}}dx+\int\frac{x}{\sqrt{a^2-x^2}}dx$

$\displaystyle\qquad=a\cdot\arcsin\frac{x}{a}-\int\frac{1}{2\sqrt{a^2-x^2}}d(a^2-x^2)$

$\displaystyle\qquad=a\cdot\arcsin\frac{x}{a}-\sqrt{a^2-x^2}+C.$

(10) 由 $\displaystyle\frac{x}{(x+2)(x+3)^2}=\frac{A}{x+2}+\frac{B}{x+3}+\frac{C}{(x+3)^2}$，得 $A=-2,B=2,C=3$.

$\displaystyle\int\frac{xdx}{(x+2)(x+3)^2}=\int\left(\frac{-2}{x+2}+\frac{2}{x+3}+\frac{3}{(x+3)^2}\right)dx=2\ln\left|\frac{x+3}{x+2}\right|-\frac{3}{x+3}+C.$

(11) 由 $\displaystyle\frac{x}{(x+1)(x+2)(x+3)}=\frac{A}{x+1}+\frac{B}{x+2}+\frac{C}{x+3}$，得 $A=-\frac{1}{2},B=2,C=-\frac{3}{2}$.

$\displaystyle\int\frac{xdx}{(x+1)(x+2)(x+3)}=\int\left[\frac{-1}{2(x+1)}+\frac{2}{x+2}+\frac{-3}{2(x+3)}\right]dx$

$\displaystyle\qquad=-\frac{1}{2}\ln|x+1|+2\ln|x+2|-\frac{3}{2}\ln|x+3|+C.$

(12) 由 $\displaystyle\frac{1}{x^3-8}=\frac{1}{(x-2)(x^2+2x+4)}=\frac{A}{x-2}+\frac{Bx+C}{x^2+2x+4}$，得 $A=\frac{1}{12}$, $B=-\frac{1}{12}$, $C=-\frac{1}{3}$.

$\displaystyle\int\frac{dx}{x^3-8}=\int\frac{dx}{(x-2)(x^2+2x+4)}=\int\left(\frac{1}{12}\cdot\frac{1}{x-2}-\frac{1}{12}\cdot\frac{x+4}{x^2+2x+4}\right)dx$

$\displaystyle\qquad=\int\frac{1}{12}\cdot\frac{1}{x-2}dx-\frac{1}{12}\left(\int\frac{x+1}{x^2+2x+4}dx+\int\frac{3}{x^2+2x+4}dx\right)$

$\displaystyle\qquad=\frac{1}{12}\ln|x-1|-\frac{1}{24}\ln|x^2+2x+4|-\frac{1}{4\sqrt{3}}\arctan\frac{x+1}{\sqrt{3}}+C.$

(13) 由 $\displaystyle\frac{2x^2-3x+1}{(x^2+1)(x^2+x)}=\frac{A}{x}+\frac{B}{x+1}+\frac{Cx+D}{x^2+1}$，得 $A=1,B=-3,C=2,D=-1$.

$$\int \frac{2x^2-3x+1}{(x^2+1)(x^2+x)}dx = \int\left(\frac{1}{x}+\frac{-3}{x+1}+\frac{2x-1}{x^2+1}\right)dx$$

$$= \ln|x|-3\ln|x+1|+\ln|x^2+1|-\arctan x+C.$$

(14) $\displaystyle\int \frac{1}{2+\sin x}dx \xlongequal{u=\tan\frac{x}{2}} \int \frac{1}{2+\frac{2u}{1+u^2}}\cdot\frac{2}{1+u^2}du = \int\frac{1}{u^2+u+1}du$

$$= \int \frac{1}{\left(u+\frac{1}{2}\right)^2+\left(\frac{\sqrt{3}}{2}\right)^2}d\left(u+\frac{1}{2}\right) = \frac{2}{\sqrt{3}}\arctan\frac{2u+1}{\sqrt{3}}+C$$

$$= \frac{2}{\sqrt{3}}\arctan\frac{2\tan\frac{x}{2}+1}{\sqrt{3}}+C.$$

(15) $\displaystyle\int \frac{1}{1+3\cos^2 x}dx \xlongequal{u=\tan x} \int \frac{1}{1+\frac{3}{1+u^2}}\cdot\frac{1}{1+u^2}du = \int\frac{1}{4+u^2}du = \frac{1}{2}\arctan\frac{u}{2}+C$

$$= \frac{1}{2}\arctan\frac{\tan x}{2}+C.$$

复 习 题 六

1. 填空题

(1) 若 $f(x)$ 可导, 则 $f(x)$ 一定_____原函数(填有、没有);

(2) 若 $f(x)$ 的某个原函数为常数, 则 $f(x)=$_____;

(3) 已知 $\varphi(x)=2x+e^{-x}$ 是 $f(x)$ 的原函数, 是 $g(x)$ 的导函数, 且 $g(0)=1$, 则 $f(x)=$_____, $g(x)=$_____;

(4) 若 $f''(x)$ 连续, 则 $\int xf''(x)dx=$_____;

(5) 若 $d(\cos x)=f(x)dx$, 则 $\int xf(x)dx=$_____.

分析 (1) 有. $f(x)$ 可导, 则 $f(x)$ 连续, 从而 $f(x)$ 一定存在原函数.

(2) 0. 由于 $f(x)$ 的某个原函数为常数, 则 $f(x)=C'=0$.

(3) $2-e^{-x}$, $x^2-e^{-x}+2$.

$$f(x)=\varphi'(x)=(2x+e^{-x})'=2-e^{-x};$$

$$g(x)=\int\varphi(x)dx=\int(2x+e^{-x})dx=x^2-e^{-x}+C,$$

由于 $g(0)=1$, 所以 $C=2$, 从而 $g(x)=x^2-e^{-x}+2$.

(4) $xf'(x)-f(x)+C$.

$$\int xf''(x)\mathrm{d}x = \int x\mathrm{d}f'(x) = xf'(x) - \int f'(x)\mathrm{d}x = xf'(x) - f(x) + C .$$

(5) $x\cos x - \sin x + C$. 由于 $\mathrm{d}(\cos x) = f(x)\mathrm{d}x$ ，所以

$$\int xf(x)\mathrm{d}x = \int x\mathrm{d}\cos x = x\cos x - \int \cos x\mathrm{d}x = x\cos x - \sin x + C .$$

2. 选择题

(1) 若 $f(x)$ 的一个原函数是 $\dfrac{\ln x}{x}$ ，则 $\int f'(x)\,\mathrm{d}x = ($ 　　 $)$.

(A) $\dfrac{\ln x}{x} + C$ 　　　(B) $\dfrac{1}{2}\ln^2 x + C$ 　　　　(C) $\ln|\ln x| + C$ 　　　　(D) $\dfrac{1-\ln x}{x^2} + C$

(2) 原函数族 $f(x) + C$ 可写成（　　）形式.

(A) $\int f'(x)\mathrm{d}x$ 　　　(B) $\left[\int f(x)\mathrm{d}x\right]'$ 　　　(C) $\mathrm{d}\int f(x)\mathrm{d}x$ 　　　(D) $\int F'(x)\mathrm{d}x$

(3) 若 $f'(x^2) = \dfrac{1}{x}(x>0)$ ，则 $f(x) = ($ 　　 $)$.

(A) $2x + C$ 　　　(B) $\ln|x| + C$ 　　　(C) $2\sqrt{x} + C$ 　　　(D) $\dfrac{1}{\sqrt{x} + C}$

(4) 若 $\int f(x)\,\mathrm{d}x = x^2\mathrm{e}^{2x} + C$ ，则 $f(x) = ($ 　　 $)$.

(A) $2x\mathrm{e}^{2x}$ 　　　(B) $2x^2\mathrm{e}^{2x}$ 　　　(C) $4x\mathrm{e}^{2x}$ 　　　(D) $2x\mathrm{e}^{2x}(1+x)$

(5) 若 $F'(x) = \dfrac{1}{\sqrt{1-x^2}}$ ， $F(1) = \dfrac{3}{2}\pi$ ，则 $F(x) = ($ 　　 $)$.

(A) $\arcsin x$ 　　　(B) $\arcsin x + \dfrac{\pi}{2}$ 　　　(C) $\arccos x + \pi$ 　　　(D) $\arcsin x + \pi$

分析　　(1) D. 由于 $f(x) = \left(\dfrac{\ln x}{x}\right)' = \dfrac{1-\ln x}{x^2}$ ，所以 $\int f'(x)\,\mathrm{d}x = f(x) + C = \dfrac{1-\ln x}{x^2} + C$.

(2) A. (A) $\int f'(x)\mathrm{d}x = f(x) + C$ ；(B) $\left[\int f(x)\mathrm{d}x\right]' = f(x)$ ；(C) $\mathrm{d}\int f(x)\mathrm{d}x = f(x)\mathrm{d}x$ ；

(D) $\int F'(x)\mathrm{d}x = F(x) + C$.

(3) C. 由于 $f'(x^2) = \dfrac{1}{x}(x>0)$ ，则 $f'(x) = \dfrac{1}{\sqrt{x}}$ ，所以

$$f(x) = \int f'(x)\mathrm{d}x = \int \frac{1}{\sqrt{x}}\mathrm{d}x = 2\sqrt{x} + C .$$

(4) D. $f(x) = \left[\int f(x)\,\mathrm{d}x\right]' = (x^2\mathrm{e}^{2x} + C)' = 2x\mathrm{e}^{2x} + 2x^2\mathrm{e}^{2x} = 2x(x+1)\mathrm{e}^{2x}$.

(5) D. $F(x) = \int F'(x)\mathrm{d}x = \int \dfrac{1}{\sqrt{1-x^2}}\mathrm{d}x = \arcsin x + C$ ，由 $F(1) = \dfrac{3}{2}\pi$ ，得 $C = \pi$ ，因此则

$F(x) = \arcsin x + \pi$.

3. 求下列不定积分:

(1) $\displaystyle\int \frac{e^{-1/x^2}}{x^3}dx$;

(2) $\displaystyle\int \frac{x^2}{4+9x^2}dx$;

(3) $\displaystyle\int \frac{x+\arccos x}{\sqrt{1-x^2}}dx$;

(4) $\displaystyle\int \frac{dx}{x(2+x^{10})}$;

(5) $\displaystyle\int x(1+x)^{100}dx$;

(6) $\displaystyle\int \frac{dx}{x\sqrt{4-x^2}}$;

(7) $\displaystyle\int \frac{\sqrt{x^2-4}}{x}dx$;

(8) $\displaystyle\int \frac{\ln\ln x}{x}dx$;

(9) $\displaystyle\int \frac{2}{e^x+e^{-x}}dx$;

(10) $\displaystyle\int \frac{x}{\sqrt{x^2+1}-x}dx$;

(11) $\displaystyle\int \frac{2^x 3^x}{9^x-4^x}dx$;

(12) $\displaystyle\int \frac{7\cos x-3\sin x}{5\cos x+2\sin x}dx$;

(13) $\displaystyle\int \frac{\sqrt{x(x+1)}}{\sqrt{x}+\sqrt{x+1}}dx$;

(14) $\displaystyle\int \frac{3x-1}{x^2-4x+8}dx$;

(15) $\displaystyle\int \frac{1-x^8}{x(1+x^8)}dx$;

(16) $\displaystyle\int \frac{\sqrt{x}}{\sqrt[4]{x^3}+1}dx$;

(17) $\displaystyle\int \frac{\sqrt{1+\ln x}}{x\ln x}dx$;

(18) $\displaystyle\int \frac{dx}{x\sqrt{1+x^4}}$;

(19) $\displaystyle\int \frac{\ln(1+x^2)}{x^3}dx$;

(20) $\displaystyle\int \frac{x^2}{1+x^2}\arctan x\,dx$;

(21) $\displaystyle\int \ln(x+\sqrt{1+x^2})dx$;

(22) $\displaystyle\int \cos\sqrt{3x+2}\,dx$;

(23) $\displaystyle\int \frac{xe^x}{\sqrt{e^x-3}}dx$;

(24) $\displaystyle\int \frac{e^x(1+\sin x)}{1+\cos x}dx$;

(25) $\displaystyle\int \frac{\arcsin\sqrt{x}+\ln x}{\sqrt{x}}dx$;

(26) $\displaystyle\int \frac{x^{11}dx}{x^8+3x^4+2}$;

(27) $\displaystyle\int \frac{x}{(x^2+1)(x^2+4)}dx$;

(28) $\displaystyle\int \frac{dx}{(x^2+1)(x^2+x+1)}$;

(29) $\displaystyle\int \frac{1}{(x-1)\sqrt{x^2-2}}dx$.

解　(1) $\displaystyle\int \frac{e^{-\frac{1}{x^2}}}{x^3}dx=\frac{1}{2}\int e^{-\frac{1}{x^2}}d\left(-\frac{1}{x^2}\right)=\frac{1}{2}e^{-\frac{1}{x^2}}+C$.

(2) $\displaystyle\int \frac{x^2}{4+9x^2}dx=\int \frac{x^2+\frac{4}{9}-\frac{4}{9}}{4+9x^2}dx=\int\left(\frac{1}{9}-\frac{4}{9}\cdot\frac{1}{4+9x^2}\right)dx$

$\displaystyle\qquad=\int \frac{1}{9}dx-\frac{4}{9}\cdot\frac{1}{3}\int \frac{1}{4+9x^2}d(3x)=\frac{1}{9}x-\frac{2}{27}\arctan\frac{3x}{2}+C$.

(3) $\displaystyle\int \frac{x+\arccos x}{\sqrt{1-x^2}}dx=\int \frac{x}{\sqrt{1-x^2}}dx+\int \frac{\arccos x}{\sqrt{1-x^2}}dx$

$\displaystyle\qquad=-\int \frac{1}{2\sqrt{1-x^2}}d(1-x^2)-\int \arccos x\,d\arccos x$

$\displaystyle\qquad=-\sqrt{1-x^2}-\frac{1}{2}(\arccos x)^2+C$.

(4) $\displaystyle\int \frac{dx}{x(2+x^{10})}=\frac{1}{2}\int \frac{2+x^{10}-x^{10}}{x(2+x^{10})}dx=\frac{1}{2}\int\left[\frac{1}{x}-\frac{x^9}{2+x^{10}}\right]dx$

$\displaystyle\qquad=\frac{1}{2}\ln|x|-\frac{1}{20}\ln\left|2+x^{10}\right|+C$.

(5) $\displaystyle\int x(1+x)^{100}\mathrm{d}x \xlongequal{1+x=t} \int (t-1)t^{100}\mathrm{d}t = \int (t^{101}-t^{100})\mathrm{d}t = \frac{1}{102}t^{102}-\frac{1}{101}t^{101}+C$

$\qquad\qquad = \dfrac{1}{102}(x+1)^{102}-\dfrac{1}{101}(x+1)^{101}+C.$

(6) $\displaystyle\int \frac{\mathrm{d}x}{x\sqrt{4-x^2}} \xlongequal{x=2\sin t} \int \frac{2\cos t\,\mathrm{d}t}{2\sin t\cdot 2\cos t} = \frac{1}{2}\int \csc t\,\mathrm{d}t = \frac{1}{2}\ln|\csc t-\cot t|+C$

$\qquad\qquad = \dfrac{1}{2}\ln\left|\dfrac{2-\sqrt{4-x^2}}{x}\right|+C.$

(7) $\displaystyle\int \frac{\sqrt{x^2-4}}{x}\mathrm{d}x \xlongequal{x=2\sec t} \int \frac{2\tan t}{2\sec t}\cdot 2\sec t\tan t\,\mathrm{d}t = 2\int \tan^2 t\,\mathrm{d}t = 2\int (\sec^2 t-1)\mathrm{d}t$

$\qquad\qquad = 2(\tan t-t)+C = \sqrt{x^2-4}-2\arccos\dfrac{2}{x}+C.$

(8) $\displaystyle\int \frac{\ln\ln x}{x}\mathrm{d}x = \int \ln\ln x\,\mathrm{d}\ln x = \ln x\cdot\ln\ln x - \int \ln x\cdot\frac{1}{\ln x}\cdot\frac{1}{x}\mathrm{d}x$

$\qquad\qquad = \ln x\cdot\ln\ln x - \ln|x|+C.$

(9) $\displaystyle\int \frac{2}{\mathrm{e}^x+\mathrm{e}^{-x}}\mathrm{d}x = \int \frac{2\mathrm{e}^x}{1+(\mathrm{e}^x)^2}\mathrm{d}x = \int \frac{2}{1+(\mathrm{e}^x)^2}\mathrm{d}\mathrm{e}^x = 2\arctan \mathrm{e}^x+C.$

(10) $\displaystyle\int \frac{x}{\sqrt{x^2+1}-x}\mathrm{d}x = \int \frac{x}{\sqrt{x^2+1}-x}\cdot\frac{\sqrt{x^2+1}+x}{\sqrt{x^2+1}+x}\mathrm{d}x = \int x(\sqrt{x^2+1}+x)\mathrm{d}x$

$\qquad\qquad = \displaystyle\int x\sqrt{x^2+1}\mathrm{d}x + \int x^2\mathrm{d}x = \frac{1}{2}\int \sqrt{x^2+1}\mathrm{d}(x^2+1) + \int x^2\mathrm{d}x$

$\qquad\qquad = \dfrac{1}{3}(x^2+1)^{\frac{3}{2}}+\dfrac{x^3}{3}+C.$

(11) $\displaystyle\int \frac{2^x3^x}{9^x-4^x}\mathrm{d}x = \int \frac{2^x3^x}{4^x\left[\dfrac{9^x}{4^x}-1\right]}\mathrm{d}x = \int \frac{\left(\dfrac{3}{2}\right)^x}{\left[\left(\dfrac{3}{2}\right)^{2x}-1\right]}\mathrm{d}x = \frac{1}{\ln\dfrac{3}{2}}\int \frac{1}{\left[\left(\dfrac{3}{2}\right)^{2x}-1\right]}\mathrm{d}\left(\dfrac{3}{2}\right)^x$

$\qquad\qquad = \dfrac{1}{2(\ln3-\ln2)}\ln\left|\dfrac{\left(\dfrac{3}{2}\right)^x-1}{\left(\dfrac{3}{2}\right)^x+1}\right|+C = \dfrac{1}{2(\ln3-\ln2)}\ln\left|\dfrac{3^x-2^x}{3^x+2^x}\right|+C.$

(12) $\displaystyle\int \frac{7\cos x-3\sin x}{5\cos x+2\sin x}\mathrm{d}x = \int \frac{5\cos x+2\sin x+2\cos x-5\sin x}{5\cos x+2\sin x}\mathrm{d}x$

$\qquad\qquad = \displaystyle\int \left[1+\frac{2\cos x-5\sin x}{5\cos x+2\sin x}\right]\mathrm{d}x = x+\ln|5\cos x+2\sin x|+C.$

(13) $\displaystyle\int \frac{\sqrt{x(x+1)}}{\sqrt{x}+\sqrt{x+1}}\mathrm{d}x = \int \frac{\sqrt{x(x+1)}}{\sqrt{x}+\sqrt{x+1}}\cdot\frac{\sqrt{x+1}-\sqrt{x}}{\sqrt{x+1}-\sqrt{x}}\mathrm{d}x = \int \left[(x+1)\sqrt{x}-x\sqrt{x+1}\right]\mathrm{d}x$

$\qquad\qquad = \displaystyle\int (x+1)\sqrt{x}\mathrm{d}x - \int x\sqrt{x+1}\mathrm{d}x$

$\qquad\qquad = \dfrac{2}{5}\sqrt{x^5}+\dfrac{2}{3}\sqrt{x^3}-\dfrac{2}{5}\sqrt{(x+1)^5}+\dfrac{2}{3}\sqrt{(x+1)^3}+C.$

(14) $\displaystyle\int\frac{3x-1}{x^2-4x+8}dx=\int\frac{3x-6+5}{x^2-4x+8}dx=\int\frac{3x-6}{x^2-4x+8}dx+5\int\frac{1}{(x-2)^2+4}dx$

$\displaystyle\qquad=\frac{3}{2}\ln\left|x^2-4x+8\right|+\frac{5}{2}\arctan\frac{x-2}{2}+C.$

(15) $\displaystyle\int\frac{1-x^8}{x(1+x^8)}dx=\int\frac{1+x^8-2x^8}{x(1+x^8)}dx=\int\frac{1}{x}dx-2\int\frac{x^7}{1+x^8}dx=\ln|x|-\frac{1}{4}\ln\left|1+x^8\right|+C.$

(16) $\displaystyle\int\frac{\sqrt{x}}{\sqrt[4]{x^3}+1}dx\xrightarrow{\sqrt[4]{x}=t}\int\frac{t^2\cdot4t^3}{t^3+1}dt=4\int\frac{t^5+t^2-t^2}{t^3+1}dt=4\int\left(t^2-\frac{t^2}{t^3+1}\right)dt$

$\displaystyle\qquad=4\left(\frac{t^3}{3}-\frac{1}{3}\ln\left|t^3+1\right|\right)+C=\frac{4}{3}(\sqrt[4]{x^3}-\ln|\sqrt[4]{x^3}+1|)+C.$

(17) $\displaystyle\int\frac{\sqrt{1+\ln x}}{x\ln x}dx\xrightarrow{\sqrt{1+\ln x}=t}\int\frac{t}{e^{t^2-1}(t^2-1)}\cdot e^{t^2-1}\cdot2tdt=2\int\frac{t^2-1+1}{t^2-1}dt=2\int\left(1+\frac{1}{t^2-1}\right)dt$

$\displaystyle\qquad=2\left(t+\frac{1}{2}\ln\left|\frac{t-1}{t+1}\right|\right)+C=2\left(\sqrt{1+\ln x}+\frac{1}{2}\ln\left|\frac{\sqrt{1+\ln x}-1}{\sqrt{1+\ln x}+1}\right|\right)+C.$

(18) $\displaystyle\int\frac{1}{x\sqrt{1+x^4}}dx=\int\frac{x}{x^2\sqrt{1+x^4}}dx=\frac{1}{2}\int\frac{1}{x^2\sqrt{1+x^4}}dx^2\xrightarrow{x^2=\tan t}\int\frac{\sec t}{2\tan t}dt$

$\displaystyle\qquad=\frac{1}{2}\int\csc t dt=\frac{1}{2}\ln|\csc t-\cot t|+C=\frac{1}{2}\ln\left|\frac{\sqrt{1+x^4}-1}{x^2}\right|+C.$

(19) $\displaystyle\int\frac{\ln(1+x^2)}{x^3}dx=\int x^{-3}\ln(1+x^2)\,dx=-\frac{1}{2}\int\ln(1+x^2)\,dx^{-2}$

$\displaystyle\qquad=-\frac{1}{2}\left[x^{-2}\ln(1+x^2)-\int x^{-2}d\ln(1+x^2)\right]=-\frac{1}{2x^2}\ln(1+x^2)+\frac{1}{2}\int\frac{1}{x^2}\cdot\frac{2x}{1+x^2}dx$

$\displaystyle\qquad=-\frac{1}{2x^2}\ln(1+x^2)+\frac{1}{2}\int\frac{1}{x}\cdot\frac{2}{1+x^2}dx=-\frac{1}{2x^2}\ln(1+x^2)+\frac{1}{2}\left(\int\frac{2}{x}dx-\int\frac{2x}{1+x^2}dx\right)$

$\displaystyle\qquad=-\frac{1}{2x^2}\ln(1+x^2)+\ln|x|-\frac{1}{2}\ln\left|1+x^2\right|+C.$

(20) $\displaystyle\int\frac{x^2}{1+x^2}\arctan x dx=\int\frac{1+x^2-1}{1+x^2}\arctan x dx=\int\arctan x dx-\int\frac{1}{1+x^2}\arctan x dx$

$\displaystyle\qquad=x\arctan x-\int\frac{x}{1+x^2}dx-\int\arctan x d\arctan x$

$\displaystyle\qquad=x\arctan x-\frac{1}{2}\ln\left|1+x^2\right|-\frac{1}{2}(\arctan x)^2+C.$

(21) $\displaystyle\int\ln(x+\sqrt{1+x^2})\,dx=x\ln(x+\sqrt{1+x^2})-\int xd\ln(x+\sqrt{1+x^2})$

$\displaystyle\qquad=x\ln(x+\sqrt{1+x^2})-\int x\frac{1+\frac{2}{2\sqrt{1+x^2}}}{x+\sqrt{1+x^2}}dx=x\ln(x+\sqrt{1+x^2})-\int\frac{x}{\sqrt{1+x^2}}dx$

$\displaystyle\qquad=x\ln(x+\sqrt{1+x^2})-\int\frac{1}{2\sqrt{1+x^2}}d(1+x^2)=x\ln(x+\sqrt{1+x^2})-\sqrt{1+x^2}+C.$

(22) $\displaystyle\int\cos\sqrt{3x+2}\,\mathrm{d}x \xlongequal{\sqrt{3x+2}=t} \int\frac{2t}{3}\cos t\,\mathrm{d}t = \frac{2}{3}\int t\cos t\,\mathrm{d}t = \frac{2}{3}\int t\,\mathrm{d}\sin t$

$$= \frac{2}{3}t\sin t - \frac{2}{3}\int\sin t\,\mathrm{d}t = \frac{2}{3}t\sin t + \frac{2}{3}\cos t + C$$

$$= \frac{2}{3}\sqrt{3x+2}\sin\sqrt{3x+2} + \frac{2}{3}\cos\sqrt{3x+2} + C.$$

(23) $\displaystyle\int\frac{x\mathrm{e}^x}{\sqrt{\mathrm{e}^x-3}}\,\mathrm{d}x \xlongequal{\sqrt{\mathrm{e}^x-3}=t} \int\frac{(t^2+3)\ln(t^2+3)}{t}\cdot\frac{2t}{(t^2+3)}\,\mathrm{d}t = 2\int\ln(t^2+3)\,\mathrm{d}t$

$$= 2t\ln(t^2+3) - 2\int\frac{t\cdot 2t}{t^2+3}\,\mathrm{d}t = 2t\ln(t^2+3) - 4\int\frac{(t^2+3)-3}{t^2+3}\,\mathrm{d}t$$

$$= 2t\ln(t^2+3) - 4\int\left(1-\frac{3}{t^2+3}\right)\mathrm{d}t$$

$$= 2t\ln(t^2+3) - 4t + 4\sqrt{3}\arctan\frac{t}{\sqrt{3}} + C$$

$$= 2x\sqrt{\mathrm{e}^x-3} - 4\sqrt{\mathrm{e}^x-3} + 4\sqrt{3}\arctan\frac{\sqrt{\mathrm{e}^x-3}}{\sqrt{3}} + C.$$

(24) $\displaystyle\int\frac{\mathrm{e}^x(1+\sin x)}{1+\cos x}\,\mathrm{d}x = \int\frac{\mathrm{e}^x(1+\sin x)}{2\cos^2\frac{x}{2}}\,\mathrm{d}x = \int\frac{\mathrm{e}^x}{2\cos^2\frac{x}{2}}\,\mathrm{d}x + \int\frac{\mathrm{e}^x\sin x}{2\cos^2\frac{x}{2}}\,\mathrm{d}x$

$$= \int\mathrm{e}^x\sec^2\frac{x}{2}\,\mathrm{d}\left(\frac{x}{2}\right) + \int\frac{\mathrm{e}^x 2\sin\frac{x}{2}\cos\frac{x}{2}}{2\cos^2\frac{x}{2}}\,\mathrm{d}x = \int\mathrm{e}^x\,\mathrm{d}\left(\tan\frac{x}{2}\right) + \int\mathrm{e}^x\tan\frac{x}{2}\,\mathrm{d}x$$

$$= \mathrm{e}^x\tan\frac{x}{2} - \int\tan\frac{x}{2}\,\mathrm{d}\mathrm{e}^x + \int\mathrm{e}^x\tan\frac{x}{2}\,\mathrm{d}x$$

$$= \mathrm{e}^x\tan\frac{x}{2} - \int\mathrm{e}^x\tan\frac{x}{2}\,\mathrm{d}x + \int\mathrm{e}^x\tan\frac{x}{2}\,\mathrm{d}x = \mathrm{e}^x\tan\frac{x}{2} + C.$$

(25) $\displaystyle\int\frac{\arcsin\sqrt{x}+\ln x}{\sqrt{x}}\,\mathrm{d}x = \int\frac{\arcsin\sqrt{x}}{\sqrt{x}}\,\mathrm{d}x + \int\frac{\ln x}{\sqrt{x}}\,\mathrm{d}x = 2\int\arcsin\sqrt{x}\,\mathrm{d}\sqrt{x} + 2\int\ln x\,\mathrm{d}\sqrt{x}$

$$= 2\sqrt{x}\arcsin\sqrt{x} - 2\int\sqrt{x}\,\mathrm{d}\arcsin\sqrt{x} + 2\sqrt{x}\ln x - 2\int\sqrt{x}\,\mathrm{d}\ln x$$

$$= 2\sqrt{x}\arcsin\sqrt{x} - 2\int\sqrt{x}\cdot\frac{1}{\sqrt{1-x}}\cdot\frac{1}{2\sqrt{x}}\,\mathrm{d}x + 2\sqrt{x}\ln x - 2\int\frac{1}{\sqrt{x}}\,\mathrm{d}x$$

$$= 2\sqrt{x}\arcsin\sqrt{x} - 2\sqrt{1-x} + 2\sqrt{x}\ln x - 4\sqrt{x} + C.$$

(26) $\displaystyle\int\frac{x^{11}}{x^8+3x^3+2}\,\mathrm{d}x = \int\frac{x^8\cdot x^3}{(x^4+1)(x^4+2)}\,\mathrm{d}x = \frac{1}{4}\int\frac{x^8}{(x^4+1)(x^4+2)}\,\mathrm{d}x^4$

$$\xlongequal{x^4=t} \frac{1}{4}\int\frac{t^2}{(t+1)(t+2)}\,\mathrm{d}t = \frac{1}{4}\int\frac{t^2-1+1}{(t+1)(t+2)}\,\mathrm{d}t$$

$$= \frac{1}{4}\left(\int\frac{t-1}{t+2}\,\mathrm{d}t + \int\frac{1}{(t+1)(t+2)}\,\mathrm{d}t\right)$$

$$= \frac{1}{4}\left(\int\left(1-\frac{3}{t+2}\right)\mathrm{d}t + \int\left(\frac{1}{t+1}-\frac{1}{t+2}\right)\mathrm{d}t\right)$$

$$= \frac{1}{4}\left(t-3\ln|t+2|+\ln|t+1|-\ln|t+2|\right)+C = \frac{1}{4}x^4 + \ln\left|\frac{\sqrt[4]{x^4+1}}{x^4+2}\right|+C.$$

(27) $\displaystyle\int\frac{x}{(x^2+1)(x^2+4)}\mathrm{d}x = \frac{1}{6}\int\left(\frac{1}{x^2+1}-\frac{1}{x^2+4}\right)\mathrm{d}x^2 = \frac{1}{6}\ln\left|\frac{x^2+1}{x^2+4}\right|+C$.

(28) $\displaystyle\frac{1}{(x^2+1)(x^2+x+1)} = \frac{Ax+B}{x^2+1}+\frac{Cx+D}{x^2+x+1} = \frac{-x}{x^2+1}+\frac{x+1}{x^2+x+1}$,

$$\int\frac{1}{(x^2+1)(x^2+x+1)}\mathrm{d}x = \int\left(\frac{-x}{x^2+1}+\frac{x+1}{x^2+x+1}\right)\mathrm{d}x = -\frac{1}{2}\int\frac{\mathrm{d}(x^2+1)}{x^2+1}+\int\frac{x+\frac{1}{2}+\frac{1}{2}}{x^2+x+1}\mathrm{d}x$$

$$= -\frac{1}{2}\ln|x^2+1|+\frac{1}{2}\int\frac{\mathrm{d}(x^2+x+1)}{x^2+x+1}+\frac{1}{2}\int\frac{1}{\left(x+\frac{1}{2}\right)^2+\left(\frac{\sqrt{3}}{2}\right)^2}\mathrm{d}\left(x+\frac{1}{2}\right)$$

$$= -\frac{1}{2}\ln|x^2+1|+\frac{1}{2}\ln|x^2+x+1|+\frac{\sqrt{3}}{3}\arctan\frac{2\left(x+\frac{1}{2}\right)}{\sqrt{3}}+C$$

$$= \frac{1}{2}\ln\left|\frac{x^2+x+1}{x^2+1}\right|+\frac{\sqrt{3}}{3}\arctan\frac{2x+1}{\sqrt{3}}+C.$$

(29) $\displaystyle\int\frac{1}{(x-1)\sqrt{x^2-2}}\mathrm{d}x = \int\frac{x+1}{(x^2-1)\sqrt{x^2-2}}\mathrm{d}x$

$$= \int\frac{x}{(x^2-1)\sqrt{x^2-2}}\mathrm{d}x + \int\frac{1}{(x^2-1)\sqrt{x^2-2}}\mathrm{d}x,$$

$$\int\frac{x}{(x^2-1)\sqrt{x^2-2}}\mathrm{d}x = \int\frac{1}{2(x^2-1)\sqrt{x^2-2}}\mathrm{d}(x^2-2) = \int\frac{1}{x^2-1}\mathrm{d}\sqrt{x^2-2}$$

$$= \int\frac{1}{(\sqrt{x^2-2})^2+1}\mathrm{d}\sqrt{x^2-2} = \arctan\sqrt{x^2-2}+C_1,$$

$$\int\frac{1}{(x^2-1)\sqrt{x^2-2}}\mathrm{d}x \xlongequal{x=\sqrt{2}\sec\theta} \int\frac{\sqrt{2}\sec\theta\tan\theta}{(2\sec^2\theta-1)\cdot\sqrt{2}\tan\theta}\mathrm{d}\theta = \int\frac{\sec\theta}{2\sec^2\theta-1}\mathrm{d}\theta$$

$$= \int\frac{\cos\theta}{2-\cos^2\theta}\mathrm{d}\theta = \int\frac{1}{1+\sin^2\theta}\mathrm{d}\sin\theta = \arctan\sin\theta+C_2$$

$$= \arctan\frac{\sqrt{2}\tan\theta}{\sqrt{2}\sec\theta}+C_2 = \arctan\frac{\sqrt{x^2-2}}{x}+C_2,$$

所以

$$\int \frac{1}{(x-1)\sqrt{x^2-2}}\mathrm{d}x = \int \frac{x}{(x^2-1)\sqrt{x^2-2}}\mathrm{d}x + \int \frac{1}{(x^2-1)\sqrt{x^2-2}}\mathrm{d}x$$

$$= \arctan\sqrt{x^2-2} + \arctan\frac{\sqrt{x^2-2}}{x} + C.$$

4. 若 $\int f'(\mathrm{e}^x)\mathrm{d}x = \mathrm{e}^{2x} + C$, 求 $f(x)$.

解 由于 $(\mathrm{e}^{2x})' = f'(\mathrm{e}^x)$, 即 $2\mathrm{e}^{2x} = f'(\mathrm{e}^x)$, 所以 $f'(x) = 2x^2$, 进而

$$f(x) = \int 2x^2\mathrm{d}x = \frac{2x^3}{3} + C.$$

5. 设 $f(x) = \mathrm{e}^{-x}$, 求 $\int \frac{f'(\ln x)}{x}\mathrm{d}x$.

解 $\int \frac{f'(\ln x)}{x}\mathrm{d}x = \int f'(\ln x)\mathrm{d}(\ln x) = f(\ln x) + C = \mathrm{e}^{-\ln x} + C = \frac{1}{x} + C$.

6. 设 $\int xf(x)\,\mathrm{d}x = \arcsin x + C$, 求 $\int \frac{\mathrm{d}x}{f(x)}$.

解 由 $(\arcsin x)' = xf(x)$, 得 $\dfrac{1}{\sqrt{1-x^2}} = xf(x)$, 进而 $\dfrac{1}{f(x)} = x\sqrt{1-x^2}$, 所以

$$\int \frac{1}{f(x)}\mathrm{d}x = \int x\sqrt{1-x^2}\mathrm{d}x = -\frac{1}{2}\int (1-x^2)^{\frac{1}{2}}\mathrm{d}(1-x^2) = -\frac{1}{3}(1-x^2)^{\frac{3}{2}} + C.$$

7. 已知 $f'(\mathrm{e}^x) = 1+x$, 求 $f(x)$.

解 令 $t = \mathrm{e}^x$, 则 $x = \ln t$. 由 $f'(\mathrm{e}^x) = 1+x$, 得 $f'(t) = 1+\ln t$, 因此

$$f(x) = \int (1+\ln x)\mathrm{d}x = \int \mathrm{d}x + \int \ln x\mathrm{d}x = x + x\ln x - \int x\mathrm{d}\ln x + C = x\ln x + C.$$

8. 设 $f(x^2-1) = \ln\dfrac{x^2}{x^2-2}$, 且 $f[\varphi(x)] = \ln x$, 求 $\int \varphi(x)\mathrm{d}x$.

解 令 $x^2-1 = t$, 则 $f(t) = \ln\dfrac{t+1}{t-1}$, 进而

$$f[\varphi(x)] = \ln\frac{\varphi(x)+1}{\varphi(x)-1} = \ln x,$$

即 $\varphi(x) = \dfrac{x+1}{x-1}$. 于是

$$\int \varphi(x)\mathrm{d}x = \int \frac{x+1}{x-1}\mathrm{d}x = \int \frac{x-1+1}{x-1}\mathrm{d}x = x + 2\ln|x-1| + C.$$

9. 求不定积分: $\int \left[\dfrac{f(x)}{f'(x)} - \dfrac{f^2(x)f''(x)}{f'^3(x)}\right]\mathrm{d}x$.

解

$$\int\left[\frac{f(x)}{f'(x)}-\frac{f^2(x)f''(x)}{f'^3(x)}\right]\mathrm{d}x=\int\left[\frac{f(x)f'^2(x)-f^2(x)f''(x)}{f'^3(x)}\right]\mathrm{d}x$$

$$=\int\frac{f(x)}{f'(x)}\left[\frac{f'(x)f'(x)-f(x)f''(x)}{f'^2(x)}\right]\mathrm{d}x$$

$$=\int\frac{f(x)}{f'(x)}\mathrm{d}\left[\frac{f(x)}{f'(x)}\right]=\frac{1}{2}\left[\frac{f(x)}{f'(x)}\right]^2+C.$$

10. 设 $f(\ln x)=\dfrac{\ln(x+1)}{x}$，求 $\displaystyle\int f(x)\mathrm{d}x$.

解 令 $t=\ln x$，则 $x=\mathrm{e}^t$，从而 $f(t)=\dfrac{\ln(\mathrm{e}^t+1)}{\mathrm{e}^t}$，于是

$$\int f(x)\mathrm{d}x=\int\frac{\ln(\mathrm{e}^x+1)}{\mathrm{e}^x}\mathrm{d}x=-\int\ln(\mathrm{e}^x+1)\mathrm{d}\mathrm{e}^{-x}$$

$$=-\mathrm{e}^{-x}\ln(\mathrm{e}^x+1)+\int\mathrm{e}^{-x}\mathrm{d}\ln(\mathrm{e}^x+1)=-\mathrm{e}^{-x}\ln(\mathrm{e}^x+1)+\int\mathrm{e}^{-x}\cdot\frac{\mathrm{e}^x}{\mathrm{e}^x+1}\mathrm{d}x$$

$$=-\mathrm{e}^{-x}\ln(\mathrm{e}^x+1)+\int\frac{1+\mathrm{e}^x-\mathrm{e}^x}{\mathrm{e}^x+1}\mathrm{d}x=-\mathrm{e}^{-x}\ln(\mathrm{e}^x+1)+x-\ln\left|\mathrm{e}^x+1\right|+C.$$

11. 设 $I_n=\displaystyle\int\tan^n x\mathrm{d}x$，求证：$I_n=\dfrac{1}{n-1}\tan^{n-1}x-I_{n-2}$，并求 $\displaystyle\int\tan^5 x\mathrm{d}x$.

解

$$I_n=\int\tan^n x\mathrm{d}x=\int\tan^{n-2}x\cdot\tan^2 x\mathrm{d}x=\int\tan^{n-2}x(\sec^2 x-1)\,\mathrm{d}x$$

$$=\int\tan^{n-2}x\cdot\sec^2 x\mathrm{d}x-I_{n-2}=\int\tan^{n-2}x\mathrm{d}\tan x-I_{n-2}$$

$$=\frac{1}{n-1}\tan^{n-1}x-I_{n-2}.$$

因为 $I_1=\displaystyle\int\tan x\mathrm{d}x=-\ln\left|\cos x\right|+C$，所以

$$I_5=\frac{1}{4}\tan^4 x-I_3=\frac{1}{4}\tan^4 x-\frac{1}{2}\tan^2 x+I_1=\frac{1}{4}\tan^4 x-\frac{1}{2}\tan^2 x-\ln\left|\cos x\right|+C.$$

12. 设 $f(\sin^2 x)=\dfrac{x}{\sin x}$，求 $\displaystyle\int\frac{\sqrt{x}}{\sqrt{1-x}}f(x)\mathrm{d}x$.

解 由 $f(\sin^2 x)=\dfrac{x}{\sin x}$，得 $f(x)=\dfrac{\arcsin\sqrt{x}}{\sqrt{x}}$，则

$$\int\frac{\sqrt{x}}{\sqrt{1-x}}f(x)\mathrm{d}x=\int\frac{\sqrt{x}}{\sqrt{1-x}}\frac{\arcsin\sqrt{x}}{\sqrt{x}}\mathrm{d}x=\int\frac{\arcsin\sqrt{x}}{\sqrt{1-x}}\mathrm{d}x=-\int\frac{\arcsin\sqrt{x}}{\sqrt{1-x}}\mathrm{d}(1-x)$$

$$=-2\int\arcsin\sqrt{x}\mathrm{d}\sqrt{1-x}=-2\left(\sqrt{1-x}\arcsin\sqrt{x}-\int\sqrt{1-x}\mathrm{d}\arcsin\sqrt{x}\right)$$

$$=-2\sqrt{1-x}\arcsin\sqrt{x}+2\int\frac{\sqrt{1-x}}{\sqrt{1-x}}\cdot\frac{1}{2\sqrt{x}}\mathrm{d}x$$

$$=-2\sqrt{1-x}\arcsin\sqrt{x}+2\sqrt{x}+C.$$

13. 设 $f(x)$ 的一个原函数 $F(x)>0$，且 $F(0)=1$，当 $x\geqslant 0$ 时，$f(x)F(x)=\sin^2 2x$，求 $f(x)$.

解　由 $f(x)F(x)=\sin^2 2x$，得 $\int f(x)F(x)\mathrm{d}x=\int\sin^2 2x\mathrm{d}x$，于是

$$\int F(x)\mathrm{d}F(x)=\int\frac{1-\cos 4x}{2}\mathrm{d}x,$$

即

$$\frac{F^2(x)}{2}=\frac{1}{2}\left(x-\frac{1}{4}\sin 4x\right)+C.$$

又因为 $F(0)=1$，$F(x)>0$，所以 $F^2(x)=x-\frac{1}{4}\sin 4x+1$，即

$$F(x)=\sqrt{x-\frac{1}{4}\sin 4x+1}=\frac{\sqrt{4x-\sin 4x+4}}{2}.$$

由于 $F'(x)=f(x)$，所以 $f(x)=\frac{1-\cos 4x}{\sqrt{4x-\sin 4x+4}}$.

五、拓展训练

例 1　求 $\int\dfrac{\mathrm{d}x}{\sin 2x+2\sin x}$.

解　$\displaystyle\int\frac{\mathrm{d}x}{\sin 2x+2\sin x}=\int\frac{\mathrm{d}x}{2\sin x(\cos x+1)}=\frac{1}{8}\int\frac{\sin^2\frac{x}{2}+\cos^2\frac{x}{2}}{\sin\frac{x}{2}\cos^3\frac{x}{2}}\mathrm{d}x$

$=\dfrac{1}{4}\int\tan\dfrac{x}{2}\sec^2\dfrac{x}{2}\mathrm{d}\dfrac{x}{2}+\dfrac{1}{4}\int\dfrac{1}{\sin x}\mathrm{d}x$

$=\dfrac{1}{4}\int\tan\dfrac{x}{2}\mathrm{d}\tan\dfrac{x}{2}+\dfrac{1}{4}\int\csc x\mathrm{d}x$

$=\dfrac{1}{8}\tan^2\dfrac{x}{2}+\dfrac{1}{4}\ln\left|\csc x-\cot x\right|+C.$

例 2　求 $\int\dfrac{x\mathrm{e}^x}{\sqrt{\mathrm{e}^x-1}}\mathrm{d}x$.

解　令 $\sqrt{\mathrm{e}^x-1}=t$，则 $x=\ln(t^2+1)$，$\mathrm{d}x=\dfrac{2t}{t^2+1}\mathrm{d}t$，因此

$\displaystyle\int\frac{x\mathrm{e}^x}{\sqrt{\mathrm{e}^x-1}}\mathrm{d}x=\int\frac{(1+t^2)\ln(1+t^2)}{t}\cdot\frac{2t}{t^2+1}\mathrm{d}t=2\int\ln(1+t^2)\mathrm{d}t$

$=2t\ln(1+t^2)-4\displaystyle\int\frac{t^2}{1+t^2}\mathrm{d}t=2t\ln(1+t^2)-4\int\left(1-\frac{1}{1+t^2}\right)\mathrm{d}t$

$$= 2t\ln(1+t^2) - 4t + 4\arctan t + C$$
$$= 2x\sqrt{e^x-1} - 4\sqrt{e^x-1} + 4\arctan\sqrt{e^x-1} + C.$$

例3 求 $\int \dfrac{\arctan e^x}{e^{2x}}dx$.

解 $\int \dfrac{\arctan e^x}{e^{2x}}dx = -\dfrac{1}{2}\int \arctan e^x de^{-2x} = -\dfrac{1}{2}\left[e^{-2x}\arctan e^x - \int \dfrac{de^x}{e^{2x}(1+e^{2x})} \right]$

$$= -\dfrac{1}{2}e^{-2x}\arctan e^x + \dfrac{1}{2}\int\left(\dfrac{1}{e^{2x}} - \dfrac{1}{1+e^{2x}} \right)de^x$$

$$= -\dfrac{1}{2}e^{-2x}\arctan e^x - \dfrac{1}{2}e^{-x} - \dfrac{1}{2}\arctan e^x + C.$$

例4 求 $\int \dfrac{1}{(2x^2+1)\sqrt{x^2+1}}dx$.

解 $\int \dfrac{1}{(2x^2+1)\sqrt{x^2+1}}dx \xlongequal{x=\tan t} \int \dfrac{\sec^2 t}{(2\tan^2 t+1)\sec t}dt = \int \dfrac{dt}{\cos t(2\tan^2 t+1)} = \int \dfrac{\cos t dt}{2\sin^2 t + \cos^2 t}$

$$= \int \dfrac{d\sin t}{1+\sin^2 t} = \arctan(\sin t) + C = \arctan\left(\dfrac{x}{\sqrt{1+x^2}} \right) + C$$

六、自测题

(一)单选题

1. 设 $f(x)$ 是连续函数, 且 $\int f(x)dx = F(x) + C$, 则下列各式正确的是( ).

(A) $\int f(x^2)dx = F(x^2) + C$ (B) $\int f(3x+2)dx = F(3x+2) + C$

(C) $\int f(e^x)dx = F(e^x) + C$ (D) $\int f(\ln 2x)\dfrac{1}{x}dx = F(\ln 2x) + C$

2. 若 $f'(x) = g'(x)$, 则下列式子一定成立的是( ).

(A) $f(x) = g(x)$ (B) $\int df(x) = \int dg(x)$

(C) $\left(\int f(x)dx \right)' = \left(\int g(x)dx \right)'$ (D) $f(x) = g(x) + C$

3. 下列各式计算正确的是( ).

(A) $\int \dfrac{1}{1-x}dx = \int \dfrac{1}{1-x}d(1-x) = \ln|1-x| + C$

(B) $\int \cos 2x dx = \sin 2x + C$

(C) $\int \dfrac{1}{1+e^x}dx = \ln(1+e^x) + C$

(D) $\int \dfrac{\tan^2 x}{1-\sin^2 x}dx = \int \tan^2 x d\tan x = \dfrac{1}{3}\tan^3 x + C$

4. 设 $f'(e^x) = 1 + x$，则 $f(x) = ($ $)$.

(A) $1 + \ln x + C$

(B) $x \ln x + C$

(C) $x + \dfrac{1}{2}x^2 + C$

(D) $x \ln x - x + C$

(二) 多选题

1. 下列函数是 $f(x) = \dfrac{1}{\sqrt{x(1-x)}}$ 的原函数是 (   ).

(A) $\arcsin(2x-1)$

(B) $2\arctan\sqrt{\dfrac{x}{1-x}}$

(C) $\arcsin\sqrt{x}$

(D) $2\operatorname{arc\,cot}\sqrt{\dfrac{1-x}{x}}$

2. 设 $f'(\sin^2 x) = \cos 2x + \tan^2 x$，$g'(\cos^2 x) = \cos 2x + \tan^2 x$，则当 $0 < x < 1$ 时，有 (   ).

(A) $f(x) + g(x) = \ln\dfrac{x}{1-x} - 2x + C$

(B) $f(x) + g(x) = \sin 2x + 2\tan x - 2x + C$

(C) $f(x) - g(x) = -2x^2 - \ln x(1-x) + 2x + C$

(D) $f(x) = g(x)$

(三) 判断题

1. 一切初等函数在其定义域内都有原函数.   (   )

2. 初等函数的原函数一定是初等函数.   (   )

3. 若 $f(x) \le g(x)$，则 $\displaystyle\int f(x)\mathrm{d}x \le \int g(x)\mathrm{d}x$.   (   )

4. 若 $\displaystyle\int \cos x f(x)\mathrm{d}x = \sin^2 x$，则 $f(x) = 2\sin x$.   (   )

(四) 计算题

1. $\displaystyle\int e^{\sqrt{ax+b}}\mathrm{d}x (a \ne 0)$.

2. $\displaystyle\int \arctan\sqrt{x}\,\mathrm{d}x$.

3. $\displaystyle\int \dfrac{1}{x\sqrt{1+x^2}}\mathrm{d}x$.

4. $\displaystyle\int \sin(\ln x)\mathrm{d}x$.

(五) 应用题

曲线通过点 $(1,3)$，且在任一点的切线的斜率等于该点的横坐标，求该曲线的方程.

第七章 定 积 分

一、基本要求

1. 理解定积分概念及其几何意义；掌握定积分的性质.
2. 掌握变限积分函数及其求导方法；理解原函数存在定理.
3. 掌握牛顿-莱布尼茨公式；掌握定积分的换元积分法和分部积分法.
4. 掌握奇偶函数、周期函数的积分；了解某些三角函数(如沃利斯公式)的积分.

二、知识框架

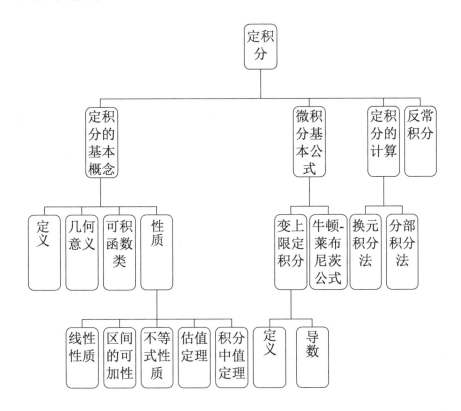

三、典型例题

例1 $\displaystyle\int_0^2 \sqrt{2x-x^2}\,\mathrm{d}x = $ _____.

解 由定积分的几何意义知，$\displaystyle\int_0^2 \sqrt{2x-x^2}\,\mathrm{d}x$ 等于上半圆周 $(x-1)^2 + y^2 = 1$ $(y \geqslant 0)$ 与 x 轴所围成的图形的面积. 故 $\displaystyle\int_0^2 \sqrt{2x-x^2}\,\mathrm{d}x = \frac{\pi}{2}$.

例2　比较 $\int_2^1 e^x dx$，$\int_2^1 e^{x^2} dx$，$\int_2^1 (1+x) dx$.

解　在 $[1,2]$ 上，有 $e^x \leqslant e^{x^2}$.

而令 $f(x) = e^x - (x+1)$，则 $f'(x) = e^x - 1$. 当 $x > 0$ 时，$f'(x) > 0$，$f(x)$ 在 $(0, +\infty)$ 上单调递增，从而 $f(x) > f(0)$，可知在 $[1,2]$ 上，有 $e^x > 1 + x$. 又 $\int_2^1 f(x) dx = -\int_1^2 f(x) dx$，从而有 $\int_2^1 (1+x) dx > \int_2^1 e^x dx > \int_2^1 e^{x^2} dx$.

例3　设函数 $f(x)$ 在 $[0,1]$ 上连续，在 $(0,1)$ 内可导，且 $4\int_{\frac{3}{4}}^1 f(x) dx = f(0)$. 证明在 $(0,1)$ 内存在一点 c，使 $f'(c) = 0$.

证明　因为 $f(x)$ 在 $[0,1]$ 上连续，由积分中值定理，可得

$$f(0) = 4\int_{\frac{3}{4}}^1 f(x) dx = 4f(\xi)\left(1 - \frac{3}{4}\right) = f(\xi),$$

其中 $\xi \in \left[\frac{3}{4}, 1\right] \subset [0,1]$. 于是由罗尔定理，存在 $c \in (0, \xi) \subset (0,1)$，使得 $f'(c) = 0$.

例4　设 $f(x)$ 连续，且 $\int_0^{x^3-1} f(t) dt = x$，则 $f(26) = $ _____ .

解　对等式 $\int_0^{x^3-1} f(t) dt = x$ 两边关于 x 求导得

$$f(x^3 - 1) \cdot 3x^2 = 1,$$

故 $f(x^3 - 1) = \dfrac{1}{3x^2}$，令 $x^3 - 1 = 26$ 得 $x = 3$，所以 $f(26) = \dfrac{1}{27}$.

例5　求 $\lim\limits_{x \to 0} \dfrac{\int_0^{x^2} \sin^2 t\, dt}{\int_x^0 t(t - \sin t) dt}$.

解　$\lim\limits_{x \to 0} \dfrac{\int_0^{x^2} \sin^2 t\, dt}{\int_x^0 t(t - \sin t) dt} = \lim\limits_{x \to 0} \dfrac{2x(\sin x^2)^2}{(-1) \cdot x \cdot (x - \sin x)} = -2 \cdot \lim\limits_{x \to 0} \dfrac{(x^2)^2}{x - \sin x}$

$$= -2 \cdot \lim\limits_{x \to 0} \dfrac{4x^3}{1 - \cos x} = -2 \cdot \lim\limits_{x \to 0} \dfrac{12x^2}{\sin x} = 0.$$

例6　计算 $\int_{-1}^2 |x| dx$.

解　$\int_{-1}^2 |x| dx = \int_{-1}^0 (-x) dx + \int_0^2 x dx = \left(-\dfrac{x^2}{2}\right)\Big|_{-1}^0 + \dfrac{x^2}{2}\Big|_0^2 = \dfrac{5}{2}$.

例7　设 $f(x)$ 是连续函数，且 $f(x) = x + 3\int_0^1 f(t) dt$，则 $f(x) = $ _____ .

解　因 $f(x)$ 连续，$f(x)$ 必可积，从而 $\int_0^1 f(t) dt$ 是常数，记 $\int_0^1 f(t) dt = a$，则

$$f(x) = x + 3a，且 \int_0^1 (x+3a)\mathrm{d}x = \int_0^1 f(t)\mathrm{d}t = a.$$

所以

$$\left[\frac{1}{2}x^2 + 3ax\right]_0^1 = a，即 \frac{1}{2} + 3a = a,$$

从而 $a = -\frac{1}{4}$，所以 $f(x) = x - \frac{3}{4}$.

例 8 设 $f(x) = \begin{cases} 3x^2, & 0 \leqslant x < 1, \\ 5 - 2x, & 1 \leqslant x \leqslant 2, \end{cases}$ $F(x) = \int_0^x f(t)\mathrm{d}t$，$0 \leqslant x \leqslant 2$，求 $F(x)$，并讨论 $F(x)$ 的连续性.

解 当 $x \in [0,1)$ 时，$[0,x] \subset [0,1)$，则

$$F(x) = \int_0^x f(t)\mathrm{d}t = \int_0^x 3t^2\mathrm{d}t = t^3\Big|_0^x = x^3.$$

当 $x \in [1,2]$ 时，$[0,x] = [0,1) \bigcup [1,x]$，则

$$F(x) = \int_0^1 3t^2\mathrm{d}t + \int_1^x (5-2t)\mathrm{d}t = t^3\Big|_0^1 + (5t - t^2)\Big|_1^x = -3 + 5x - x^2,$$

故

$$F(x) = \begin{cases} x^3, & 0 \leqslant x < 1, \\ -3 + 5x - x^2, & 1 \leqslant x \leqslant 2. \end{cases}$$

显然 $F(x)$ 在 $[0,1)$ 及 $(1,2]$ 上连续，在 $x=1$ 处，由于

$$\lim_{x\to 1^+} F(x) = \lim_{x\to 1^+}(-3+5x-x^2) = 1，\quad \lim_{x\to 1^-} F(x) = \lim_{x\to 1^-} x^3 = 1，\quad F(1) = 1.$$

因此，$F(x)$ 在 $x=1$ 处连续，从而 $F(x)$ 在 $[0,2]$ 上连续.

例 9 计算 $\int_{-1}^1 \frac{2x^2 + x}{1 + \sqrt{1-x^2}}\mathrm{d}x$.

解 $\int_{-1}^1 \frac{2x^2 + x}{1 + \sqrt{1-x^2}}\mathrm{d}x = \int_{-1}^1 \frac{2x^2}{1 + \sqrt{1-x^2}}\mathrm{d}x + \int_{-1}^1 \frac{x}{1 + \sqrt{1-x^2}}\mathrm{d}x.$

由于 $\frac{2x^2}{1+\sqrt{1-x^2}}$ 是偶函数，而 $\frac{x}{1+\sqrt{1-x^2}}$ 是奇函数，有 $\int_{-1}^1 \frac{x}{1+\sqrt{1-x^2}}\mathrm{d}x = 0$，于是

$$\int_{-1}^1 \frac{2x^2+x}{1+\sqrt{1-x^2}}\mathrm{d}x = 4\int_0^1 \frac{x^2}{1+\sqrt{1-x^2}}\mathrm{d}x = 4\int_0^1 \frac{x^2(1-\sqrt{1-x^2})}{x^2}\mathrm{d}x$$

$$= 4\int_0^1 \mathrm{d}x - 4\int_0^1 \sqrt{1-x^2}\mathrm{d}x = 4 - \pi.$$

例 10 计算 $\int_{e^{\frac{1}{2}}}^{e^{\frac{3}{4}}} \frac{\mathrm{d}x}{x\sqrt{\ln x(1-\ln x)}}$.

解　$\displaystyle\int_{e^{\frac{1}{2}}}^{e^{\frac{3}{4}}}\frac{\mathrm{d}x}{x\sqrt{\ln x(1-\ln x)}}=\int_{e^{\frac{1}{2}}}^{e^{\frac{3}{4}}}\frac{\mathrm{d}(\ln x)}{\sqrt{\ln x(1-\ln x)}}=\int_{e^{\frac{1}{2}}}^{e^{\frac{3}{4}}}\frac{\mathrm{d}(\ln x)}{\sqrt{\ln x}\sqrt{1-(\sqrt{\ln x})^2}}$

$$=\int_{e^{\frac{1}{2}}}^{e^{\frac{3}{4}}}\frac{2\mathrm{d}(\sqrt{\ln x})}{\sqrt{1-(\sqrt{\ln x})^2}}=2\arcsin(\sqrt{\ln x})\Big|_{e^{\frac{1}{2}}}^{e^{\frac{3}{4}}}=\frac{\pi}{6}.$$

例 11　计算 $\displaystyle\int_0^{\ln 5}\frac{e^x\sqrt{e^x-1}}{e^x+3}\mathrm{d}x$.

解　设 $u=\sqrt{e^x-1}$，$x=\ln(u^2+1)$，$\mathrm{d}x=\dfrac{2u}{u^2+1}\mathrm{d}u$，则

$$\int_0^{\ln 5}\frac{e^x\sqrt{e^x-1}}{e^x+3}\mathrm{d}x=\int_0^2\frac{(u^2+1)u}{u^2+4}\cdot\frac{2u}{u^2+1}\mathrm{d}u=2\int_0^2\frac{u^2}{u^2+4}\mathrm{d}u=2\int_0^2\frac{u^2+4-4}{u^2+4}\mathrm{d}u$$

$$=2\int_0^2\mathrm{d}u-8\int_0^2\frac{1}{u^2+4}\mathrm{d}u=4-\pi.$$

例 12　计算 $\displaystyle\int_0^{\frac{\pi}{3}}x\sin x\mathrm{d}x$.

解　$\displaystyle\int_0^{\frac{\pi}{3}}x\sin x\mathrm{d}x=\int_0^{\frac{\pi}{3}}x\mathrm{d}(-\cos x)=-x\cos x\Big|_0^{\frac{\pi}{3}}+\int_0^{\frac{\pi}{3}}\cos x\mathrm{d}x=\frac{\sqrt{3}}{2}-\frac{\pi}{6}.$

四、课后习题全解

习　题　一

1. 利用定积分的定义，试求下列定积分:

(1) $\displaystyle\int_0^1 2x\mathrm{d}x$；　　　　　　　　(2) $\displaystyle\int_0^1 e^x\mathrm{d}x$.

解　(1) 因函数 $f(x)=2x$ 在 $[0,1]$ 上连续，故可积. 从而定积分的值与区间 $[0,1]$ 的分法及 ξ_i 的取法无关. 为便于计算，将 $[0,1]$ 区间 n 等分，

$$\left[0,\frac{1}{n}\right],\left[\frac{1}{n},\frac{2}{n}\right],\cdots,\left[\frac{i-1}{n},\frac{i}{n}\right],\cdots,\left[\frac{n-1}{n},1\right],$$

取每个小区间的右端点为 ξ_i，则 $\xi_i=\dfrac{i}{n}$ $(i=1,2,\cdots,n)$，且 $\lambda=\Delta x_i=\dfrac{1}{n}$，

$$\lim_{\lambda\to 0}\sum_{i=1}^n f(\xi_i)\Delta x_i=\lim_{\lambda\to 0}\sum_{i=1}^n 2\xi_i\Delta x_i=\lim_{n\to\infty}\sum_{i=1}^n 2\cdot\frac{i}{n}\cdot\frac{1}{n}=\lim_{n\to\infty}\frac{2}{n^2}\sum_{i=1}^n i.$$

于是当 $\lambda\to 0$ 时，即 $n\to\infty$ 时，有

$$\int_0^1 2x\mathrm{d}x=\lim_{n\to\infty}\frac{2}{n^2}\sum_{i=1}^n i=\lim_{n\to\infty}\frac{2}{n^2}(1+2+\cdots+n)=\lim_{n\to\infty}\frac{2}{n^2}\cdot\frac{n(n+1)}{2}=1.$$

(2)因函数 $f(x)=\mathrm{e}^x$ 在 $[0,1]$ 上连续, 故可积. 从而定积分的值与区间 $[0,1]$ 的分法及 ξ_i 的取法无关. 为便于计算, 将 $[0,1]$ n 等分,

$$\left[0,\frac{1}{n}\right],\left[\frac{1}{n},\frac{2}{n}\right],\cdots,\left[\frac{i-1}{n},\frac{i}{n}\right],\cdots,\left[\frac{n-1}{n},1\right],$$

取每个小区间的右端点为 ξ_i, 则 $\xi_i=\dfrac{i}{n}$ $(i=1,2,\cdots,n)$, 且 $\lambda=\Delta x_i=\dfrac{1}{n}$,

$$\lim_{\lambda\to0}\sum_{i=1}^n f(\xi_i)\Delta x_i=\lim_{\lambda\to0}\sum_{i=1}^n \mathrm{e}^{\xi_i}\Delta x_i=\lim_{n\to\infty}\sum_{i=1}^n \mathrm{e}^{\frac{i}{n}}\cdot\frac{1}{n}=\lim_{n\to\infty}\frac{1}{n}\sum_{i=1}^n \mathrm{e}^{\frac{i}{n}},$$

于是当 $\lambda\to0$ 时, 即 $n\to\infty$ 时, 有

$$\int_0^1 \mathrm{e}^x\mathrm{d}x=\lim_{n\to\infty}\frac{1}{n}\sum_{i=1}^n \mathrm{e}^{\frac{i}{n}}=\lim_{n\to\infty}\frac{1}{n}\left(\mathrm{e}^{\frac{1}{n}}+\mathrm{e}^{\frac{2}{n}}+\cdots+\mathrm{e}^{\frac{n}{n}}\right)=\lim_{n\to\infty}\frac{1}{n}\cdot\frac{\mathrm{e}^{\frac{1}{n}}(1-\mathrm{e})}{1-\mathrm{e}^{\frac{1}{n}}}$$

$$=\lim_{n\to\infty}\frac{1}{n}\cdot\frac{\mathrm{e}^{\frac{1}{n}}(1-\mathrm{e})}{-\frac{1}{n}}=\mathrm{e}-1.$$

2. 利用定积分的几何意义, 计算下列定积分:

(1) $\displaystyle\int_0^{2\pi}\sin x\mathrm{d}x$;   (2) $\displaystyle\int_{-1}^1 |x|\mathrm{d}x$;

(3) $\displaystyle\int_{\frac{\sqrt{2}}{2}}^1 \sqrt{1-x^2}\mathrm{d}x$;   (4) $\displaystyle\int_{-1}^1 \ln(x+\sqrt{1+x^2})\mathrm{d}x$.

解 (1)定积分 $\displaystyle\int_0^{2\pi}\sin x\mathrm{d}x$ 表示曲线 $y=\sin x$ 与 $x=0$, $x=2\pi$ 以及 x 轴围成图形面积的代数和, 因为曲线 $y=\sin x$ 在 x 轴上方和下方围成的图形面积相等, 故

$$\int_0^{2\pi}\sin x\mathrm{d}x=0.$$

(2)定积分 $\displaystyle\int_{-1}^1 |x|\mathrm{d}x$ 表示曲线 $y=|x|$ 与 $x=1$, $x=-1$ 以及 x 轴围成面积的代数和, 因为曲线 $y=|x|$ 是偶函数, 所以在第一象限和在第二象限围成的面积相等, 故

$$\int_{-1}^1 |x|\mathrm{d}x=2\cdot\frac{1}{2}\cdot1\cdot1=1.$$

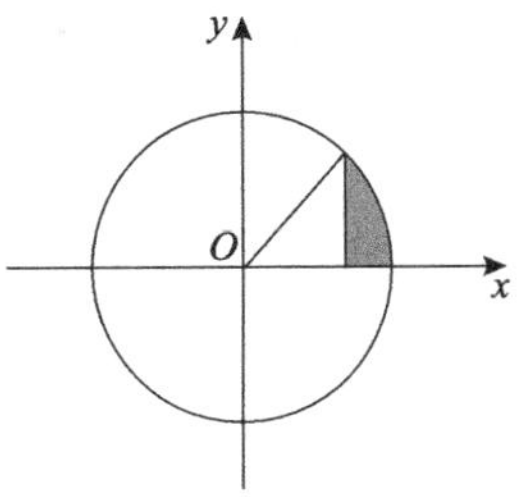

图 7-1

(3)定积分 $\displaystyle\int_{\frac{\sqrt{2}}{2}}^1 \sqrt{1-x^2}\mathrm{d}x$ 表示曲线 $y=\sqrt{1-x^2}$ 与 $x=\dfrac{\sqrt{2}}{2}$, $x=1$ 以及 x 轴围成面积, 如图 7-1 所示, 故

$$\int_{\frac{\sqrt{2}}{2}}^1 \sqrt{1-x^2}\mathrm{d}x=\frac{\pi}{8}-\frac{1}{2}\cdot\frac{\sqrt{2}}{2}\cdot\frac{\sqrt{2}}{2}=\frac{\pi}{8}-\frac{1}{4}.$$

(4)定积分 $\int_{-1}^{1}\ln(x+\sqrt{1+x^2})\mathrm{d}x$ 表示曲线 $y=\ln(x+\sqrt{1+x^2})$ 与 $x=1$ ， $x=-1$ 以及 x 轴围成图形面积的代数和，因为曲线 $y=\ln(x+\sqrt{1+x^2})$ 是奇函数，所以在第一象限和在第三象限围成的图形面积相等，故

$$\int_{-1}^{1}\ln(x+\sqrt{1+x^2})\mathrm{d}x=0 .$$

3. 利用定积分表示下列极限：

(1) $\lim\limits_{n\to\infty}\dfrac{1}{n}\left[\sin\dfrac{\pi}{n}+\sin\dfrac{2\pi}{n}+\cdots+\sin\dfrac{(n-1)\pi}{n}\right]$ ；

(2) $\lim\limits_{n\to\infty}\dfrac{1}{n}\left[\ln\left(1+\dfrac{1}{n}\right)+\ln\left(1+\dfrac{2}{n}\right)+\cdots+\ln\left(1+\dfrac{n-1}{n}\right)\right]$.

解　(1)　$\lim\limits_{n\to\infty}\dfrac{1}{n}\left[\sin\dfrac{\pi}{n}+\sin\dfrac{2\pi}{n}+\cdots+\sin\dfrac{(n-1)\pi}{n}\right]$

$=\lim\limits_{n\to\infty}\dfrac{1}{n}\left[\sin\dfrac{\pi}{n}+\sin\dfrac{2\pi}{n}+\cdots+\sin\dfrac{(n-1)\pi}{n}+\sin\dfrac{n\pi}{n}\right]$

$=\lim\limits_{n\to\infty}\sum\limits_{i=1}^{n}\left[\sin\left(\pi\cdot\dfrac{i}{n}\right)\right]\cdot\dfrac{1}{n}=\int_{0}^{1}\sin\pi x\mathrm{d}x .$

(2)　$\lim\limits_{n\to\infty}\dfrac{1}{n}\left[\ln\left(1+\dfrac{1}{n}\right)+\ln\left(1+\dfrac{2}{n}\right)+\cdots+\ln\left(1+\dfrac{n-1}{n}\right)\right]$

$=\lim\limits_{n\to\infty}\dfrac{1}{n}\left[\ln\left(1+\dfrac{1}{n}\right)+\ln\left(1+\dfrac{2}{n}\right)+\cdots+\ln\left(1+\dfrac{n-1}{n}\right)+\ln\left(1+\dfrac{n}{n}\right)\right]-\lim\limits_{n\to\infty}\dfrac{1}{n}\cdot\ln 2$

$=\lim\limits_{n\to\infty}\sum\limits_{i=1}^{n}\left[\ln\left(1+\dfrac{i}{n}\right)\right]\cdot\dfrac{1}{n}-\lim\limits_{n\to\infty}\dfrac{1}{n}\cdot\ln 2$

$=\int_{0}^{1}\ln(1+x)\mathrm{d}x .$

习　题　二

1. 比较定积分的大小：

(1) $\int_{0}^{1}x^2\mathrm{d}x$ 与 $\int_{0}^{1}x^3\mathrm{d}x$ ；　　　　　　　　(2) $\int_{3}^{4}(\ln x)^2\mathrm{d}x$ 与 $\int_{3}^{4}(\ln x)^3\mathrm{d}x$ ；

(3) $\int_{0}^{1}\mathrm{e}^x\mathrm{d}x$ 与 $\int_{0}^{1}\mathrm{e}^{x^2}\mathrm{d}x$ ；　　　　　　　　(4) $\int_{0}^{\frac{\pi}{2}}x\mathrm{d}x$ 与 $\int_{0}^{\frac{\pi}{2}}\sin x\mathrm{d}x$.

解　(1)当 $x\in[0,1]$ 时， $x^2\geqslant x^3$ ，所以

$$\int_{0}^{1}x^2\mathrm{d}x\geqslant\int_{0}^{1}x^3\mathrm{d}x .$$

(2)当 $x\in[3,4]$ 时，因为 $\ln x>1$ ，所以 $(\ln x)^2<(\ln x)^3$ ，那么

$$\int_3^4 (\ln x)^2 dx < \int_3^4 (\ln x)^3 dx.$$

(3) 当 $x \in [0,1]$ 时，因为 $x \geqslant x^2$，所以 $e^x \geqslant e^{x^2}$，那么

$$\int_0^1 e^x dx \geqslant \int_0^1 e^{x^2} dx.$$

(4) 当 $x \in \left[0, \dfrac{\pi}{2}\right]$ 时，因为 $x \geqslant \sin x$，所以

$$\int_0^{\frac{\pi}{2}} x dx \geqslant \int_0^{\frac{\pi}{2}} \sin x dx.$$

2. 估计定积分的值：

(1) $\displaystyle\int_1^4 (x^2 + 1) \, dx$；　　　　　　(2) $\displaystyle\int_0^{\pi} (1 + \sin x) dx$；

(3) $\displaystyle\int_0^2 e^{x^2 - x} dx$；　　　　　　(4) $\displaystyle\int_0^1 \dfrac{x^2 + 3}{x^2 + 2} dx$；

(5) $\displaystyle\int_0^1 \sqrt{2x - x^2} dx$；　　　　　　(6) $\displaystyle\int_0^{\pi} \dfrac{1}{3 + \sin^3 x} \, dx$.

解　(1) 因为 $y = x^2 + 1$ 在区间 $[1,4]$ 上单调增加，所以 $2 \leqslant x^2 + 1 \leqslant 17$，那么

$$6 \leqslant \int_1^4 (x^2 + 1) dx \leqslant 51.$$

(2) 因为在区间 $[0,\pi]$ 上 $0 \leqslant \sin x \leqslant 1$，所以 $1 \leqslant 1 + \sin x \leqslant 2$，那么

$$\pi \leqslant \int_0^{\pi} (1 + \sin x) dx \leqslant 2\pi.$$

(3) 因为 $-\dfrac{1}{4} \leqslant x^2 - x \leqslant 2$，且 $y = e^u$ 在 $(-\infty, +\infty)$ 上单调增加，所以 $e^{-\frac{1}{4}} \leqslant e^{x^2 - x} \leqslant e^2$，那么

$$2e^{-\frac{1}{4}} \leqslant \int_0^2 e^{x^2 - x} dx \leqslant 2e^2.$$

(4) 令 $y = \dfrac{x^2 + 3}{x^2 + 2}$，因为在区间 $[0,1]$ 上 $y' = \dfrac{-2x}{(x^2 + 2)^2} \leqslant 0$，所以 $y = \dfrac{x^2 + 3}{x^2 + 2}$ 在区间 $[0,1]$ 上单调减少，故 $\dfrac{4}{3} \leqslant \dfrac{x^2 + 3}{x^2 + 2} \leqslant \dfrac{3}{2}$，那么

$$\frac{4}{3} \leqslant \int_0^1 \frac{x^2 + 3}{x^2 + 2} dx \leqslant \frac{3}{2}.$$

(5) 令 $y = \sqrt{2x - x^2}$，因为在区间 $[0,1]$ 上 $y' = \dfrac{1 - x}{\sqrt{2x - x^2}} \geqslant 0$，所以 $y = \sqrt{2x - x^2}$ 在区间 $[0,1]$ 上单调增加，故 $0 \leqslant \sqrt{2x - x^2} \leqslant 1$，那么

$$0 \leqslant \int_0^1 \sqrt{2x - x^2}\,\mathrm{d}x \leqslant 1.$$

(6) 因为在区间 $[0,\pi]$ 上 $0 \leqslant \sin x \leqslant 1$，所以 $3 \leqslant 3 + \sin^3 x \leqslant 4$，即 $\dfrac{1}{4} \leqslant \dfrac{1}{3 + \sin^3 x} \leqslant \dfrac{1}{3}$，那么

$$\frac{\pi}{4} \leqslant \int_0^\pi \frac{1}{3 + \sin^3 x}\,\mathrm{d}x \leqslant \frac{\pi}{3}.$$

3. 证明：$\lim\limits_{n \to \infty} \int_0^{\frac{1}{2}} \dfrac{x^n}{1+x}\,\mathrm{d}x = 0$.

证明 令 $y = \dfrac{x^n}{1+x}$，则由积分中值定理可知，存在 $\xi \in \left[0, \dfrac{1}{2}\right]$，使得

$$\int_0^{\frac{1}{2}} \frac{x^n}{1+x}\,\mathrm{d}x = \frac{\xi^n}{1+\xi} \cdot \frac{1}{2}.$$

所以

$$\lim_{n \to \infty} \int_0^{\frac{1}{2}} \frac{x^n}{1+x}\,\mathrm{d}x = \frac{1}{2} \lim_{n \to \infty} \frac{\xi^n}{1+\xi} = 0.$$

4. 设函数 $f(x)$ 在 $[0,1]$ 上连续，在 $(0,1)$ 内可导，且 $k\int_{1-\frac{1}{k}}^1 f(x)\,\mathrm{d}x = f(0)$，$k > 1$. 证明：存在 $\xi \in (0,1)$，使 $f'(\xi) = 0$.

证明 因为函数 $f(x)$ 在 $\left[1 - \dfrac{1}{k}, 1\right]$ 上连续，所以至少存在一个点 $c \in \left[1 - \dfrac{1}{k}, 1\right]$，使得

$$f(0) = k\int_{1-\frac{1}{k}}^1 f(x)\,\mathrm{d}x = kf(c)\frac{1}{k} = f(c).$$

又因为 $f(x)$ 在 $[0,c]$ 上连续，在 $(0,c)$ 内可导，$f(0) = f(c)$，所以根据罗尔定理可知，至少存在一个点 $\xi \in (0,c) \subset (0,1)$，使得 $f'(\xi) = 0$.

5. 设 $f(x)$ 在 $[a,b]$ 上连续，证明：

(1) 若在 $[a,b]$ 上，$f(x) \geqslant 0$，且 $\int_a^b f(x)\,\mathrm{d}x = 0$，则在 $[a,b]$ 上 $f(x) \equiv 0$；

(2) 若在 $[a,b]$ 上，$f(x) \geqslant 0$，且 $f(x)$ 不恒等于零，则 $\int_a^b f(x)\,\mathrm{d}x > 0$.

证明 (1) 假设 $f(x) \neq 0$，由 $f(x) \geqslant 0$，则必有一点 $x_0 \in [a,b]$ 使得 $f(x_0) > 0$，不妨设 $a < x_0 < b$（端点处的情况类似）.

由 $f(x)$ 的连续性可知，$\exists \delta > 0 (a < x_0 - \delta < x_0 < x_0 + \delta < b)$ 使得当 $x \in U(x_0, \delta)$ 时，有 $f(x) > 0$ 恒成立. 因为 $\int_a^b f(x)\,\mathrm{d}x = \int_a^{x_0-\delta} f(x)\,\mathrm{d}x + \int_{x_0-\delta}^{x_0+\delta} f(x)\,\mathrm{d}x + \int_{x_0+\delta}^b f(x)\,\mathrm{d}x$，由 $f(x) \geqslant 0$ 可知，$\int_a^{x_0-\delta} f(x)\,\mathrm{d}x \geqslant 0$，$\int_{x_0+\delta}^b f(x)\,\mathrm{d}x \geqslant 0$，所以

$$\int_a^b f(x)\mathrm{d}x \geqslant \int_{x_0-\delta}^{x_0+\delta} f(x)\mathrm{d}x.$$

根据积分中值定理可知，$\exists \xi \in (x_0-\delta, x_0+\delta)$，有

$$\int_a^b f(x)\mathrm{d}x \geqslant \int_{x_0-\delta}^{x_0+\delta} f(x)\mathrm{d}x = f(\xi)\cdot 2\delta > 0,$$

与已知 $\int_a^b f(x)\mathrm{d}x = 0$ 矛盾. 所以在 $[a,b]$ 上 $f(x) \equiv 0$.

(2) 由已知 $f(x) \geqslant 0$，则有 $\int_a^b f(x)\mathrm{d}x \geqslant 0$ 成立. 若 $\int_a^b f(x)\mathrm{d}x = 0$，那么由(1)中的结论可知 $f(x) \equiv 0$，与已知 $f(x)$ 不恒等于零矛盾，所以 $\int_a^b f(x)\mathrm{d}x > 0$ 成立.

习 题 三

1. 求下列函数的导数:

(1) $\displaystyle\int_0^x \sin \mathrm{e}^t \mathrm{d}t$;

(2) $\displaystyle\int_0^{x^2} \mathrm{e}^{-t^2} \mathrm{d}t$;

(3) $\displaystyle\int_{\sin x}^{\cos x} \cos(\pi t^2)\mathrm{d}t$;

(4) $\displaystyle\int_0^x x f(t)\mathrm{d}t$,其中 $f(x)$ 是连续函数.

解 (1) $\dfrac{\mathrm{d}}{\mathrm{d}x}\displaystyle\int_0^x \sin \mathrm{e}^t \mathrm{d}t = \sin \mathrm{e}^x$.

(2) $\dfrac{\mathrm{d}}{\mathrm{d}x}\displaystyle\int_0^{x^2} \mathrm{e}^{-t^2}\mathrm{d}t = 2x\,\mathrm{e}^{-x^4}$.

(3) $\dfrac{\mathrm{d}}{\mathrm{d}x}\displaystyle\int_{\sin x}^{\cos x}\cos(\pi t^2)\mathrm{d}t = \cos(\pi\cos^2 x)\cdot(-\sin x) - \cos(\pi\sin^2 x)\cdot\cos x$.

(4) $\dfrac{\mathrm{d}}{\mathrm{d}x}\displaystyle\int_0^x x f(t)\mathrm{d}t = \dfrac{\mathrm{d}}{\mathrm{d}x}\left[x\int_0^x f(t)\mathrm{d}t\right] = \int_0^x f(t)\mathrm{d}t + x f(x)$.

2. 求由 $\displaystyle\int_0^y \mathrm{e}^t \mathrm{d}t + \int_0^x \cos t\,\mathrm{d}t = 0$ 所决定的隐函数对 x 的导数 $\dfrac{\mathrm{d}y}{\mathrm{d}x}$.

解 方程关于 x 求导, 得

$$\mathrm{e}^y \cdot y' + \cos x = 0,$$

解得

$$\frac{\mathrm{d}y}{\mathrm{d}x} = y' = -\frac{\cos x}{\mathrm{e}^y}.$$

3. 求由参数表达式 $x = \displaystyle\int_0^t \sin u\,\mathrm{d}u$，$y = \displaystyle\int_0^t \cos u\,\mathrm{d}u$ 所给定的函数 y 对 x 的导数 $\dfrac{\mathrm{d}y}{\mathrm{d}x}$.

解 $\dfrac{\mathrm{d}y}{\mathrm{d}x} = \dfrac{\dfrac{\mathrm{d}y}{\mathrm{d}t}}{\dfrac{\mathrm{d}x}{\mathrm{d}t}} = \dfrac{\dfrac{\mathrm{d}}{\mathrm{d}t}\displaystyle\int_0^t \cos u\,\mathrm{d}u}{\dfrac{\mathrm{d}}{\mathrm{d}t}\displaystyle\int_0^t \sin u\,\mathrm{d}u} = \dfrac{\cos t}{\sin t} = \cot t$.

4. 求下列极限:

(1) $\lim\limits_{x\to 0}\dfrac{\displaystyle\int_0^x \arctan t\,\mathrm{d}t}{x^2}$;

(2) $\lim\limits_{x\to +\infty}\dfrac{\displaystyle\int_0^x (\arctan t)^2\,\mathrm{d}t}{\sqrt{1+x^2}}$;

(3) $\lim\limits_{x\to 0}\dfrac{\displaystyle\int_0^x \sin t\,\mathrm{d}t}{x^2}$;

(4) $\lim\limits_{x\to 0}\dfrac{\displaystyle\int_{\cos x}^1 \mathrm{e}^{-t^2}\,\mathrm{d}t}{x^2}$.

解　(1) $\lim\limits_{x\to 0}\dfrac{\displaystyle\int_0^x \arctan t\,\mathrm{d}t}{x^2}=\lim\limits_{x\to 0}\dfrac{\arctan x}{2x}=\lim\limits_{x\to 0}\dfrac{x}{2x}=\dfrac{1}{2}$.

(2) $\lim\limits_{x\to +\infty}\dfrac{\displaystyle\int_0^x (\arctan t)^2\,\mathrm{d}t}{\sqrt{1+x^2}}=\lim\limits_{x\to +\infty}\dfrac{(\arctan x)^2}{\dfrac{2x}{2\sqrt{1+x^2}}}=\lim\limits_{x\to +\infty}(\arctan x)^2\cdot\lim\limits_{x\to +\infty}\dfrac{\sqrt{1+x^2}}{x}$

$$=\left(\dfrac{\pi}{2}\right)^2\lim\limits_{x\to +\infty}\dfrac{\sqrt{\dfrac{1}{x^2}+1}}{1}=\dfrac{\pi^2}{4}.$$

(3) $\lim\limits_{x\to 0}\dfrac{\displaystyle\int_0^x \sin t\,\mathrm{d}t}{x^2}=\lim\limits_{x\to 0}\dfrac{\sin x}{2x}=\dfrac{1}{2}$.

(4) $\lim\limits_{x\to 0}\dfrac{\displaystyle\int_{\cos x}^1 \mathrm{e}^{-t^2}\,\mathrm{d}t}{x^2}=\lim\limits_{x\to 0}\dfrac{-\displaystyle\int_1^{\cos x} \mathrm{e}^{-t^2}\,\mathrm{d}t}{x^2}=\lim\limits_{x\to 0}\dfrac{-\mathrm{e}^{-\cos^2 x}\cdot(-\sin x)}{2x}$

$$=\lim\limits_{x\to 0}\dfrac{-\mathrm{e}^{-1}\cdot(-x)}{2x}=\dfrac{1}{2\mathrm{e}}.$$

5. 求下列函数的定积分:

(1) $\displaystyle\int_{-1}^8\left(\sqrt[3]{x}+\dfrac{1}{x^2}\right)\mathrm{d}x$;

(2) $\displaystyle\int_{-\frac{1}{\sqrt{3}}}^{\sqrt{3}}\dfrac{1}{1+x^2}\mathrm{d}x$;

(3) $\displaystyle\int_{-\frac{1}{2}}^{\frac{1}{2}}\dfrac{\mathrm{d}x}{\sqrt{1-x^2}}$;

(4) $\displaystyle\int_0^1|2x-1|\mathrm{d}x$;

(5) $\displaystyle\int_0^{2\pi}|\sin x|\mathrm{d}x$;

(6) $\displaystyle\int_0^{\frac{\pi}{4}}\tan^2 x\,\mathrm{d}x$.

解　(1) $\displaystyle\int_{-1}^8\left(\sqrt[3]{x}+\dfrac{1}{x^2}\right)\mathrm{d}x=\left(\dfrac{3}{4}x^{\frac{4}{3}}-\dfrac{1}{x}\right)\Big|_{-1}^8=\dfrac{81}{8}$.

(2) $\displaystyle\int_{-\frac{1}{\sqrt{3}}}^{\sqrt{3}}\dfrac{1}{1+x^2}\mathrm{d}x=\arctan x\Big|_{-\frac{1}{\sqrt{3}}}^{\sqrt{3}}=\dfrac{\pi}{2}$.

(3) $\displaystyle\int_{-\frac{1}{2}}^{\frac{1}{2}}\dfrac{\mathrm{d}x}{\sqrt{1-x^2}}=\arcsin x\Big|_{-\frac{1}{2}}^{\frac{1}{2}}=\dfrac{\pi}{3}$.

(4) $\displaystyle\int_0^1|2x-1|\mathrm{d}x=\int_0^{\frac{1}{2}}(1-2x)\mathrm{d}x+\int_{\frac{1}{2}}^1(2x-1)\mathrm{d}x=(x-x^2)\Big|_0^{\frac{1}{2}}+(x^2-x)\Big|_{\frac{1}{2}}^1=\dfrac{1}{2}$.

(5) $\int_0^{2\pi} |\sin x| \, dx = \int_0^{\pi} \sin x dx - \int_{\pi}^{2\pi} \sin x dx = (-\cos x)\big|_0^{\pi} + \cos x \big|_{\pi}^{2\pi} = 4$.

(6) $\int_0^{\frac{\pi}{4}} \tan^2 x dx = \int_0^{\frac{\pi}{4}} (\sec^2 x - 1) dx = (\tan x - x)\big|_0^{\frac{\pi}{4}} = 1 - \frac{\pi}{4}$.

6. 设 $f(x) = \begin{cases} x+1, & x \le 1, \\ \dfrac{1}{2}x^2, & x > 1, \end{cases}$ 求 $\int_0^2 f(x) dx$.

解 $\int_0^2 f(x) dx = \int_0^1 f(x) dx + \int_1^2 f(x) dx = \int_0^1 (x+1) dx + \int_1^2 \frac{1}{2} x^2 dx$

$$= \left(\frac{1}{2}x^2 + x \right)\bigg|_0^1 + \frac{1}{6}x^3 \bigg|_1^2 = \frac{8}{3}.$$

7. 设 $f(x)$ 连续，且 $f(x) = x + 2\int_0^1 f(t) dt$，求 $f(x)$.

解 令 $\int_0^1 f(t) dt = a$，则 $f(x) = x + 2a$. 因为

$$a = \int_0^1 f(t) dt = \int_0^1 (t + 2a) dt = \left(\frac{1}{2}t^2 + 2at \right)\bigg|_0^1 = \frac{1}{2} + 2a,$$

所以，$a = -\dfrac{1}{2}$，即 $f(x) = x - 1$.

8. 设 $f(x)$ 在 $[a,b]$ 上连续且 $f(x) > 0$，$F(x) = \int_a^x f(t) dt + \int_b^x \dfrac{1}{f(t)} dt$，证明：

(1) $F'(x) \ge 2$；(2) $F(x) = 0$ 在 (a,b) 内有且只有一个根.

证明 (1) 因为 $f(x) > 0$，所以 $F'(x) = f(x) + \dfrac{1}{f(x)} \ge 2\sqrt{f(x) \cdot \dfrac{1}{f(x)}} = 2$（"="当且仅当 $f(x) = 1$ 时取得）；

(2) 由 (1) 可知，$F'(x) \ge 2$，所以 $F(x)$ 在 $[a,b]$ 上是增函数，最多与 x 轴相交一次. 又因为 $F(x)$ 在 $[a,b]$ 上连续，且由定积分的保号性可知

$$F(a) = \int_b^a \frac{1}{f(t)} dt = -\int_a^b \frac{1}{f(t)} dt < 0, \quad F(b) = \int_a^b f(t) dt > 0,$$

所以，由零点存在定理可知，至少存在一个点 $\xi \in (a,b)$，使得 $F(\xi) = 0$.

综上所述，$F(x) = 0$ 在 (a,b) 内有且只有一个根.

9. 设 $f(x) = \begin{cases} x^2, & 0 \le x \le 1, \\ 2-x, & 1 < x \le 2. \end{cases}$ 求 $\Phi(x) = \int_0^x f(t) dt (0 \le x \le 2)$.

解 (1) 当 $0 \le x \le 1$ 时，此时 $t \in [0,x] \subseteq [0,1]$，有 $f(t) = t^2$，则

$$\Phi(x) = \int_0^x f(t) dt = \int_0^x t^2 dt = \frac{1}{3}t^3 \bigg|_0^x = \frac{1}{3}x^3;$$

(2) 当 $1 < x \le 2$ 时，此时 $t \in [0,x] = [0,1] \bigcup (1,x]$，则

$$\Phi(x) = \int_0^x f(t)\mathrm{d}t = \int_0^1 f(t)\mathrm{d}t + \int_1^x f(t)\mathrm{d}t = \int_0^1 t^2\mathrm{d}t + \int_1^x (2-t)\mathrm{d}t;$$

$$= \frac{1}{3}t^3\Big|_0^1 + \left(2t - \frac{1}{2}t^2\right)\Big|_1^x = -\frac{1}{2}x^2 + 2x - \frac{7}{6}.$$

所以，$\Phi(x) = \begin{cases} \dfrac{1}{3}x^3, & 0 \leqslant x \leqslant 1, \\ -\dfrac{1}{2}x^2 + 2x - \dfrac{7}{6}, & 1 < x \leqslant 2. \end{cases}$

10. 设 $f(x) = \begin{cases} x+1, & x < 0, \\ x, & x \geqslant 0, \end{cases}$　$F(x) = \int_{-1}^x f(t)\mathrm{d}t$，讨论 $F(x)$ 在 $x=0$ 处的连续性与可导性.

解　(1)当 $x < 0$ 时，此时 $t \in [-1,x]$ 或 $t \in [x,-1]$，有 $f(t) = t+1$，则

$$F(x) = \int_{-1}^x f(t)\mathrm{d}t = \int_{-1}^x (t+1)\mathrm{d}t = \left(\frac{1}{2}t^2 + t\right)\Big|_{-1}^x = \frac{1}{2}x^2 + x + \frac{1}{2};$$

(2)当 $x \geqslant 0$ 时，此时 $t \in [-1,x] = [-1,0)\bigcup[0,x]$，则

$$F(x) = \int_{-1}^x f(t)\,\mathrm{d}t = \int_{-1}^0 f(t)\,\mathrm{d}t + \int_0^x f(t)\,\mathrm{d}t$$

$$= \int_{-1}^0 (t+1)\mathrm{d}t + \int_0^x t\mathrm{d}t = \left(\frac{1}{2}t^2 + t\right)\Big|_{-1}^0 + \frac{1}{2}t^2\Big|_0^x = \frac{1}{2}x^2 + \frac{1}{2}.$$

所以 $F(x) = \begin{cases} \dfrac{1}{2}x^2 + x + \dfrac{1}{2}, & x < 0, \\ \dfrac{1}{2}x^2 + \dfrac{1}{2}, & x \geqslant 0. \end{cases}$

因为 $F(0) = \dfrac{1}{2}$，$\lim\limits_{x\to 0^-} F(x) = \lim\limits_{x\to 0^+} F(x) = \dfrac{1}{2}$，所以 $F(x)$ 在 $x=0$ 处连续. 由于

$$F'_-(0) = \lim_{x\to 0^-} \frac{F(x)-F(0)}{x-0} = \lim_{x\to 0^-} \frac{\frac{1}{2}x^2 + x + \frac{1}{2} - \frac{1}{2}}{x-0} = \lim_{x\to 0^-}\left(\frac{1}{2}x+1\right) = 1,$$

$$F'_+(0) = \lim_{x\to 0^+} \frac{F(x)-F(0)}{x-0} = \lim_{x\to 0^+} \frac{\frac{1}{2}x^2 + \frac{1}{2} - \frac{1}{2}}{x-0} = \lim_{x\to 0^+}\frac{1}{2}x = 0,$$

即 $F'_-(0) \neq F'_+(0)$. 所以 $F(x)$ 在 $x=0$ 处不可导.

习　题　四

1. 计算下列定积分:

(1) $\int_0^\pi \cos^4 x \sin x\mathrm{d}x$;

(2) $\int_1^e \frac{1+\ln x}{x}\mathrm{d}x$;

(3) $\displaystyle\int_{-1}^{1}\frac{x\mathrm{d}x}{\sqrt{5-4x}}$；

(4) $\displaystyle\int_{0}^{4}\frac{x+2}{\sqrt{2x+1}}\mathrm{d}x$；

(5) $\displaystyle\int_{0}^{1}x^2\sqrt{1-x^2}\mathrm{d}x$；

(6) $\displaystyle\int_{0}^{\sqrt{2}}\sqrt{2-x^2}\mathrm{d}x$；

(7) $\displaystyle\int_{1}^{\sqrt{3}}\frac{\mathrm{d}x}{x^2\sqrt{1+x^2}}$；

(8) $\displaystyle\int_{0}^{1}t\mathrm{e}^{-t^2}\mathrm{d}t$；

(9) $\displaystyle\int_{0}^{\pi}\sqrt{\sin^2 x-\sin^4 x}\mathrm{d}x$；

(10) $\displaystyle\int_{0}^{1}\frac{\mathrm{d}x}{\mathrm{e}^x+\mathrm{e}^{-x}}$．

解　(1) $\displaystyle\int_{0}^{\pi}\cos^4 x\sin x\mathrm{d}x=-\int_{0}^{\pi}\cos^4 x\mathrm{d}\cos x=\left(-\frac{1}{5}\cos^5 x\right)\Bigg|_{0}^{\pi}=\frac{2}{5}$．

(2) $\displaystyle\int_{1}^{\mathrm{e}}\frac{1+\ln x}{x}\mathrm{d}x=\int_{1}^{\mathrm{e}}(1+\ln x)\mathrm{d}\ln x=\left(\ln x+\frac{1}{2}\ln^2 x\right)\Bigg|_{1}^{\mathrm{e}}=\frac{3}{2}$．

(3) $\displaystyle\int_{-1}^{1}\frac{x\mathrm{d}x}{\sqrt{5-4x}}\xlongequal[x=\frac{5-t^2}{4}]{t=\sqrt{5-4x}}\int_{3}^{1}\frac{\dfrac{5-t^2}{4}}{t}\cdot\left(-\frac{t}{2}\right)\mathrm{d}t=-\int_{1}^{3}\frac{t^2-5}{8}\mathrm{d}t=\left(\frac{5t}{8}-\frac{t^3}{24}\right)\Bigg|_{1}^{3}=\frac{1}{6}$．

(4) $\displaystyle\int_{0}^{4}\frac{x+2}{\sqrt{2x+1}}\mathrm{d}x\xlongequal[x=\frac{t^2-1}{2}]{t=\sqrt{2x+1}}\int_{1}^{3}\frac{\dfrac{t^2-1}{2}+2}{t}t\mathrm{d}t=\int_{1}^{3}\left(\frac{t^2}{2}+\frac{3}{2}\right)\mathrm{d}t=\left(\frac{t^3}{6}+\frac{3}{2}t\right)\Bigg|_{1}^{3}=\frac{22}{3}$．

(5) $\displaystyle\int_{0}^{1}x^2\sqrt{1-x^2}\mathrm{d}x\xlongequal{x=\sin t}\int_{0}^{\frac{\pi}{2}}\sin^2 t\cos^2 t\mathrm{d}t=\frac{1}{4}\int_{0}^{\frac{\pi}{2}}(\sin 2t)^2\mathrm{d}t=\frac{1}{8}\int_{0}^{\frac{\pi}{2}}(1-\cos 4t)\mathrm{d}t$

$$=\left(\frac{1}{8}t-\frac{1}{32}\sin 4t\right)\Bigg|_{0}^{\frac{\pi}{2}}=\frac{\pi}{16}.$$

(6) $\displaystyle\int_{0}^{\sqrt{2}}\sqrt{2-x^2}\mathrm{d}x\xlongequal{x=\sqrt{2}\sin t}\int_{0}^{\frac{\pi}{2}}2\cos^2 t\mathrm{d}t=\int_{0}^{\frac{\pi}{2}}(1+\cos 2t)\mathrm{d}t$

$$=\left(t+\frac{1}{2}\sin 2t\right)\Bigg|_{0}^{\frac{\pi}{2}}=\frac{\pi}{2}.$$

(7) $\displaystyle\int_{1}^{\sqrt{3}}\frac{\mathrm{d}x}{x^2\sqrt{1+x^2}}\xlongequal{x=\tan t}\int_{\frac{\pi}{4}}^{\frac{\pi}{3}}\frac{\sec^2 t}{\tan^2 t\cdot\sec t}\mathrm{d}t=\int_{\frac{\pi}{4}}^{\frac{\pi}{3}}\frac{\cos t}{\sin^2 t}\mathrm{d}t=\int_{\frac{\pi}{4}}^{\frac{\pi}{3}}\frac{1}{\sin^2 t}\mathrm{d}\sin t$

$$=\left(-\frac{1}{\sin t}\right)\Bigg|_{\frac{\pi}{4}}^{\frac{\pi}{3}}=\sqrt{2}-\frac{2}{\sqrt{3}}.$$

(8) $\displaystyle\int_{0}^{1}t\mathrm{e}^{-t^2}\mathrm{d}t=-\frac{1}{2}\int_{0}^{1}\mathrm{e}^{-t^2}\mathrm{d}(-t^2)=\left(-\frac{1}{2}\mathrm{e}^{-t^2}\right)\Bigg|_{0}^{1}=\frac{1}{2}-\frac{1}{2\mathrm{e}}$．

(9) $\displaystyle\int_{0}^{\pi}\sqrt{\sin^2 x-\sin^4 x}\mathrm{d}x=\int_{0}^{\pi}\sin x\cdot|\cos x|\mathrm{d}x$

$$=\int_{0}^{\frac{\pi}{2}}\sin x\cdot\cos x\mathrm{d}x-\int_{\frac{\pi}{2}}^{\pi}\sin x\cdot\cos x\mathrm{d}x$$

$$= \int_0^{\frac{\pi}{2}} \sin x \, \mathrm{d}\sin x - \int_{\frac{\pi}{2}}^{\pi} \sin x \, \mathrm{d}\sin x$$

$$= \frac{1}{2} \sin^2 x \Big|_0^{\frac{\pi}{2}} - \frac{1}{2} \sin^2 x \Big|_{\frac{\pi}{2}}^{\pi} = 1.$$

(10) $\displaystyle\int_0^1 \frac{\mathrm{d}x}{\mathrm{e}^x + \mathrm{e}^{-x}} = \int_0^1 \frac{\mathrm{e}^x \mathrm{d}x}{1 + (\mathrm{e}^x)^2} = \int_0^1 \frac{\mathrm{d}\mathrm{e}^x}{1 + (\mathrm{e}^x)^2} = \arctan \mathrm{e}^x \Big|_0^1 = \arctan \mathrm{e} - \frac{\pi}{4}.$

2. 设 $f(x) = \begin{cases} x\mathrm{e}^{-x^2}, & x \geqslant 0, \\ \dfrac{1}{1+\cos x}, & -1 < x < 0, \end{cases}$ 求 $\displaystyle\int_1^4 f(x-2)\,\mathrm{d}x.$

解　$\displaystyle\int_1^4 f(x-2)\,\mathrm{d}x \xlongequal{t=x-2} \int_{-1}^2 f(t)\,\mathrm{d}t = \int_{-1}^0 \frac{1}{1+\cos t}\,\mathrm{d}t + \int_0^2 t\mathrm{e}^{-t^2}\,\mathrm{d}t$

$$= \int_{-1}^0 \sec^2 \frac{t}{2} \, \mathrm{d}\frac{t}{2} - \frac{1}{2} \int_0^2 \mathrm{e}^{-t^2} \, \mathrm{d}(-t^2) = \tan \frac{t}{2} \Big|_{-1}^0 - \frac{1}{2} \mathrm{e}^{-t^2} \Big|_0^2$$

$$= \tan \frac{1}{2} + \frac{1}{2} - \frac{1}{2\mathrm{e}^4}.$$

3. 讨论函数 $y = \displaystyle\int_0^x t\mathrm{e}^{-t^2}\,\mathrm{d}t$ 的极值点与拐点.

解　显然 $y' = x\mathrm{e}^{-x^2}$，$y'' = \mathrm{e}^{-x^2}(1-2x^2)$. 令 $y'=0$，得 $x=0$；令 $y''=0$，得 $x=\pm\dfrac{\sqrt{2}}{2}$.

因为 $x<0$ 时，$y'<0$；$x>0$ 时，$y'>0$，所以 $x=0$ 是极小值点.

因为 $x<-\dfrac{\sqrt{2}}{2}$ 或 $x>\dfrac{\sqrt{2}}{2}$ 时，$y''<0$；$-\dfrac{\sqrt{2}}{2}<x<\dfrac{\sqrt{2}}{2}$ 时，$y''>0$，所以函数在 $x=\pm\dfrac{\sqrt{2}}{2}$ 处取得拐点. 由于

$$y = \int_0^x t\mathrm{e}^{-t^2}\,\mathrm{d}t = -\frac{1}{2} \int_0^x \mathrm{e}^{-t^2}\,\mathrm{d}(-t^2) = -\frac{1}{2}\mathrm{e}^{-t^2} \Big|_0^x = \frac{1}{2} - \frac{1}{2\mathrm{e}^{x^2}},$$

故有

$$y\big|_{x=\pm\frac{\sqrt{2}}{2}} = \frac{1}{2} - \frac{1}{2\sqrt{\mathrm{e}}},$$

因此拐点为 $\left(\dfrac{\sqrt{2}}{2}, \dfrac{1}{2} - \dfrac{1}{2\sqrt{\mathrm{e}}}\right)$ 和 $\left(-\dfrac{\sqrt{2}}{2}, \dfrac{1}{2} - \dfrac{1}{2\sqrt{\mathrm{e}}}\right)$.

4. 利用函数的奇偶性计算下列定积分：

(1) $\displaystyle\int_{-5}^5 \frac{x^3 \sin^2 x}{x^4 + 2x^2 + 1}\,\mathrm{d}x$；

(2) $\displaystyle\int_{-\frac{1}{2}}^{\frac{1}{2}} \frac{(\arcsin x)^2}{\sqrt{1-x^2}}\,\mathrm{d}x$；

(3) $\displaystyle\int_{-1}^1 \frac{2x^2 + x\cos x}{1 + \sqrt{1-x^2}}\,\mathrm{d}x$；

(4) $\displaystyle\int_{-2}^2 \frac{x + |x|}{2 + x^2}\,\mathrm{d}x.$

解　(1) 因为 $\dfrac{x^3 \sin^2 x}{x^4 + 2x^2 + 1}$ 在 $[-5, 5]$ 上是奇函数，所以

$$\int_{-5}^{5} \frac{x^3 \sin^2 x}{x^4 + 2x^2 + 1} dx = 0.$$

(2) 因为 $\dfrac{(\arcsin x)^2}{\sqrt{1-x^2}}$ 在 $\left[-\dfrac{1}{2}, \dfrac{1}{2}\right]$ 上是偶函数, 所以

$$\int_{-\frac{1}{2}}^{\frac{1}{2}} \frac{(\arcsin x)^2}{\sqrt{1-x^2}} dx = 2\int_{0}^{\frac{1}{2}} \frac{(\arcsin x)^2}{\sqrt{1-x^2}} dx = 2\int_{0}^{\frac{1}{2}} (\arcsin x)^2 d\arcsin x$$

$$= \frac{2}{3}(\arcsin x)^3 \Big|_{0}^{\frac{1}{2}} = \frac{\pi^3}{324}.$$

(3) 因为 $\dfrac{2x^2}{1+\sqrt{1-x^2}}$ 在 $[-1,1]$ 上是偶函数, $\dfrac{x\cos x}{1+\sqrt{1-x^2}}$ 在 $[-1,1]$ 上是奇函数, 所以

$$\int_{-1}^{1} \frac{2x^2 + x\cos x}{1+\sqrt{1-x^2}} dx = \int_{-1}^{1} \frac{2x^2}{1+\sqrt{1-x^2}} dx + \int_{-1}^{1} \frac{x\cos x}{1+\sqrt{1-x^2}} dx = 2\int_{0}^{1} \frac{2x^2}{1+\sqrt{1-x^2}} dx$$

$$= 2\int_{0}^{1} \frac{2x^2(1-\sqrt{1-x^2})}{x^2} dx = 4\int_{0}^{1} (1-\sqrt{1-x^2}) dx$$

$$= 4\int_{0}^{1} dx - 4\int_{0}^{1} \sqrt{1-x^2} dx = 4 - \pi.$$

(4) 因为 $\dfrac{x}{2+x^2}$ 在 $[-2,2]$ 上是奇函数, $\dfrac{|x|}{2+x^2}$ 在 $[-2,2]$ 上是偶函数, 所以

$$\int_{-2}^{2} \frac{x+|x|}{2+x^2} dx = \int_{-2}^{2} \frac{x}{2+x^2} dx + \int_{-2}^{2} \frac{|x|}{2+x^2} dx = 2\int_{0}^{2} \frac{|x|}{2+x^2} dx = 2\int_{0}^{2} \frac{x}{2+x^2} dx$$

$$= \int_{0}^{2} \frac{1}{2+x^2} d(2+x^2) = \ln(2+x^2) \Big|_{0}^{2} = \ln 3.$$

5. 计算下列定积分:

(1) $\displaystyle\int_{1}^{e} x\ln x dx$;   (2) $\displaystyle\int_{0}^{1} x\arctan x dx$;

(3) $\displaystyle\int_{0}^{\frac{1}{2}} \arcsin x dx$;   (4) $\displaystyle\int_{1}^{e} \sin(\ln x) dx$;

(5) $\displaystyle\int_{\frac{1}{e}}^{e} |\ln t| dt$;   (6) $\displaystyle\int_{0}^{\frac{\pi}{4}} \frac{x dx}{1+\cos 2x}$;

(7) $\displaystyle\int_{0}^{\frac{\pi}{2}} x^2 \sin x dx$;   (8) $\displaystyle\int_{0}^{1} \frac{xe^x}{(1+x)^2} dx$.

解 (1) $\displaystyle\int_{1}^{e} x\ln x dx = \frac{1}{2}\int_{1}^{e} \ln x dx^2 = \frac{1}{2} x^2 \ln x \Big|_{1}^{e} - \frac{1}{2}\int_{1}^{e} x^2 d\ln x = \frac{e^2}{2} - \frac{1}{2}\int_{1}^{e} x dx$

$$= \frac{e^2}{2} - \frac{1}{4} x^2 \Big|_{1}^{e} = \frac{1}{4} + \frac{e^2}{4}.$$

(2) $\displaystyle\int_0^1 x\arctan x\,\mathrm{d}x = \frac{1}{2}\int_0^1 \arctan x\,\mathrm{d}x^2$

$$= \frac{1}{2}x^2\arctan x\Big|_0^1 - \frac{1}{2}\int_0^1 x^2\,\mathrm{d}\arctan x = \frac{\pi}{8} - \frac{1}{2}\int_0^1 \frac{1+x^2-1}{1+x^2}\,\mathrm{d}x$$

$$= \frac{\pi}{8} - \frac{1}{2}\int_0^1 \left(1 - \frac{1}{1+x^2}\right)\mathrm{d}x = \frac{\pi}{8} - \frac{1}{2}(x - \arctan x)\Big|_0^1 = \frac{\pi}{4} - \frac{1}{2}.$$

(3) $\displaystyle\int_0^{\frac{1}{2}} \arcsin x\,\mathrm{d}x = x\arcsin x\Big|_0^{\frac{1}{2}} - \int_0^{\frac{1}{2}} x\,\mathrm{d}\arcsin x = \frac{\pi}{12} - \int_0^{\frac{1}{2}} \frac{x}{\sqrt{1-x^2}}\,\mathrm{d}x$

$$= \frac{\pi}{12} + \frac{1}{2}\int_0^{\frac{1}{2}} \frac{1}{\sqrt{1-x^2}}\,\mathrm{d}(1-x^2) = \frac{\pi}{12} + \sqrt{1-x^2}\,\Big|_0^{\frac{1}{2}} = \frac{\pi}{12} + \frac{\sqrt{3}}{2} - 1.$$

(4) 因为

$$\int_1^{\mathrm{e}} \sin(\ln x)\,\mathrm{d}x = x\sin(\ln x)\Big|_1^{\mathrm{e}} - \int_1^{\mathrm{e}} x\,\mathrm{d}\sin(\ln x) = \mathrm{e}\sin 1 - \int_1^{\mathrm{e}} \cos(\ln x)\,\mathrm{d}x$$

$$= \mathrm{e}\sin 1 - x\cos(\ln x)\Big|_1^{\mathrm{e}} + \int_1^{\mathrm{e}} x\,\mathrm{d}\cos(\ln x)$$

$$= \mathrm{e}\sin 1 - \mathrm{e}\cos 1 + 1 - \int_1^{\mathrm{e}} \sin(\ln x)\,\mathrm{d}x,$$

所以

$$\int_1^{\mathrm{e}} \sin(\ln x)\,\mathrm{d}x = \frac{\mathrm{e}\sin 1 - \mathrm{e}\cos 1 + 1}{2}.$$

(5) $\displaystyle\int_{\frac{1}{\mathrm{e}}}^{\mathrm{e}} |\ln t|\,\mathrm{d}t = -\int_{\frac{1}{\mathrm{e}}}^1 \ln t\,\mathrm{d}t + \int_1^{\mathrm{e}} \ln t\,\mathrm{d}t = -t\ln t\Big|_{\frac{1}{\mathrm{e}}}^1 + \int_{\frac{1}{\mathrm{e}}}^1 t\,\mathrm{d}\ln t + t\ln t\Big|_1^{\mathrm{e}} - \int_1^{\mathrm{e}} t\,\mathrm{d}\ln t$

$$= -\frac{1}{\mathrm{e}} + \int_{\frac{1}{\mathrm{e}}}^1 \mathrm{d}t + \mathrm{e} - \int_1^{\mathrm{e}} \mathrm{d}t = 2 - \frac{2}{\mathrm{e}}.$$

(6) $\displaystyle\int_0^{\frac{\pi}{4}} \frac{x\,\mathrm{d}x}{1+\cos 2x} = \int_0^{\frac{\pi}{4}} \frac{1}{2}x\sec^2 x\,\mathrm{d}x = \frac{1}{2}\int_0^{\frac{\pi}{4}} x\,\mathrm{d}\tan x = \frac{1}{2}x\tan x\Big|_0^{\frac{\pi}{4}} - \frac{1}{2}\int_0^{\frac{\pi}{4}} \tan x\,\mathrm{d}x$

$$= \frac{\pi}{8} + \frac{1}{2}\ln|\cos x|\,\Big|_0^{\frac{\pi}{4}} = \frac{\pi}{8} - \frac{1}{4}\ln 2.$$

(7) $\displaystyle\int_0^{\frac{\pi}{2}} x^2\sin x\,\mathrm{d}x = -\int_0^{\frac{\pi}{2}} x^2\,\mathrm{d}\cos x = (-x^2\cos x)\Big|_0^{\frac{\pi}{2}} + \int_0^{\frac{\pi}{2}} \cos x\,\mathrm{d}x^2 = 2\int_0^{\frac{\pi}{2}} x\cos x\,\mathrm{d}x$

$$= 2\int_0^{\frac{\pi}{2}} x\,\mathrm{d}\sin x = 2x\sin x\Big|_0^{\frac{\pi}{2}} - 2\int_0^{\frac{\pi}{2}} \sin x\,\mathrm{d}x = \pi + 2\cos x\Big|_0^{\frac{\pi}{2}} = \pi - 2.$$

(8) $\displaystyle\int_0^1 \frac{x\mathrm{e}^x}{(1+x)^2}\,\mathrm{d}x = \int_0^1 \frac{(x+1)\mathrm{e}^x - \mathrm{e}^x}{(1+x)^2}\,\mathrm{d}x = \int_0^1 \frac{\mathrm{e}^x}{1+x}\,\mathrm{d}x - \int_0^1 \frac{\mathrm{e}^x}{(1+x)^2}\,\mathrm{d}x$

$$= \int_0^1 \frac{\mathrm{e}^x}{1+x}\,\mathrm{d}x + \int_0^1 \mathrm{e}^x\,\mathrm{d}\frac{1}{1+x} = \int_0^1 \frac{\mathrm{e}^x}{1+x}\,\mathrm{d}x + \frac{\mathrm{e}^x}{1+x}\Big|_0^1 - \int_0^1 \frac{\mathrm{e}^x}{1+x}\,\mathrm{d}x = \frac{\mathrm{e}}{2} - 1.$$

6. 已知 $f(x)$ 连续且满足方程 $f(x) = x\mathrm{e}^{-x} + 2\displaystyle\int_0^1 f(t)\,\mathrm{d}t$,求 $f(x)$.

解　令 $\int_0^1 f(t)\,\mathrm{d}t = a$，则有 $f(x) = x\mathrm{e}^{-x} + 2a$，所以

$$a = \int_0^1 f(t)\,\mathrm{d}t = \int_0^1 (t\mathrm{e}^{-t} + 2a)\mathrm{d}t = -\int_0^1 t\mathrm{d}\mathrm{e}^{-t} + 2a\int_0^1 \mathrm{d}t = -t\mathrm{e}^{-t}\Big|_0^1 + \int_0^1 \mathrm{e}^{-t}\,\mathrm{d}t + 2a$$

$$= -\frac{1}{\mathrm{e}} + (-\mathrm{e}^{-t})\Big|_0^1 + 2a = 1 - \frac{2}{\mathrm{e}} + 2a,$$

即，$a = \dfrac{2}{\mathrm{e}} - 1$，故 $f(x) = x\mathrm{e}^{-x} + \dfrac{4}{\mathrm{e}} - 2$.

7. 设 $f(x)$ 在 $[a,b]$ 上连续，证明 $\int_a^b f(x)\mathrm{d}x = (b-a)\int_0^1 f[a+(b-a)x]\,\mathrm{d}x$.

证明　令 $x = a + (b-a)t$，则

$$\int_a^b f(x)\mathrm{d}x = \int_0^1 f[a+(b-a)t]\mathrm{d}[a+(b-a)t] = (b-a)\int_0^1 f[a+(b-a)t]\mathrm{d}t,$$

即

$$\int_a^b f(x)\mathrm{d}x = (b-a)\int_0^1 f[a+(b-a)x]\mathrm{d}x.$$

8. 证明 $\int_0^1 x^m(1-x)^n\mathrm{d}x = \int_0^1 x^n(1-x)^m\mathrm{d}x$.

证明　$\int_0^1 x^m(1-x)^n\mathrm{d}x \xlongequal{x=1-t} -\int_1^0 (1-t)^m t^n\mathrm{d}t = \int_0^1 (1-t)^m t^n\mathrm{d}t$，即

$$\int_0^1 x^m(1-x)^n\mathrm{d}x = \int_0^1 x^n(1-x)^m\mathrm{d}x.$$

9. 若 $f(t)$ 连续且为奇函数，证明 $\int_0^x f(t)\mathrm{d}t$ 是偶函数；若 $f(t)$ 连续且为偶函数，证明 $\int_0^x f(t)\mathrm{d}t$ 是奇函数.

证明　令 $F(x) = \int_0^x f(t)\mathrm{d}t$，则有

$$F(-x) = \int_0^{-x} f(t)\mathrm{d}t \xlongequal{t=-u} -\int_0^x f(-u)\,\mathrm{d}u,$$

即 $F(-x) = -\int_0^x f(-t)\mathrm{d}t$.

当 $f(t)$ 连续且为奇函数，则

$$F(-x) = -\int_0^x f(-t)\mathrm{d}t = \int_0^x f(t)\,\mathrm{d}t = F(x),$$

所以 $\int_0^x f(t)\mathrm{d}t$ 是偶函数.

当 $f(t)$ 连续且为偶函数，

$$F(-x) = -\int_0^x f(-t)\mathrm{d}t = -\int_0^x f(t)\,\mathrm{d}t = -F(x),$$

所以 $\displaystyle\int_0^x f(t)\mathrm{d}t$ 是奇函数.

10. 证明 $\displaystyle\int_0^{\frac{\pi}{2}} \frac{\sin^3 x}{\sin x + \cos x}\mathrm{d}x = \int_0^{\frac{\pi}{2}} \frac{\cos^3 x}{\sin x + \cos x}\mathrm{d}x$, 并求出积分值.

证明　因为 $\displaystyle\int_0^{\frac{\pi}{2}} \frac{\sin^3 x}{\sin x + \cos x}\mathrm{d}x \xlongequal{x=\frac{\pi}{2}-t} -\int_{\frac{\pi}{2}}^0 \frac{\cos^3 t}{\cos t + \sin t}\mathrm{d}t = \int_0^{\frac{\pi}{2}} \frac{\cos^3 t}{\sin t + \cos t}\mathrm{d}t$, 所以

$$\int_0^{\frac{\pi}{2}} \frac{\sin^3 x}{\sin x + \cos x}\mathrm{d}x = \int_0^{\frac{\pi}{2}} \frac{\cos^3 x}{\sin x + \cos x}\mathrm{d}x.$$

又因为

$$
\begin{aligned}
2\int_0^{\frac{\pi}{2}} \frac{\sin^3 x}{\sin x + \cos x}\mathrm{d}x &= \int_0^{\frac{\pi}{2}} \frac{\sin^3 x + \cos^3 x}{\sin x + \cos x}\mathrm{d}x \\
&= \int_0^{\frac{\pi}{2}} \frac{(\sin x + \cos x)(\sin^2 x - \sin x \cos x + \cos^2 x)}{\sin x + \cos x}\mathrm{d}x \\
&= \int_0^{\frac{\pi}{2}} \left(1 - \frac{1}{2}\sin 2x\right)\mathrm{d}x = \left.\left(x + \frac{1}{4}\cos 2x\right)\right|_0^{\frac{\pi}{2}} = \frac{\pi}{2} - \frac{1}{2},
\end{aligned}
$$

所以

$$\int_0^{\frac{\pi}{2}} \frac{\sin^3 x}{\sin x + \cos x}\mathrm{d}x = \int_0^{\frac{\pi}{2}} \frac{\cos^3 x}{\sin x + \cos x}\mathrm{d}x = \frac{\pi}{4} - \frac{1}{4}.$$

11. 若 $f''(x)$ 在 $[0,\pi]$ 连续, $f(0) = 2$, $f(\pi) = 1$, 证明: $\displaystyle\int_0^\pi [f(x) + f''(x)]\sin x\,\mathrm{d}x = 3$.

证明　$\displaystyle\int_0^\pi [f(x) + f''(x)]\sin x\,\mathrm{d}x = \int_0^\pi f(x)\sin x\,\mathrm{d}x + \int_0^\pi f''(x)\sin x\,\mathrm{d}x$

$$
\begin{aligned}
&= -\int_0^\pi f(x)\mathrm{d}\cos x + \int_0^\pi f''(x)\sin x\,\mathrm{d}x \\
&= -f(x)\cos x \Big|_0^\pi + \int_0^\pi \cos x\,\mathrm{d}f(x) + \int_0^\pi f''(x)\sin x\,\mathrm{d}x \\
&= 3 + \int_0^\pi f'(x)\cos x\,\mathrm{d}x + \int_0^\pi f''(x)\sin x\,\mathrm{d}x \\
&= 3 + \int_0^\pi f'(x)\mathrm{d}\sin x + \int_0^\pi f''(x)\sin x\,\mathrm{d}x \\
&= 3 + f'(x)\sin x \Big|_0^\pi - \int_0^\pi \sin x\,\mathrm{d}f'(x) + \int_0^\pi f''(x)\sin x\,\mathrm{d}x \\
&= 3 + 0 - \int_0^\pi f''(x)\sin x\,\mathrm{d}x + \int_0^\pi f''(x)\sin x\,\mathrm{d}x \\
&= 3.
\end{aligned}
$$

习　题　五

1. 判断下列反常积分的敛散性:

(1) $\int_1^{+\infty}\dfrac{\mathrm{d}x}{x^4}$;　　　　　　　　　　(2) $\int_0^{+\infty}\mathrm{e}^{-x}\mathrm{d}x$;

(3) $\int_0^{+\infty}\sin x\mathrm{d}x$;　　　　　　　　　(4) $\int_{-\infty}^0\dfrac{\mathrm{e}^x}{1+\mathrm{e}^x}\mathrm{d}x$;

(5) $\int_{-\infty}^{+\infty}\dfrac{1}{x^2+2x+2}\mathrm{d}x$;　　　　　(6) $\int_1^{+\infty}\dfrac{1}{x(1+x^2)}\mathrm{d}x$;

(7) $\int_{-1}^1\dfrac{1}{x}\mathrm{d}x$;　　　　　　　　　(8) $\int_0^1\dfrac{\ln x}{x}\mathrm{d}x$;

(9) $\int_0^1\dfrac{x}{\sqrt{1-x^2}}\mathrm{d}x$;　　　　　　　(10) $\int_{-\frac{\pi}{2}}^{\frac{\pi}{2}}\dfrac{1}{\cos^2 x}\mathrm{d}x$.

解　(1) $\int_1^{+\infty}\dfrac{\mathrm{d}x}{x^4}=-\dfrac{1}{3x^3}\Big|_1^{+\infty}=\dfrac{1}{3}$.

(2) $\int_0^{+\infty}\mathrm{e}^{-x}\mathrm{d}x=-\mathrm{e}^{-x}\Big|_0^{+\infty}=1$.

(3) 因为 $\int_0^{+\infty}\sin x\mathrm{d}x=\lim\limits_{b\to+\infty}\int_0^b\sin x\mathrm{d}x=\lim\limits_{b\to+\infty}(-\cos x)\Big|_0^b=1-\lim\limits_{b\to+\infty}\cos b$, 其中 $\lim\limits_{b\to+\infty}\cos b$ 不存在,
所以 $\int_0^{+\infty}\sin x\mathrm{d}x$ 不存在.

(4) $\int_{-\infty}^0\dfrac{\mathrm{e}^x}{1+\mathrm{e}^x}\mathrm{d}x=\int_{-\infty}^0\dfrac{1}{1+\mathrm{e}^x}\mathrm{d}(1+\mathrm{e}^x)=\ln(1+\mathrm{e}^x)\Big|_{-\infty}^0=\ln 2$.

(5) $\int_{-\infty}^{+\infty}\dfrac{1}{x^2+2x+2}\mathrm{d}x=\int_{-\infty}^{+\infty}\dfrac{1}{(x+1)^2+1}\mathrm{d}(x+1)=\arctan(x+1)\Big|_{-\infty}^{+\infty}=\pi$.

(6) $\int_1^{+\infty}\dfrac{1}{x(1+x^2)}\mathrm{d}x=\int_1^{+\infty}\dfrac{1}{x^3(1+x^{-2})}\mathrm{d}x=-\dfrac{1}{2}\int_1^{+\infty}\dfrac{1}{1+x^{-2}}\mathrm{d}(1+x^{-2})$
$=-\dfrac{1}{2}\ln(1+x^{-2})\Big|_1^{+\infty}=\dfrac{1}{2}\ln 2$.

(7) 被积函数 $f(x)=\dfrac{1}{x}$ 在区间 $[-1,1]$ 上除 $x=0$ 外连续, 且 $\lim\limits_{x\to 0}\dfrac{1}{x}=\infty$. 由于

$$\int_{-1}^0\dfrac{1}{x}\mathrm{d}x=\ln|x|\Big|_{-1}^0=-\infty ,$$

即广义积分 $\int_{-1}^0\dfrac{1}{x}\mathrm{d}x$ 发散, 所以广义积分

$$\int_{-1}^1\dfrac{1}{x}\mathrm{d}x=\int_{-1}^0\dfrac{1}{x}\mathrm{d}x+\int_0^1\dfrac{1}{x}\mathrm{d}x$$

发散.

(8) $\int_0^1\dfrac{\ln x}{x}\mathrm{d}x=\int_0^1\ln x\mathrm{d}\ln x=\dfrac{1}{2}(\ln x)^2\Big|_0^1=-\infty$.

(9) $\int_0^1 \dfrac{x}{\sqrt{1-x^2}}\mathrm{d}x = -\dfrac{1}{2}\int_0^1 \dfrac{1}{\sqrt{1-x^2}}\mathrm{d}(1-x^2) = -\sqrt{1-x^2}\Big|_0^1 = 1$.

(10) $\int_{-\frac{\pi}{2}}^{\frac{\pi}{2}} \dfrac{1}{\cos^2 x}\mathrm{d}x = \int_{-\frac{\pi}{2}}^{\frac{\pi}{2}} \sec^2 x\mathrm{d}x = \tan x\Big|_{-\frac{\pi}{2}}^{\frac{\pi}{2}} = +\infty$.

2. 计算积分 $\int_1^{+\infty} \dfrac{\arctan x}{x^2}\mathrm{d}x$.

解　$\int_1^{+\infty} \dfrac{\arctan x}{x^2}\mathrm{d}x \xlongequal{t=\arctan x} \int_{\frac{\pi}{4}}^{\frac{\pi}{2}} \dfrac{t}{\tan^2 t}\sec^2 t\mathrm{d}t = \int_{\frac{\pi}{4}}^{\frac{\pi}{2}} t\csc^2 t\mathrm{d}t = -\int_{\frac{\pi}{4}}^{\frac{\pi}{2}} t\mathrm{d}\cot t$

$$= -t\cot t\Big|_{\frac{\pi}{4}}^{\frac{\pi}{2}} + \int_{\frac{\pi}{4}}^{\frac{\pi}{2}} \cot t\mathrm{d}t = \dfrac{\pi}{4} + \ln|\sin t|\Big|_{\frac{\pi}{4}}^{\frac{\pi}{2}} = \dfrac{\pi}{4} + \dfrac{1}{2}\ln 2.$$

3. 已知 $\lim\limits_{x\to\infty}\left(\dfrac{1+x}{x}\right)^{ax} = \int_{-\infty}^a t\mathrm{e}^t\mathrm{d}t\,(a>0)$ ，求常数 a .

解
$$\lim_{x\to\infty}\left(\dfrac{1+x}{x}\right)^{ax} = \lim_{x\to\infty}\left[\left(1+\dfrac{1}{x}\right)^x\right]^a = \mathrm{e}^a,$$

$$\int_{-\infty}^a t\mathrm{e}^t\mathrm{d}t = \lim_{b\to-\infty}\int_b^a t\mathrm{e}^t\mathrm{d}t = \lim_{b\to-\infty}\int_b^a t\mathrm{d}\mathrm{e}^t = \lim_{b\to-\infty}t\mathrm{e}^t\Big|_b^a - \lim_{b\to-\infty}\int_b^a \mathrm{e}^t\mathrm{d}t$$

$$= a\mathrm{e}^a - \lim_{b\to-\infty}b\mathrm{e}^b - \lim_{b\to-\infty}\mathrm{e}^t\Big|_b^a = a\mathrm{e}^a - \mathrm{e}^a - \lim_{b\to-\infty}\dfrac{b}{\mathrm{e}^{-b}} + \lim_{b\to-\infty}\mathrm{e}^b$$

$$= (a-1)\mathrm{e}^a - \lim_{b\to-\infty}\dfrac{1}{-\mathrm{e}^{-b}} = (a-1)\mathrm{e}^a,$$

所以 $(a-1)\mathrm{e}^a = \mathrm{e}^a$ ，即 $a=2$.

4. 当 λ 为何值时，反常积分 $\int_2^{+\infty} \dfrac{\mathrm{d}x}{x(\ln x)^\lambda}$ 收敛? 当 λ 为何值时，该反常积分发散?

解　(1) 当 $\lambda=1$ 时，$\int_2^{+\infty} \dfrac{\mathrm{d}x}{x(\ln x)^\lambda} = \int_2^{+\infty} \dfrac{\mathrm{d}x}{x\ln x} = \int_2^{+\infty} \dfrac{1}{\ln x}\mathrm{d}\ln x = \ln(\ln x)\Big|_2^{+\infty} = +\infty$ ；

(2) 当 $\lambda\ne1$ 时，

$$\int_2^{+\infty} \dfrac{\mathrm{d}x}{x(\ln x)^\lambda} = \int_2^{+\infty} (\ln x)^{-\lambda}\mathrm{d}\ln x = \dfrac{1}{1-\lambda}(\ln x)^{1-\lambda}\Big|_2^{+\infty} = \begin{cases} \dfrac{1}{\lambda-1}(\ln 2)^{1-\lambda}, & \lambda>1, \\ +\infty, & \lambda<1, \end{cases}$$

因此，当 $\lambda>1$ 时，反常积分 $\int_2^{+\infty} \dfrac{\mathrm{d}x}{x(\ln x)^\lambda}$ 收敛; 当 $\lambda\le1$ 反常积分 $\int_2^{+\infty} \dfrac{\mathrm{d}x}{x(\ln x)^\lambda}$ 发散.

复 习 题 七

1. 填空题

(1) 设 $f(x)$ 为连续函数，则 $\int_2^3 f(x)\mathrm{d}x + \int_3^1 f(u)\mathrm{d}u + \int_1^2 f(t)\mathrm{d}t = $ ＿＿＿＿＿＿＿＿ ;

(2) $\lim\limits_{x \to 0} \dfrac{\int_0^x \sin^2 t\,\mathrm{d}t}{x^3} = \underline{\hspace{3cm}}$;

(3) 函数 $F(x) = \int_1^x (1 - \ln\sqrt{t})\,\mathrm{d}t\,(x > 0)$ 的单调减少区间为 $\underline{\hspace{3cm}}$;

(4) 已知 $\int_0^1 f(x)\,\mathrm{d}x = 1, f(1) = 0$, 则 $\int_0^1 xf'(x)\,\mathrm{d}x\ \underline{\hspace{3cm}}$;

(5) 设 $f(x)$ 在 $(-\infty, +\infty)$ 上连续, 且 $\lim\limits_{x \to +\infty} f(x) = 1$, a 为常数, $\lim\limits_{x \to +\infty} \int_x^{x+a} f(x)\,\mathrm{d}x\ \underline{\hspace{3cm}}$.

分析 (1) 0. 由于定积分与积分变量的记法无关, 故

$$\int_2^3 f(x)\,\mathrm{d}x + \int_3^1 f(u)\,\mathrm{d}u + \int_1^2 f(t)\,\mathrm{d}t = \int_2^3 f(x)\,\mathrm{d}x + \int_3^1 f(x)\,\mathrm{d}x + \int_1^2 f(x)\,\mathrm{d}x .$$

根据定积分的区间可加性, 以及 $\int_a^b f(x)\,\mathrm{d}x = -\int_b^a f(x)\,\mathrm{d}x$ 知

$$\int_2^3 f(x)\,\mathrm{d}x + \int_3^1 f(u)\,\mathrm{d}u + \int_1^2 f(t)\,\mathrm{d}t = \int_1^2 f(x)\,\mathrm{d}x + \int_2^3 f(x)\,\mathrm{d}x + \int_3^1 f(x)\,\mathrm{d}x$$
$$= \int_1^3 f(x)\,\mathrm{d}x + \int_3^1 f(x)\,\mathrm{d}x = 0.$$

(2) $\dfrac{1}{3}$. $\lim\limits_{x \to 0} \dfrac{\int_0^x \sin^2 t\,\mathrm{d}t}{x^3} = \lim\limits_{x \to 0} \dfrac{\sin^2 x}{3x^2} = \lim\limits_{x \to 0} \dfrac{x^2}{3x^2} = \dfrac{1}{3}$.

(3) $[e^2, +\infty)$. $F'(x) = 1 - \ln\sqrt{x}$, 令 $F'(x) = 0$, 得 $x = e^2$. 当 $x > e^2$ 时, $F'(x) < 0$, 因此 $F(x)$ 的单调减少区间为 $[e^2, +\infty)$.

(4) -1 . $\int_0^1 xf'(x)\,\mathrm{d}x = \int_0^1 x\,\mathrm{d}f(x) = xf(x)\Big|_0^1 - \int_0^1 f(x)\,\mathrm{d}x = f(1) - \int_0^1 f(x)\,\mathrm{d}x = -1$.

(5) a . 由于 $f(x)$ 在 $(-\infty, +\infty)$ 上连续, 则对任意 $x \in (-\infty, +\infty)$, 存在 $\xi \in [x, x+a]$ 或 $\xi \in [x+a, x]$, 使得 $\int_x^{x+a} f(x)\,\mathrm{d}x = af(\xi)$. 进而

$$\lim\limits_{x \to +\infty} \int_x^{x+a} f(x)\,\mathrm{d}x = \lim\limits_{x \to +\infty} af(\xi) = a\lim\limits_{\xi \to +\infty} f(\xi) = a .$$

2. 选择题

(1) 在下列积分中, 其值为 0 的是 ( ).

(A) $\int_{-1}^1 |\sin 2x|\,\mathrm{d}x$ (B) $\int_{-1}^1 \cos 2x\,\mathrm{d}x$ (C) $\int_{-1}^1 x\sin x\,\mathrm{d}x$ (D) $\int_{-1}^1 \sin 2x\,\mathrm{d}x$

(2) 定积分 $\int_{-1}^1 x^{2002}(e^x - e^{-x})\,\mathrm{d}x$ 的值为 ( ).

(A) 0   (B) $2002!\left(e - \dfrac{1}{e}\right)$ (C) $2003!\left(e - \dfrac{1}{e}\right)$ (D) $2001!\left(e - \dfrac{1}{e}\right)$

(3) 设 $f(x) = \int_0^{\sin x} \sin t^2\,\mathrm{d}t$, $g(x) = x^3 + x^4$, 则当 $x \to 0$ 时, $f(x)$ 是 $g(x)$ 的 ( ) 无穷小量.

(A) 等价   (B) 同阶但非等价   (C) 高阶   (D) 低阶

(4) 设 $\varPhi(x) = \int_0^x \sin(x-t)\mathrm{d}t$，则 $\varPhi'(x)$ 等于（　　）.

(A) $\cos x$　　　　　　(B) $-\sin x$　　　　　　(C) $\sin x$　　　　(D) 0

(5) 设 $f(x)$ 在 $[a,b]$ 上非负，在 (a,b) 内 $f''(x) > 0$，$f'(x) < 0$.

$$I_1 = \frac{b-a}{2}[f(b) + f(a)], \quad I_2 = \int_a^b f(x)\mathrm{d}x, \quad I_3 = (b-a)f(b),$$

则 I_1，I_2，I_3 的大小关系为（　　）.

(A) $I_1 \leqslant I_2 \leqslant I_3$　　　　(B) $I_2 \leqslant I_3 \leqslant I_1$　　　　(C) $I_1 \leqslant I_3 \leqslant I_2$　　　　(D) $I_3 \leqslant I_2 \leqslant I_1$

分析　(1) D. (A) $\int_{-1}^1 |\sin 2x|\mathrm{d}x = 2\int_0^1 \sin 2x\mathrm{d}x = -\cos 2x\big|_0^1 = 1 - \cos 2 \neq 0$；

(B) $\int_{-1}^1 \cos 2x\mathrm{d}x = 2\int_0^1 \cos 2x\mathrm{d}x = \sin 2x\big|_0^1 = \sin 2 \neq 0$；

(C) $\int_{-1}^1 x\sin x\mathrm{d}x = 2\int_0^1 x\sin x\mathrm{d}x = -2\int_0^1 x\mathrm{d}\cos x = -2\left(x\cos x\big|_0^1 - \int_0^1 \cos x\mathrm{d}x\right)$

$$= -2\left(\cos 1 - \sin x\big|_0^1\right) = -2(\cos 1 - \sin 1) \neq 0;$$

(D) 因为 $\sin 2x$ 在 $[-1,1]$ 上是奇函数，所以 $\int_{-1}^1 \sin 2x\mathrm{d}x = 0$.

(2) A. 由于定积分 $x^{2002}(\mathrm{e}^x - \mathrm{e}^{-x})$ 在 $[-1,1]$ 上是奇函数，所以 $\int_{-1}^1 x^{2002}(\mathrm{e}^x - \mathrm{e}^{-x})\mathrm{d}x = 0$.

(3) B. $\lim\limits_{x\to 0}\dfrac{f(x)}{g(x)} = \lim\limits_{x\to 0}\dfrac{\displaystyle\int_0^{\sin x}\sin t^2\mathrm{d}t}{x^3 + x^4} = \lim\limits_{x\to 0}\dfrac{\sin(\sin^2 x)\cdot\cos x}{3x^2 + 4x^3} = \lim\limits_{x\to 0}\dfrac{\sin^2 x\cdot\cos x}{3x^2 + 4x^3}$

$$= \lim\limits_{x\to 0}\frac{x^2\cdot\cos x}{3x^2 + 4x^3} = \lim\limits_{x\to 0}\frac{\cos x}{3 + 4x} = \frac{1}{3}.$$

(4) C.　$\varPhi(x) = \int_0^x \sin(x-t)\mathrm{d}t \underset{t=x-u}{\overset{u=x-t}{=\!=\!=}} \int_x^0 \sin u\,\mathrm{d}(x-u) = -\int_x^0 \sin u\,\mathrm{d}u = \int_0^x \sin u\,\mathrm{d}u$，所以 $\varPhi'(x) = \sin x$.

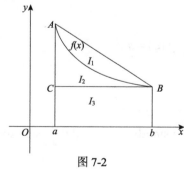

图 7-2

(5) D. $f(x) \geqslant 0$，说明 $f(x)$ 在 x 轴及其上方；$f'(x) < 0$，说明 $f(x)$ 单调减少；$f''(x) > 0$，说明 $f(x)$ 是凹的. 如图 7-2 所示，

$I_1 = \dfrac{b-a}{2}[f(b) + f(a)]$ 是梯形 $AabB$ 的面积；

$I_2 = \displaystyle\int_a^b f(x)\mathrm{d}x$ 是曲边梯形 $AabB$ 的面积；

$I_3 = (b-a)f(b)$ 是矩形 $CabB$ 的面积.

由图 7-2 易知 $I_3 \leqslant I_2 \leqslant I_1$.

3. 估计积分 $\int_{\pi/4}^{\pi/2}\dfrac{\sin x}{x}\mathrm{d}x$ 的值.

解　令 $f(x) = \dfrac{\sin x}{x}$，$x\in\left[\dfrac{\pi}{4}, \dfrac{\pi}{2}\right]$，则有

$$f'(x) = \frac{x\cos x - \sin x}{x^2} = \frac{\cos x(x - \tan x)}{x^2} \leqslant 0,$$

则 $f(x)$ 在 $\left[\dfrac{\pi}{4}, \dfrac{\pi}{2}\right]$ 是减函数, 所以 $\dfrac{2}{\pi} \leqslant f(x) \leqslant \dfrac{2}{\pi}\sqrt{2}$, 由积分估值定理可得

$$\frac{1}{2} \leqslant \int_{\frac{\pi}{4}}^{\frac{\pi}{2}} \frac{\sin x}{x}\mathrm{d}x \leqslant \frac{\sqrt{2}}{2}.$$

4. 求极限:

(1) $\displaystyle\lim_{x \to a} \frac{x}{x-a}\int_a^x f(t)\mathrm{d}t$, 其中 $f(x)$ 连续;　　　　(2) $\displaystyle\lim_{x \to 0} \frac{\displaystyle\int_{2x}^0 \mathrm{e}^{-t^2}\mathrm{d}t}{\mathrm{e}^x - 1}$;

(3) $\displaystyle\lim_{n \to \infty} \frac{1}{n}\sum_{i=1}^n \sqrt{1 + \frac{i}{n}}$;　　　　　　　　　　　(4) $\displaystyle\lim_{n \to \infty}\sum_{k=1}^n \frac{n}{n^2 + 3k^2}$.

解　(1) $\displaystyle\lim_{x \to a}\frac{x \cdot \displaystyle\int_a^x f(t)\mathrm{d}t}{x-a} = \lim_{x \to a}\frac{\displaystyle\int_a^x f(t)\mathrm{d}t + xf(x)}{1} = af(a)$.

(2) $\displaystyle\lim_{x \to 0}\frac{\displaystyle\int_{2x}^0 \mathrm{e}^{-t^2}\mathrm{d}t}{\mathrm{e}^x - 1} = \lim_{x \to 0}\frac{-\displaystyle\int_0^{2x}\mathrm{e}^{-t^2}\mathrm{d}t}{\mathrm{e}^x - 1} = \lim_{x \to 0}\frac{-2\mathrm{e}^{-4x^2}}{\mathrm{e}^x} = -2$.

(3) $\displaystyle\lim_{n \to \infty}\frac{1}{n}\sum_{i=1}^n\sqrt{1 + \frac{i}{n}} = \int_0^1\sqrt{1+x}\,\mathrm{d}x = \frac{2}{3}(1+x)^{\frac{3}{2}}\Big|_0^1 = \frac{2}{3}(2\sqrt{2}-1)$.

(4) $\displaystyle\lim_{n \to \infty}\sum_{k=1}^n\frac{n}{n^2+3k^2} = \lim_{n \to \infty}\sum_{k=1}^n\frac{1}{1+3\left(\dfrac{k}{n}\right)^2}\cdot\frac{1}{n} = \int_0^1\frac{1}{1+3x^2}\mathrm{d}x$

$$= \frac{1}{\sqrt{3}}\arctan\sqrt{3}x\Big|_0^1 = \frac{\sqrt{3}}{9}\pi.$$

5. 设函数 $y = y(x)$ 由方程 $\displaystyle\int_0^{y^2}\mathrm{e}^{-t}\mathrm{d}t + \int_x^0\cos t^2\mathrm{d}t = 0$ 所确定, 求 $\dfrac{\mathrm{d}y}{\mathrm{d}x}$.

解　方程两边求关于 x 的导数, 得

$$\frac{\mathrm{d}}{\mathrm{d}x}\int_0^{y^2}\mathrm{e}^{-t}\mathrm{d}t + \frac{\mathrm{d}}{\mathrm{d}x}\int_x^0\cos t^2\mathrm{d}t = 0,$$

即

$$\mathrm{e}^{-y^2}\cdot 2yy' - \cos x^2 = 0,$$

解得

$$\frac{\mathrm{d}y}{\mathrm{d}x} = y' = \frac{\cos x^2}{2y\mathrm{e}^{-y^2}}.$$

6. 设 $F(x) = \displaystyle\int_0^x \mathrm{e}^{-\frac{t^2}{2}}\mathrm{d}t$, $x \in (-\infty, +\infty)$, 求曲线 $y = F(x)$ 在拐点处的切线方程.

解 显然 $F'(x)=\mathrm{e}^{-\frac{x^2}{2}}$，$F''(x)=-x\mathrm{e}^{-\frac{x^2}{2}}$．令 $F''(x)=0$，得 $x=0$．当 $x<0$ 时，$F''(x)>0$；当 $x>0$ 时，$F''(x)<0$．所以 $y=F(x)$ 在 $x=0$ 处取得拐点，拐点坐标为 $(0,0)$．此时切线斜率 $k=F'(0)=1$，所以曲线 $y=F(x)$ 在拐点处的切线方程为 $y=x$．

7. 设 $f(x)$ 连续，且满足 $\int_0^{x^2(1+x)}f(t)\mathrm{d}t=x$，求 $f(2)$．

解 因为 $\dfrac{\mathrm{d}}{\mathrm{d}x}\int_0^{x^2(1+x)}f(t)\mathrm{d}t=1$，即 $f(x^2+x^3)(2x+3x^2)=1$，所以

$$f(x^2+x^3)=\frac{1}{2x+3x^2}.$$

令 $t=x^2+x^3$，当 $t=2$ 时，解得 $x=1$，则 $f(2)=\dfrac{1}{2x+3x^2}\Big|_{x=1}=\dfrac{1}{5}$．

8. 设 $f(x)$ 在 $(-\infty,+\infty)$ 内连续，且 $f(x)>0$．证明函数 $F(x)=\dfrac{\int_0^x tf(t)\mathrm{d}t}{\int_0^x f(t)\mathrm{d}t}$ 在 $(0,+\infty)$ 内为单调增加函数.

证明
$$F'(x)=\frac{xf(x)\int_0^x f(t)\mathrm{d}t-f(x)\int_0^x tf(t)\mathrm{d}t}{\left[\int_0^x f(t)\mathrm{d}t\right]^2}=\frac{f(x)\left[\int_0^x (x-t)f(t)\mathrm{d}t\right]}{\left[\int_0^x f(t)\mathrm{d}t\right]^2}$$

$$=\frac{f(x)(x-\xi)f(\xi)x}{\left(\int_0^x f(t)\mathrm{d}t\right)^2}>0,\quad 0<\xi<x,$$

所以，$F(x)=\dfrac{\int_0^x tf(t)\mathrm{d}t}{\int_0^x f(t)\mathrm{d}t}$ 在 $(0,+\infty)$ 内为单调增加函数.

9. 设 $f(x)$ 和 $g(x)$ 均为 $[a,b]$ 上的连续函数，证明：至少存在一点 $\xi\in(a,b)$，使

$$f(\xi)\int_\xi^b g(x)\mathrm{d}x=g(\xi)\int_a^\xi f(x)\mathrm{d}x.$$

证明 令 $F(t)=\int_a^t f(x)\mathrm{d}x\cdot\int_t^b g(x)\mathrm{d}x,t\in[a,b]$．因为 $F(t)$ 在 $[a,b]$ 连续，(a,b) 可导，$F(a)=F(b)=0$，所以根据罗尔定理可知，至少存在一个点 $\xi\in(a,b)$，使得 $F'(\xi)=0$，即

$$f(\xi)\int_\xi^b g(x)\mathrm{d}x=g(\xi)\int_a^\xi f(x)\mathrm{d}x.$$

10. 求下列函数的导数：

(1) $\dfrac{\mathrm{d}}{\mathrm{d}x}\int_0^x \sin(x-t)^2\mathrm{d}t$；

(2) $\dfrac{\mathrm{d}}{\mathrm{d}x}\int_0^x tf(x^2-t^2)\mathrm{d}t$，其中 $f(x)$ 是连续函数.

解　(1) $\dfrac{\mathrm{d}}{\mathrm{d}x}\displaystyle\int_0^x \sin(x-t)^2\,\mathrm{d}t \overset{u=x-t}{=\!=\!=} \dfrac{\mathrm{d}}{\mathrm{d}x}\int_x^0 \sin u^2(-\mathrm{d}u)=\dfrac{\mathrm{d}}{\mathrm{d}x}\int_0^x \sin u^2\,\mathrm{d}u=\sin x^2.$

(2) $\dfrac{\mathrm{d}}{\mathrm{d}x}\displaystyle\int_0^x tf(x^2-t^2)\mathrm{d}t=\dfrac{1}{2}\dfrac{\mathrm{d}}{\mathrm{d}x}\int_0^x f(x^2-t^2)\mathrm{d}t^2\overset{u=x^2-t^2}{=\!=\!=}\dfrac{1}{2}\dfrac{\mathrm{d}}{\mathrm{d}x}\int_{x^2}^0 f(u)(-\mathrm{d}u)$

$$=\dfrac{1}{2}\dfrac{\mathrm{d}}{\mathrm{d}x}\int_0^{x^2} f(u)\mathrm{d}u=xf(x^2).$$

11. 已知 $f(x)=x^2-x\displaystyle\int_0^2 f(x)\mathrm{d}x+2\int_0^1 f(x)\mathrm{d}x$，求 $f(x)$.

解　令 $\displaystyle\int_0^1 f(x)\mathrm{d}x=a$，$\displaystyle\int_0^2 f(x)\mathrm{d}x=b$，则 $f(x)=x^2-bx+2a$. 进而

$$\begin{cases} a=\displaystyle\int_0^1 f(x)\mathrm{d}x=\int_0^1 (x^2-bx+2a)\mathrm{d}x=\left(\dfrac{1}{3}x^3-\dfrac{b}{2}x^2+2ax\right)\Big|_0^1=\dfrac{1}{3}-\dfrac{b}{2}+2a,\\[2mm] b=\displaystyle\int_0^2 f(x)\mathrm{d}x=\int_0^2 (x^2-bx+2a)\mathrm{d}x=\left(\dfrac{1}{3}x^3-\dfrac{b}{2}x^2+2ax\right)\Big|_0^2=\dfrac{8}{3}-2b+4a, \end{cases}$$

即 $\begin{cases} a=\dfrac{1}{3}-\dfrac{b}{2}+2a,\\[2mm] b=\dfrac{8}{3}-2b+4a, \end{cases}$　解得 $\begin{cases} a=\dfrac{1}{3},\\[2mm] b=\dfrac{4}{3}, \end{cases}$　所以 $f(x)=x^2-\dfrac{4}{3}x+\dfrac{2}{3}.$

12. 求下列定积分:

(1) $\displaystyle\int_0^3 \dfrac{\mathrm{d}x}{(1+x)\sqrt{x}}$；　　　　　　　　(2) $\displaystyle\int_0^\pi (\sin^2 x-\sin^3 x)\mathrm{d}x$；

(3) $\displaystyle\int_{-\sqrt{2}}^{\sqrt{2}} \sqrt{8-2x^2}\,\mathrm{d}x$；　　　　　　　(4) $\displaystyle\int_0^1 \dfrac{\ln(1+x)}{(2-x)^2}\mathrm{d}x$.

解　(1) $\displaystyle\int_0^3 \dfrac{\mathrm{d}x}{(1+x)\sqrt{x}}=2\int_0^3 \dfrac{\mathrm{d}\sqrt{x}}{1+(\sqrt{x})^2}=2\arctan\sqrt{x}\Big|_0^3=\dfrac{2\pi}{3}.$

(2) $\displaystyle\int_0^\pi (\sin^2 x-\sin^3 x)\mathrm{d}x=\int_0^\pi \sin^2 x\,\mathrm{d}x-\int_0^\pi \sin^3 x\,\mathrm{d}x$

$$=\dfrac{1}{2}\int_0^\pi (1-\cos 2x)\mathrm{d}x+\int_0^\pi (1-\cos^2 x)\mathrm{d}\cos x$$

$$=\dfrac{1}{2}\left(x-\dfrac{1}{2}\sin 2x\right)\Big|_0^\pi+\left(\cos x-\dfrac{1}{3}\cos^3 x\right)\Big|_0^\pi=\dfrac{\pi}{2}-\dfrac{4}{3}.$$

(3) $\displaystyle\int_{-\sqrt{2}}^{\sqrt{2}} \sqrt{8-2x^2}\,\mathrm{d}x=2\sqrt{2}\int_0^{\sqrt{2}} \sqrt{4-x^2}\,\mathrm{d}x\overset{x=2\sin t}{=\!=\!=}2\sqrt{2}\int_0^{\frac{\pi}{4}} 4\cos^2 t\,\mathrm{d}t$

$$=4\sqrt{2}\int_0^{\frac{\pi}{4}}(1+\cos 2t)\mathrm{d}t=(4\sqrt{2}t+2\sqrt{2}\sin 2t)\Big|_0^{\frac{\pi}{4}}=\sqrt{2}\pi+2\sqrt{2}.$$

(4) $\displaystyle\int_0^1 \dfrac{\ln(1+x)}{(2-x)^2}\mathrm{d}x=-\int_0^1 \ln(x+1)\mathrm{d}\dfrac{1}{x-2}=-\dfrac{\ln(x+1)}{x-2}\Big|_0^1+\int_0^1 \dfrac{1}{x-2}\mathrm{d}\ln(x+1)$

$$=\ln 2+\int_0^1 \dfrac{1}{(x-2)(x+1)}\mathrm{d}x=\ln 2+\dfrac{1}{3}\int_0^1 \left(\dfrac{1}{x-2}-\dfrac{1}{x+1}\right)\mathrm{d}x$$

$$= \ln 2 + \frac{1}{3}(\ln|x-2| - \ln|x+1|)\Big|_0^1 = \frac{\ln 2}{3}.$$

13. 证明 $\displaystyle\int_x^1 \frac{\mathrm{d}u}{1+u^2} = \int_1^{\frac{1}{x}} \frac{\mathrm{d}u}{1+u^2}(x>0)$.

证明　$\displaystyle\int_x^1 \frac{\mathrm{d}u}{1+u^2} \xlongequal{u=\frac{1}{t}} \int_{\frac{1}{x}}^1 \frac{1}{1+\frac{1}{t^2}}\left(-\frac{1}{t^2}\right)\mathrm{d}t = \int_1^{\frac{1}{x}} \frac{1}{1+t^2}\,\mathrm{d}t = \int_1^{\frac{1}{x}} \frac{\mathrm{d}u}{1+u^2}$.

14. 设 $f(x)$ 在 $[0,2a]$ 上连续，则 $\displaystyle\int_0^{2a} f(x)\,\mathrm{d}x = \int_0^a [f(x)+f(2a-x)]\mathrm{d}x$.

证明　因为

$$\int_0^{2a} f(x)\,\mathrm{d}x = \int_0^a f(x)\mathrm{d}x + \int_a^{2a} f(x)\mathrm{d}x,$$

而

$$\int_a^{2a} f(x)\mathrm{d}x \xlongequal{x=2a-t} \int_a^0 f(2a-t)(-\mathrm{d}t) = \int_0^a f(2a-t)\mathrm{d}t,$$

所以

$$\int_0^{2a} f(x)\,\mathrm{d}x = \int_0^a f(x)\mathrm{d}x + \int_0^a f(2a-x)\mathrm{d}x = \int_0^a [f(x)+f(2a-x)]\mathrm{d}x.$$

15. 设 $f(x)$ 是以 π 为周期的连续函数，证明：

$$\int_0^{2\pi} (\sin x + x)f(x)\,\mathrm{d}x = \int_0^\pi (2x+\pi)f(x)\mathrm{d}x.$$

证明　因为

$$\int_0^{2\pi} (\sin x + x)f(x)\mathrm{d}x = \int_0^\pi (\sin x + x)f(x)\mathrm{d}x + \int_\pi^{2\pi} (\sin x + x)f(x)\mathrm{d}x,$$

而

$$\int_\pi^{2\pi} (\sin x + x)f(x)\mathrm{d}x \xlongequal{x=\pi+t} \int_0^\pi [\sin(\pi+t)+(\pi+t)]f(\pi+t)\mathrm{d}t$$

$$= \int_0^\pi (\pi+t-\sin t)f(t)\mathrm{d}t,$$

所以

$$\int_0^{2\pi} (\sin x + x)f(x)\mathrm{d}x = \int_0^\pi (\sin x + x)f(x)\mathrm{d}x + \int_0^\pi (\pi+x-\sin x)f(x)\mathrm{d}x$$

$$= \int_0^\pi (2x+\pi)f(x)\mathrm{d}x.$$

16. 设 $\int_0^\pi \dfrac{\cos x}{(x+2)^2}\mathrm{d}x = A$，求 $\int_0^{\frac{\pi}{2}} \dfrac{\sin x\cos x}{x+1}\mathrm{d}x$.

解 因为

$$A = \int_0^\pi \frac{\cos x}{(x+2)^2}\mathrm{d}x \xlongequal{x=2t} \int_0^{\frac{\pi}{2}} \frac{\cos 2t}{4(t+1)^2}\cdot 2\mathrm{d}t = -\frac{1}{2}\int_0^{\frac{\pi}{2}}\cos 2t\,\mathrm{d}\frac{1}{t+1}$$

$$= -\frac{1}{2}\cdot\frac{\cos 2t}{t+1}\Big|_0^{\frac{\pi}{2}} + \frac{1}{2}\int_0^{\frac{\pi}{2}}\frac{1}{t+1}\mathrm{d}\cos 2t = \frac{1}{\pi+2} + \frac{1}{2} - \int_0^{\frac{\pi}{2}}\frac{\sin 2t}{t+1}\mathrm{d}t$$

$$= \frac{1}{\pi+2} + \frac{1}{2} - 2\int_0^{\frac{\pi}{2}}\frac{\sin t\cos t}{t+1}\mathrm{d}t,$$

所以

$$\int_0^{\frac{\pi}{2}}\frac{\sin x\cos x}{x+1}\mathrm{d}x = \frac{1}{2}\left(\frac{1}{\pi+2}+\frac{1}{2}-A\right).$$

17. 设 $f(x),g(x)$ 在区间 $[-a,a](a>0)$ 上连续，$g(x)$ 为偶函数，且 $f(x)$ 满足条件

$$f(x)+f(-x)=A \quad (A\text{ 为常数}).$$

(1) 证明：$\int_{-a}^a f(x)g(x)\mathrm{d}x = A\int_0^a g(x)\mathrm{d}x$；

(2) 利用 (1) 结论计算定积分 $\int_{-\frac{\pi}{2}}^{\frac{\pi}{2}} |\sin x|\arctan \mathrm{e}^x\mathrm{d}x$.

证明 (1) 因为

$$\int_{-a}^a f(x)g(x)\mathrm{d}x = \int_{-a}^0 f(x)g(x)\mathrm{d}x + \int_0^a f(x)g(x)\mathrm{d}x,$$

而

$$\int_{-a}^0 f(x)g(x)\mathrm{d}x \xlongequal{x=-t} \int_a^0 f(-t)g(-t)(-\mathrm{d}t) = \int_0^a f(-t)g(t)\mathrm{d}t,$$

所以

$$\int_{-a}^a f(x)g(x)\mathrm{d}x = \int_0^a f(-x)g(x)\mathrm{d}x + \int_0^a f(x)g(x)\mathrm{d}x$$

$$= \int_0^a [f(-x)+f(x)]g(x)\mathrm{d}x = A\int_0^a g(x)\mathrm{d}x.$$

(2) 令 $f(x)=\arctan \mathrm{e}^x$，$g(x)=|\sin x|$，$x\in\left[-\dfrac{\pi}{2},\dfrac{\pi}{2}\right]$. 则有 $g(x)=|\sin x|$ 在区间 $\left[-\dfrac{\pi}{2},\dfrac{\pi}{2}\right]$ 是偶函数. 又令

$$F(x)=f(x)+f(-x)=\arctan \mathrm{e}^x + \arctan \mathrm{e}^{-x}, \quad x\in\left[-\frac{\pi}{2},\frac{\pi}{2}\right].$$

因为

$$F'(x) = \frac{1}{1+e^{2x}} \cdot e^x + \frac{1}{1+e^{-2x}} \cdot e^{-x} \cdot (-1) = 0,$$

所以

$$F(x) = c, \quad x \in \left[-\frac{\pi}{2}, \frac{\pi}{2}\right].$$

又 $F(0) = \frac{\pi}{2}$，所以

$$F(x) = f(x) + f(-x) = \frac{\pi}{2}.$$

由 (1) 的结论有

$$\int_{-\frac{\pi}{2}}^{\frac{\pi}{2}} |\sin x| \arctan e^x dx = \frac{\pi}{2} \int_0^{\frac{\pi}{2}} |\sin x| dx = \frac{\pi}{2} \int_0^{\frac{\pi}{2}} \sin x dx = -\frac{\pi}{2} \cos x \Big|_0^{\frac{\pi}{2}} = \frac{\pi}{2}.$$

18. 设 $f(x)$ 是以 T 为周期的连续函数，证明对任意实数 a，有

$$\int_a^{a+T} f(x)dx = \int_0^T f(x)dx.$$

并计算 $\int_0^{100\pi} \sqrt{1-\cos 2x} dx$.

    证明   因为

$$\int_a^{a+T} f(x)dx = \int_a^0 f(x)dx + \int_0^T f(x)dx + \int_T^{T+a} f(x)dx,$$

并且

$$\int_T^{T+a} f(x)dx \xlongequal{x=t+T} \int_0^a f(t+T)dt = \int_0^a f(t)dt = \int_0^a f(x)dx,$$

所以

$$\int_a^{a+T} f(x)dx = \int_a^0 f(x)dx + \int_0^T f(x)dx + \int_0^a f(x)dx = \int_0^T f(x)dx.$$

令 $f(x) = \sqrt{1-\cos 2x}$，因为 $\sqrt{1-\cos 2x} = \sqrt{2}|\sin x|$，所以 $f(x)$ 以 $k\pi(k \in \mathbf{Z})$ 为周期．则

$$\int_0^{100\pi} \sqrt{1-\cos 2x} dx = \sqrt{2} \int_0^{100\pi} |\sin x| dx = \sqrt{2} \int_{-50\pi}^{50\pi} |\sin x| dx = 2\sqrt{2} \int_0^{50\pi} |\sin x| dx$$

$$= 2\sqrt{2} \int_{-25\pi}^{25\pi} |\sin x| dx = 4\sqrt{2} \int_0^{25\pi} |\sin x| dx$$

$$= 4\sqrt{2} \int_0^{24\pi} |\sin x| dx + 4\sqrt{2} \int_{24\pi}^{24\pi+\pi} |\sin x| dx$$

$$= 4\sqrt{2}\int_{-12\pi}^{12\pi}|\sin x|\mathrm{d}x + 4\sqrt{2}\int_0^\pi|\sin x|\mathrm{d}x$$

$$= 8\sqrt{2}\int_0^{12\pi}|\sin x|\mathrm{d}x + 4\sqrt{2}\int_0^\pi|\sin x|\mathrm{d}x$$

$$= 8\sqrt{2}\int_{-6\pi}^{6\pi}|\sin x|\mathrm{d}x + 4\sqrt{2}\int_0^\pi|\sin x|\mathrm{d}x$$

$$= 16\sqrt{2}\int_0^{6\pi}|\sin x|\mathrm{d}x + 4\sqrt{2}\int_0^\pi|\sin x|\mathrm{d}x$$

$$= 16\sqrt{2}\int_{-3\pi}^{3\pi}|\sin x|\mathrm{d}x + 4\sqrt{2}\int_0^\pi|\sin x|\mathrm{d}x$$

$$= 32\sqrt{2}\int_0^{3\pi}|\sin x|\mathrm{d}x + 4\sqrt{2}\int_0^\pi|\sin x|\mathrm{d}x$$

$$= 32\sqrt{2}\int_0^{2\pi}|\sin x|\mathrm{d}x + 32\sqrt{2}\int_{2\pi}^{3\pi}|\sin x|\mathrm{d}x + 4\sqrt{2}\int_0^\pi|\sin x|\mathrm{d}x$$

$$= 32\sqrt{2}\int_{-\pi}^\pi|\sin x|\mathrm{d}x + 32\sqrt{2}\int_0^\pi|\sin x|\mathrm{d}x + 4\sqrt{2}\int_0^\pi|\sin x|\mathrm{d}x$$

$$= 100\sqrt{2}\int_0^\pi|\sin x|\mathrm{d}x = 100\sqrt{2}\int_0^\pi\sin x\,\mathrm{d}x = -100\sqrt{2}\cos x\Big|_0^\pi$$

$$= 200\sqrt{2}.$$

19. 设 $f(x)$，$g(x)$ 都是 $[a,b]$ 上的连续函数，且 $g(x)$ 在 $[a,b]$ 上不变号，证明：至少存在一点 $\xi\in[a,b]$，使下列等式成立

$$\int_a^b f(x)g(x)\mathrm{d}x = f(\xi)\int_a^b g(x)\mathrm{d}x.$$

这一结果称为积分第一中值定理.

证明 因为 $f(x)$ 是 $[a,b]$ 上的连续函数，所以 $f(x)$ 有最值，即存在 m,M，使得对任意 $x\in[a,b]$，都有 $m\leqslant f(x)\leqslant M$. 又 $g(x)$ 在 $[a,b]$ 上不变号，不妨假设 $g(x)\geqslant 0$，则

$$mg(x)\leqslant f(x)g(x)\leqslant Mg(x)$$

根据定积分的性质知

$$m\int_a^b g(x)\mathrm{d}x \leqslant \int_a^b f(x)g(x)\mathrm{d}x \leqslant M\int_a^b g(x)\mathrm{d}x.$$

(1) 当 $g(x)=0$ 时，结论显然成立.

(2) 当 $g(x)>0$ 时，$m\leqslant \dfrac{\displaystyle\int_a^b f(x)g(x)\mathrm{d}x}{\displaystyle\int_a^b g(x)\mathrm{d}x}\leqslant M$. 根据 $f(x)$ 的介值定理可知，至少存在一个点 $\xi\in[a,b]$，使下列等式成立

$$f(\xi) = \frac{\displaystyle\int_a^b f(x)g(x)\mathrm{d}x}{\displaystyle\int_a^b g(x)\mathrm{d}x},$$

即

$$\int_a^b f(x)g(x)\mathrm{d}x = f(\xi)\int_a^b g(x)\mathrm{d}x .$$

综上所述至少存在一点 $\xi \in [a,b]$，使下列等式成立

$$\int_a^b f(x)g(x)\mathrm{d}x = f(\xi)\int_a^b g(x)\mathrm{d}x .$$

20. 已知 $\int_0^{+\infty} \dfrac{\sin x}{x}\mathrm{d}x = \dfrac{\pi}{2}$，求 $\int_0^{+\infty} \dfrac{\sin^2 x}{x^2}\mathrm{d}x.$

解　$\displaystyle\int_0^{+\infty} \frac{\sin^2 x}{x^2}\mathrm{d}x = -\int_0^{+\infty} \sin^2 x \,\mathrm{d}\frac{1}{x} = -\frac{\sin^2 x}{x}\bigg|_0^{+\infty} + \int_0^{+\infty} \frac{1}{x}\mathrm{d}\sin^2 x$

$$= 0 + \lim_{x\to 0}\frac{\sin^2 x}{x} + \int_0^{+\infty} \frac{\sin 2x}{x}\mathrm{d}x$$

$$= \int_0^{+\infty} \frac{\sin 2x}{x}\mathrm{d}x \xlongequal{t=2x} \int_0^{+\infty} \frac{\sin t}{\frac{t}{2}}\frac{1}{2}\mathrm{d}t = \int_0^{+\infty} \frac{\sin t}{t}\mathrm{d}t = \frac{\pi}{2}.$$

21. 判断积分 $\int_{2/\pi}^{+\infty} \dfrac{1}{x^2}\sin\dfrac{1}{x}\mathrm{d}x$ 的收敛性.

解　$\displaystyle\int_{\frac{2}{\pi}}^{+\infty} \frac{1}{x^2}\sin\frac{1}{x}\mathrm{d}x = -\int_{\frac{2}{\pi}}^{+\infty} \sin\frac{1}{x}\mathrm{d}\frac{1}{x} = \cos\frac{1}{x}\bigg|_{\frac{2}{\pi}}^{+\infty} = 1 .$

22. 判断积分 $\int_0^3 \dfrac{\mathrm{d}x}{(x-1)^{2/3}}$ 的收敛性.

解　$\displaystyle\int_0^3 \frac{\mathrm{d}x}{(x-1)^{\frac{2}{3}}} = \int_0^1 \frac{\mathrm{d}x}{(x-1)^{\frac{2}{3}}} + \int_1^3 \frac{\mathrm{d}x}{(x-1)^{\frac{2}{3}}} = 3(x-1)^{\frac{1}{3}}\bigg|_0^1 + 3(x-1)^{\frac{1}{3}}\bigg|_1^3 = 3(2^{\frac{1}{3}}+1) .$

五、拓展训练

例1　设 $f(x)$，$g(x)$ 在 $[a,b]$ 上连续，且 $g(x)\geqslant 0$，$f(x)>0$．求 $\lim\limits_{n\to\infty}\int_a^b g(x)\sqrt[n]{f(x)}\mathrm{d}x.$

解　由于 $f(x)$ 在 $[a,b]$ 上连续，则 $f(x)$ 在 $[a,b]$ 上有最大值 M 和最小值 m．由 $f(x)>0$ 知 $M>0$，$m>0$．又 $g(x)\geqslant 0$，则

$$\sqrt[n]{m}\int_a^b g(x)\mathrm{d}x \leqslant \int_a^b g(x)\sqrt[n]{f(x)}\mathrm{d}x \leqslant \sqrt[n]{M}\int_a^b g(x)\mathrm{d}x .$$

由于 $\lim\limits_{n\to\infty}\sqrt[n]{m} = \lim\limits_{n\to\infty}\sqrt[n]{M} = 1$，故

$$\lim_{n\to\infty}\int_a^b g(x)\sqrt[n]{f(x)}\mathrm{d}x = \int_a^b g(x)\mathrm{d}x .$$

例2　已知两曲线 $y=f(x)$ 与 $y=g(x)$ 在点 $(0,0)$ 处的切线相同，其中

$$g(x)=\int_0^{\arcsin x}e^{-t^2}dt,\quad x\in[-1,1],$$

试求该切线的方程并求极限 $\lim\limits_{n\to\infty}nf\left(\dfrac{3}{n}\right)$.

解 由已知条件得

$$f(0)=g(0)=\int_0^0 e^{-t^2}dt=0,$$

且由两曲线在 $(0,0)$ 处切线斜率相同知

$$f'(0)=g'(0)=\left.\frac{e^{-(\arcsin x)^2}}{\sqrt{1-x^2}}\right|_{x=0}=1.$$

故所求切线方程为 $y=x$. 而

$$\lim_{n\to\infty}nf\left(\frac{3}{n}\right)=\lim_{n\to\infty}3\cdot\frac{f\left(\frac{3}{n}\right)-f(0)}{\frac{3}{n}-0}=3f'(0)=3.$$

例3 试求正数 a 与 b，使等式 $\lim\limits_{x\to0}\dfrac{1}{x-b\sin x}\int_0^x\dfrac{t^2}{\sqrt{a+t^2}}dt=1$ 成立.

解
$$\lim_{x\to0}\frac{\int_0^x\frac{t^2}{\sqrt{a+t^2}}dt}{x-b\sin x}=\lim_{x\to0}\frac{\frac{x^2}{\sqrt{a+x^2}}}{1-b\cos x}=\lim_{x\to0}\frac{1}{\sqrt{a+x^2}}\cdot\lim_{x\to0}\frac{x^2}{1-b\cos x}$$

$$=\frac{1}{\sqrt{a}}\lim_{x\to0}\frac{x^2}{1-b\cos x}=1,$$

由此可知必有 $\lim\limits_{x\to0}(1-b\cos x)=0$，得 $b=1$. 又由

$$\frac{1}{\sqrt{a}}\lim_{x\to0}\frac{x^2}{1-\cos x}=\frac{2}{\sqrt{a}}=1,$$

得 $a=4$. 即 $a=4$，$b=1$.

例4 证明: 若函数 $f(x)$ 在区间 $[a,b]$ 上连续且单调增加，则有

$$\int_a^b xf(x)dx\geqslant\frac{a+b}{2}\int_a^b f(x)dx.$$

证明 令 $F(x)=\int_a^x tf(t)dt-\dfrac{a+x}{2}\int_a^x f(t)dt$，当 $\xi\in[a,x]$ 时，$f(\xi)\leqslant f(x)$，则

$$F'(x)=xf(x)-\frac{1}{2}\int_a^x f(t)dt-\frac{a+x}{2}f(x)=\frac{x-a}{2}f(x)-\frac{1}{2}\int_a^x f(t)dt$$

$$=\frac{x-a}{2}f(x)-\frac{x-a}{2}f(\xi),\quad 其中 a\leqslant\xi\leqslant x$$

$$= \frac{x-a}{2}[f(x) - f(\xi)] \geqslant 0.$$

故 $F(x)$ 单调增加. 即 $F(x) \geqslant F(a)$，又 $F(a) = 0$，所以 $F(x) \geqslant 0$，其中 $x \in [a,b]$. 从而

$$F(b) = \int_a^b xf(x)\mathrm{d}x - \frac{a+b}{2}\int_a^b f(x)\mathrm{d}x \geqslant 0.$$

例 5 设函数 $f(x)$ 连续，

$$\varphi(x) = \int_0^1 f(xt)\mathrm{d}t, \quad 且 \lim_{x \to 0}\frac{f(x)}{x} = A \quad （A 为常数），$$

求 $\varphi'(x)$ 并讨论 $\varphi'(x)$ 在 $x=0$ 处的连续性.

解 由 $\lim\limits_{x \to 0}\dfrac{f(x)}{x} = A$ 知 $\lim\limits_{x \to 0}f(x) = 0$，而 $f(x)$ 连续，所以 $f(0) = 0$，$\varphi(0) = 0$.

当 $x \neq 0$ 时，令 $u = xt$，$t = 0$，$u = 0$；$t = 1$，$u = x$. $\mathrm{d}t = \dfrac{1}{x}\mathrm{d}u$，则

$$\varphi(x) = \frac{\displaystyle\int_0^x f(u)\mathrm{d}u}{x},$$

从而

$$\varphi'(x) = \frac{xf(x) - \displaystyle\int_0^x f(u)\mathrm{d}u}{x^2} \quad (x \neq 0).$$

又因为在 $x = 0$ 处，

$$\lim_{x \to 0}\frac{\varphi(x) - \varphi(0)}{x - 0} = \lim_{x \to 0}\frac{\displaystyle\int_0^x f(u)\mathrm{d}u}{x^2} = \lim_{x \to 0}\frac{f(x)}{2x} = \frac{A}{2}, \quad 即 \; \varphi'(0) = \frac{A}{2}.$$

所以

$$\varphi'(x) = \begin{cases} \dfrac{xf(x) - \displaystyle\int_0^x f(u)\mathrm{d}u}{x^2}, & x \neq 0, \\[4mm] \dfrac{A}{2}, & x = 0. \end{cases}$$

由于

$$\lim_{x \to 0}\varphi'(x) = \lim_{x \to 0}\frac{xf(x) - \displaystyle\int_0^x f(u)\mathrm{d}u}{x^2} = \lim_{x \to 0}\frac{f(x)}{x} - \lim_{x \to 0}\frac{\displaystyle\int_0^x f(u)\mathrm{d}u}{x^2} = \frac{A}{2} = \varphi'(0).$$

从而知 $\varphi'(x)$ 在 $x = 0$ 处连续.

例 6 计算 $\displaystyle\int_{-\frac{\pi}{2}}^{\frac{\pi}{2}}(x^3 + \sin^2 x)\cos^2 x\mathrm{d}x$.

解　$\displaystyle\int_{-\frac{\pi}{2}}^{\frac{\pi}{2}}(x^3+\sin^2 x)\cos^2 x\mathrm{d}x=\int_{-\frac{\pi}{2}}^{\frac{\pi}{2}}x^3\cos^2 x\mathrm{d}x+\int_{-\frac{\pi}{2}}^{\frac{\pi}{2}}\sin^2 x\cos^2 x\mathrm{d}x$

$$=0+2\int_{0}^{\frac{\pi}{2}}\sin^2 x\cos^2 x\mathrm{d}x=\frac{1}{2}\int_{0}^{\frac{\pi}{2}}\sin^2 2x\mathrm{d}x$$

$$=\frac{1}{4}\int_{0}^{\frac{\pi}{2}}(1-\cos 4x)\mathrm{d}x=\left(\frac{x}{4}-\frac{\sin 4x}{16}\right)\Bigg|_{0}^{\frac{\pi}{2}}=\frac{\pi}{8}.$$

六、自测题

(一) 单选题

1. $\displaystyle\int_{-\frac{\pi}{2}}^{\frac{\pi}{2}}|\sin x|\,\mathrm{d}x=(\qquad)$.

(A) 0　　　　　　　(B) π　　　　　　　(C) $\dfrac{\pi}{2}$　　　　　　　(D) 2

2. 已知 $F'(x)=f(x)$，则 $\displaystyle\int_{a}^{x}f(t+a)\,\mathrm{d}t=(\qquad)$.

(A) $F(x)-F(a)$　　　　　　　(B) $F(t)-F(a)$

(C) $F(x+a)-F(2a)$　　　　　　(D) $F(t+a)-F(2a)$

3. $\displaystyle\int_{0}^{1}\frac{1}{\arccos x}\mathrm{d}x=(\qquad)$.

(A) $\displaystyle\int_{\pi}^{0}\frac{1}{x}\mathrm{d}x$　　　　　　　(B) $\displaystyle\int_{\frac{\pi}{2}}^{0}\frac{\sin x}{x}\mathrm{d}x$

(C) $\displaystyle-\int_{\frac{\pi}{2}}^{0}\frac{\sin x}{x}\mathrm{d}x$　　　　　(D) $\displaystyle\int_{0}^{\frac{\pi}{2}}\frac{1}{x}\mathrm{d}x$

4. 函数 $f(x)$ 在 $[a,b]$ 上有界是 $f(x)$ 可积的 (　　　).

(A) 必要条件　　　　　　　(B) 充分条件

(C) 充要条件　　　　　　　(D) 即非充分也非必要条件

5. 设 $M=\displaystyle\int_{-\frac{\pi}{2}}^{\frac{\pi}{2}}\frac{\sin x}{1+x^2}\cos^4 x\mathrm{d}x$, $N=\displaystyle\int_{-\frac{\pi}{2}}^{\frac{\pi}{2}}(\sin^3 x+\cos^4 x)\mathrm{d}x$, $p=\displaystyle\int_{-\frac{\pi}{2}}^{\frac{\pi}{2}}(x^2\sin^3 x-\cos^4 x)\mathrm{d}x$, 则有
(　　　).

(A) $N<P<M$　　　　　　　(B) $M<P<N$

(C) $N<M<P$　　　　　　　(D) $P<M<N$

(二) 多选题

1. 下列关于 $f(x)$ 的性质叙述正确的是 (　　　).

(A) 若 $f(x)$ 在 $[a,b]$ 上可导, 则 $f(x)$ 在 $[a,b]$ 上可积

(B) 若 $f(x)$ 在 $[a,b]$ 上可积, 则 $f(x)$ 在 $[a,b]$ 上连续

(C) 若 $f(x)$ 在 $[a,b]$ 上连续, 则 $f(x)$ 在 $[a,b]$ 上可积

(D) 若 $f(x)$ 在 $[a,b]$ 上连续, 则 $f(x)$ 在 $[a,b]$ 上可导

2. 根据定积分的几何意义, 下列各式中正确的是(　　).

(A) $\int_0^1 \sqrt{1-x^2}\,\mathrm{d}x = \dfrac{\pi}{4}$ 　　　　　(B) $\int_{-\frac{\pi}{2}}^0 \cos x\,\mathrm{d}x < \int_0^{\frac{\pi}{2}} \cos x\,\mathrm{d}x$

(C) $\int_{-\frac{\pi}{2}}^{\frac{\pi}{2}} \cos x\,\mathrm{d}x = \int_{\frac{\pi}{2}}^{\frac{3\pi}{2}} \cos x\,\mathrm{d}x$ 　　　　　(D) $\int_0^{2\pi} \sin x\,\mathrm{d}x = 0$

(三)判断题

1. $\int_{-a}^a f(x)\mathrm{d}x = \int_0^a [f(x)+f(-x)]\mathrm{d}x$.　　　　　(　　)

2. 若 $\int_a^b \dfrac{f(x)}{f(x)+g(x)}\mathrm{d}x = 1$, 则 $\int_a^b \dfrac{g(x)}{f(x)+g(x)}\mathrm{d}x = a-b+1$.　(　　)

3. 定积分是曲边梯形的面积.　　　　　(　　)

4. $\int_{\frac{1}{2}}^1 x^2 \ln x\,\mathrm{d}x > 0$.　　　　　(　　)

5. $\int_{-\frac{\pi}{2}}^{\frac{\pi}{2}} \cos x\,\mathrm{d}x = 2\int_0^{\frac{\pi}{2}} \cos x\,\mathrm{d}x$.　　　　　(　　)

6. $-2e^2 \leqslant \int_2^0 e^{x^2-x}\,\mathrm{d}x \leqslant \dfrac{-2}{\sqrt[4]{e}}$.　　　　　(　　)

(四)计算题

1. $\lim\limits_{n\to\infty}\left(\dfrac{1}{2n+1}+\dfrac{1}{2n+2}+\cdots+\dfrac{1}{2n+n}\right)$.

2. 设 $f'(x)$ 连续, 且 $f(1)=2$, 求 $\int_0^1 [f(x)+xf'(x)]\mathrm{d}x$.

3. 设 $f(x)=\int_1^{x^2} xt\,\mathrm{d}t$, 求 $f'(x)$.

4. 求 $\int_0^{\frac{\pi}{2}} \dfrac{x+\sin x}{1+\cos x}\mathrm{d}x$.

5. 设 $f(x)=\begin{cases}1+x^2, & x<0,\\ e^x, & x\geqslant 0,\end{cases}$ 求 $\int_1^3 f(x-2)\mathrm{d}x$.

(五)证明题

1. 设 $f(x)$ 在 $[a,b]$ 上连续, 且 $f(x)>0$, $F(x)=\int_a^x f(t)\,\mathrm{d}t + \int_b^x \dfrac{1}{f(t)}\,\mathrm{d}t$, $x\in[a,b]$, 证明方程 $F(x)=0$ 在区间 $[a,b]$ 上有且只有一个根.

2. 若 $f(x)$ 在 $(-\infty,+\infty)$ 内连续, 证明:

(1)若 $f(x)$ 为奇函数, 则 $\int_0^x f(t)\mathrm{d}t$ 为偶函数;

(2)若 $f(x)$ 为偶函数, 则 $\int_0^x f(t)\mathrm{d}t$ 为奇函数.

(六)讨论题

已知 $f(x)=\begin{cases}x^2, & 0\leqslant x\leqslant 1,\\ 1, & 1<x\leqslant 2,\end{cases}$ 求 $F(x)=\int_1^x f(t)\,\mathrm{d}t\ (0\leqslant x\leqslant 2)$.

第八章 定积分的应用

一、基本要求

1. 理解微元法的基本思想.
2. 掌握直角坐标系下平面图形面积的求法；了解参数方程表示的函数图形面积和极坐标系下平面图形面积的求法.
3. 掌握直角坐标系下旋转体体积的求法.
4. 掌握直角坐标系下平面曲线弧长的求法.
5. 了解函数平均值的求法.

二、知识框架

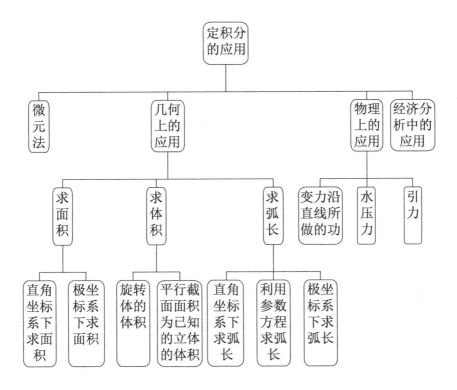

三、典型例题

例 1 求由曲线 $y = \dfrac{1}{2}x$，$y = 3x$，$y = 2$，$y = 1$ 所围成的图形的面积.

解 曲线所围成图形如图 8-1 所示. 选取 y 为积分变量, 其变化范围为 $y \in [1, 2]$, 于是所求面积为 $S = \displaystyle\int_{1}^{2} \left(2y - \dfrac{1}{3}y \right) \mathrm{d}y = \dfrac{5}{2}$.

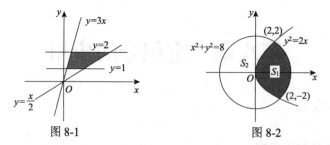

图 8-1　　　　　　　　　　　　图 8-2

例 2　抛物线 $y^2 = 2x$ 把圆 $x^2 + y^2 = 8$ 分成两部分，求这两部分面积之比.

解　曲线所围成图形如图 8-2 所示. 抛物线 $y^2 = 2x$ 与圆 $x^2 + y^2 = 8$ 的交点分别为 $(2,2)$ 与 $(2,-2)$，抛物线将圆分成两个部分，记它们的面积分别为 S_1 和 S_2，则有

$$S_1 = \int_{-2}^{2}\left(\sqrt{8-y^2} - \frac{y^2}{2}\right)\mathrm{d}y \xlongequal{y=2\sqrt{2}\sin\theta} 8\int_{-\frac{\pi}{4}}^{\frac{\pi}{4}}\cos^2\theta\,\mathrm{d}\theta - \frac{8}{3} = \frac{4}{3} + 2\pi,$$

$$S_2 = 8\pi - S_1 = 6\pi - \frac{4}{3},$$

于是 $\dfrac{S_1}{S_2} = \dfrac{\frac{4}{3}+2\pi}{6\pi - \frac{4}{3}} = \dfrac{3\pi+2}{9\pi-2}$.

例 3　求曲线 $y = \ln x$ 在区间 $(2,6)$ 内的一条切线，使得该切线与直线 $x = 2$，$x = 6$ 和曲线 $y = \ln x$ 所围成平面图形的面积最小.

解　曲线所围成图形如图 8-3 所示. 设所求切线与曲线 $y = \ln x$ 相切于点 $(c, \ln c)$，则切线方程为 $y - \ln c = \dfrac{1}{c}(x - c)$. 所以切线与直线 $x = 2$，$x = 6$ 和曲线 $y = \ln x$ 所围成的平面图形的面积为

$$S = \int_{2}^{6}\left[\frac{1}{c}(x-c) + \ln c - \ln x\right]\mathrm{d}x = 4\left(\frac{4}{c} - 1\right) + 4\ln c + 4 - 6\ln 6 + 2\ln 2.$$

由于

$$\frac{\mathrm{d}S}{\mathrm{d}c} = -\frac{16}{c^2} + \frac{4}{c} = -\frac{4}{c^2}(4 - c),$$

令 $\dfrac{\mathrm{d}S}{\mathrm{d}c} = 0$，解得驻点 $c = 4$. 当 $c < 4$ 时 $\dfrac{\mathrm{d}S}{\mathrm{d}c} < 0$，而当 $c > 4$ 时 $\dfrac{\mathrm{d}S}{\mathrm{d}c} > 0$. 故当 $c = 4$ 时，S 取得极小值. 由于驻点唯一，故当 $c = 4$ 时，S 取得最小值. 此时切线方程为

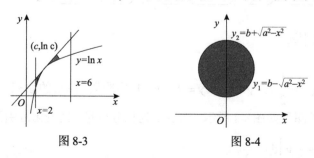

图 8-3　　　　　　　　　　　　图 8-4

$$y = \frac{1}{4}x - 1 + \ln 4.$$

例4 求圆域 $x^2 + (y-b)^2 \le a^2$（其中 $b > a$）绕 x 轴旋转而成的立体的体积.

解 曲线所围成图形如图8-4所示. 上半圆周的方程为 $y_2 = b + \sqrt{a^2 - x^2}$，下半圆周的方程为 $y_1 = b - \sqrt{a^2 - x^2}$.

于是所求旋转体的体积为

$$V_x = \pi \int_{-a}^{a} (b + \sqrt{a^2 - x^2})^2 \, \mathrm{d}x - \pi \int_{-a}^{a} (b - \sqrt{a^2 - x^2})^2 \, \mathrm{d}x$$

$$= 4\pi b \int_{-a}^{a} \sqrt{a^2 - x^2} \, \mathrm{d}x = 8\pi b \int_{0}^{a} \sqrt{a^2 - x^2} \, \mathrm{d}x$$

$$= 8\pi b \cdot \frac{\pi a^2}{4} = 2\pi^2 a^2 b$$

四、课后习题全解

习 题 二

1. 求下列曲线所围图形的面积:

(1) $y = 8 - 2x^2$ 与 $y = 0$；

(2) $y = \sqrt{x}$ 与 $y = x$；

(3) $y = x^2$ 与 $y = 2x + 3$；

(4) $y = \frac{1}{x}, y = x$ 与 $x = 2$；

(5) $y = \ln x$，y 轴与 $y = \ln a$，$y = \ln b \, (b > a > 0)$；

(6) $y = \mathrm{e}^x, y = \mathrm{e}^{-x}$ 与 $x = 1$.

解 (1)曲线所围成图形如图 8-5 所示. 由 $\begin{cases} y = 8 - 2x^2, \\ y = 0 \end{cases}$ 可得交点坐标为 $(-2,0)$ 和 $(2,0)$.

并且 $x \in [-2, 2]$，$f(x) = 8 - 2x^2$，$g(x) = 0$. 所以

$$S = \int_{-2}^{2} [f(x) - g(x)] \mathrm{d}x = \int_{-2}^{2} (8 - 2x^2) \mathrm{d}x = \left(8x - \frac{2}{3}x^3 \right) \Big|_{-2}^{2} = \frac{64}{3}.$$

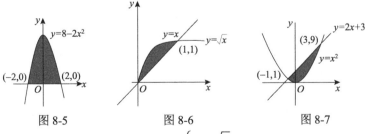

图 8-5 图 8-6 图 8-7

(2) 曲线所围成图形如图 8-6 所示. 由 $\begin{cases} y = \sqrt{x}, \\ y = x \end{cases}$ 可得交点坐标为 $(0,0)$ 和 $(1,1)$，并且

$x \in [0,1]$，$f(x) = \sqrt{x}$，$g(x) = x$，所以

$$S = \int_0^1 [f(x) - g(x)]dx$$

$$= \int_0^1 (\sqrt{x} - x)dx = \left(\frac{2}{3}x^{\frac{3}{2}} - \frac{1}{2}x^2\right)\Big|_0^1 = \frac{1}{6}.$$

(3) 曲线所围成图形如图 8-7 所示. 由 $\begin{cases} y = x^2, \\ y = 2x + 3 \end{cases}$ 可得交点坐标为 $(-1,1)$ 和 $(3,9)$，并且 $x \in [-1,3]$，$f(x) = 2x + 3$，$g(x) = x^2$，所以

$$S = \int_{-1}^3 [f(x) - g(x)]dx = \int_{-1}^3 (2x + 3 - x^2)dx$$

$$= \left(x^2 + 3x - \frac{1}{3}x^3\right)\Big|_{-1}^3 = \frac{32}{3}.$$

(4) 曲线所围成图形如图 8-8 所示. 由 $\begin{cases} y = \dfrac{1}{x}, \\ y = x \end{cases}$ 可得交点坐标为 $(1,1)$，并且 $x \in [1,2]$，$f(x) = x$，$g(x) = \dfrac{1}{x}$，所以

$$S = \int_1^2 [f(x) - g(x)]dx = \int_1^2 \left(x - \frac{1}{x}\right)dx$$

$$= \left(\frac{1}{2}x^2 - \ln x\right)\Big|_1^2 = \frac{3}{2} - \ln 2.$$

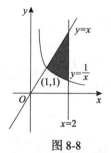

图 8-8　　　　图 8-9

(5) 曲线所围成图形如图 8-9 所示. $y \in [\ln a, \ln b]$，$\psi(y) = e^y$，$\varphi(y) = 0$，所以

$$S = \int_{\ln a}^{\ln b} [\psi(y) - \varphi(y)]dy = \int_{\ln a}^{\ln b} e^y dy$$

$$= e^y \Big|_{\ln a}^{\ln b} = b - a.$$

(6) 曲线所围成图形如图 8-10 所示. $x \in [0,1]$，$f(x) = e^x$，$g(x) = e^{-x}$，所以

$$S = \int_0^1 [f(x) - g(x)]dx = \int_0^1 (e^x - e^{-x})dx$$

$$= (e^x + e^{-x})\Big|_0^1 = e + \frac{1}{e} - 2.$$

2. 曲线 $y = x^2$ 在 $(1,1)$ 处的切线与 $x = y^2$ 所围成图形的面积.

解　因为 $y = x^2$ 的导数为 $y' = 2x$，所以曲线 $y = x^2$ 在 $(1,1)$ 处的切线的斜率 $k = 2$，即曲

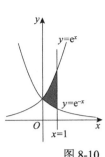 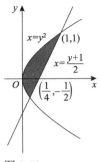

图 8-10　　　　　　　　　图 8-11

线 $y=x^2$ 在 $(1,1)$ 处的切线方程是 $x=\dfrac{y+1}{2}$. 则曲线所围成图形如图 8-11 所示.

又由 $\begin{cases} x=y^2, \\ x=\dfrac{y+1}{2} \end{cases}$ 可得交点坐标为 $(1,1)$ 和 $\left(\dfrac{1}{4},-\dfrac{1}{2}\right)$. $y\in\left[-\dfrac{1}{2},1\right]$, $\psi(y)=\dfrac{y+1}{2}$,

$\varphi(y)=y^2$, 所以

$$S=\int_{-\frac{1}{2}}^{1}[\psi(y)-\varphi(y)]\mathrm{d}y=\int_{-\frac{1}{2}}^{1}\left(\dfrac{1}{2}y+\dfrac{1}{2}-y^2\right)\mathrm{d}y$$

$$=\left(\dfrac{1}{4}y^2+\dfrac{1}{2}y-\dfrac{1}{3}y^3\right)\Big|_{-\frac{1}{2}}^{1}=\dfrac{27}{48}.$$

3. 求下列极坐标表示的曲线所围图形的面积:

(1) $r=2a\cos\theta$;　　　　(2) $r=2a(2+\cos\theta)$;

(3) $r=3\cos\theta$ 与 $r=1+\cos\theta$ 所围图形的公共部分.

解　(1) 曲线所围成图形如图 8-12 所示.

解法一: $S=S_{圆}=\pi a^2$.

解法二:

$$S=2\cdot\dfrac{1}{2}\int_{0}^{\frac{\pi}{2}}r^2\mathrm{d}\theta=4a^2\int_{0}^{\frac{\pi}{2}}\cos^2\theta\mathrm{d}\theta$$

$$=2a^2\int_{0}^{\frac{\pi}{2}}(1+\cos2\theta)\mathrm{d}\theta$$

$$=(2a^2\theta+a^2\sin2\theta)\Big|_{0}^{\frac{\pi}{2}}=a^2\pi.$$

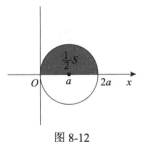

图 8-12

(2) 曲线所围成图形如图 8-13 所示.

$$S=2\cdot\dfrac{1}{2}\int_{0}^{\pi}r^2\mathrm{d}\theta=4a^2\int_{0}^{\pi}(2+\cos\theta)^2\mathrm{d}\theta$$

$$=2a^2\int_{0}^{\pi}(9+8\cos\theta+\cos2\theta)\mathrm{d}\theta$$

$$=(18a^2\theta+16a^2\sin\theta+a^2\sin2\theta)\Big|_{0}^{\pi}$$

$$=18a^2\pi.$$

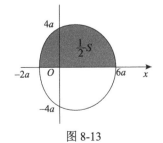

图 8-13

（3）曲线所围成图形如图 8-14 所示.

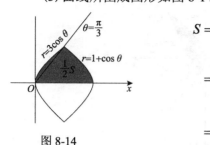

图 8-14

$$S = 2\left[\int_0^{\frac{\pi}{3}} \frac{1}{2}(1+\cos\theta)^2 d\theta + \int_{\frac{\pi}{3}}^{\frac{\pi}{2}} \frac{1}{2}(3\cos\theta)^2 d\theta\right]$$
$$= \int_0^{\frac{\pi}{3}}\left(\frac{3}{2}+2\cos\theta+\frac{1}{2}\cos2\theta\right)d\theta + \int_{\frac{\pi}{3}}^{\frac{\pi}{2}}\left(\frac{9}{2}+\frac{9}{2}\cos2\theta\right)d\theta$$
$$= \left(\frac{3}{2}\theta+2\sin\theta+\frac{1}{4}\sin2\theta\right)\Big|_0^{\frac{\pi}{3}} + \left(\frac{9}{2}\theta+\frac{9}{4}\sin2\theta\right)\Big|_{\frac{\pi}{3}}^{\frac{\pi}{2}} = \frac{5\pi}{4}.$$

4. 求下列已知曲线所围成的图形，按指定的轴旋转所产生的旋转体的体积：

（1）$y=x^2, x=y^2$，分别绕 x，y 轴；

（2）$y=x^3, x=2, y=0$，分别绕 x，y 轴；

（3）$y=x, x=2, y=\frac{1}{x}$，分别绕 x，y 轴；

（4）$y=0, x=\frac{\pi}{2}, y=\sin x$，分别绕 x，y 轴.

解　（1）曲线所围成的平面图形如图 8-15 所示.

由 $\begin{cases} y=x^2, \\ x=y^2, \end{cases}$ 解得交点坐标为 $(0,0)$ 和 $(1,1)$.

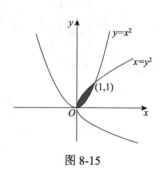

图 8-15

绕 x 轴旋转所产生的旋转体的体积为

$$V_x = \pi\int_0^1(\sqrt{x})^2 dx - \pi\int_0^1(x^2)^2 dx$$
$$= \pi\left(\frac{1}{2}x^2-\frac{1}{5}x^5\right)\Big|_0^1 = \frac{3\pi}{10}.$$

绕 y 轴旋转所产生的旋转体的体积为

$$V_y = \pi\int_0^1(\sqrt{y})^2 dy - \pi\int_0^1(y^2)^2 dy$$
$$= \pi\left(\frac{1}{2}y^2-\frac{1}{5}y^5\right)\Big|_0^1 = \frac{3\pi}{10}.$$

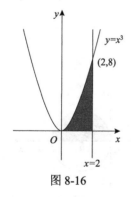

图 8-16

（2）曲线所围成的平面图形如图 8-16 所示.

绕 x 轴旋转所产生的旋转体的体积为

$$V_x = \pi\int_0^2(x^3)^2 dx = \frac{\pi}{7}x^7\Big|_0^2 = \frac{128\pi}{7}.$$

绕 y 轴旋转所产生的旋转体的体积为

$$V_y = \pi\int_0^8(2)^2 dy - \pi\int_0^8(\sqrt[3]{y})^2 dy$$
$$= \pi\left(4y-\frac{3}{5}y^{\frac{5}{3}}\right)\Big|_0^8 = \frac{64}{5}\pi.$$

（3）曲线所围成的平面图形如图 8-17 所示.

绕 x 轴旋转所产生的旋转体的体积为

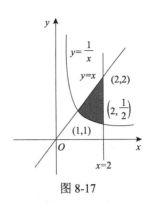

$$V_x = \pi \int_1^2 (x)^2 \, \mathrm{d}x - \pi \int_1^2 \left(\frac{1}{x}\right)^2 \mathrm{d}x$$

$$= \pi \left(\frac{1}{3}x^3 + \frac{1}{x}\right)\Big|_1^2 = \frac{11}{6}\pi.$$

绕 y 轴旋转所产生的旋转体的体积为

$$V_y = \pi \int_{\frac{1}{2}}^2 (2)^2 \, \mathrm{d}y - \pi \int_{\frac{1}{2}}^1 \left(\frac{1}{y}\right)^2 \mathrm{d}y - \pi \int_1^2 (y)^2 \mathrm{d}y$$

$$= 6\pi + \pi \frac{1}{y}\Big|_{\frac{1}{2}}^1 - \frac{\pi}{3}y^3\Big|_1^2 = \frac{8}{3}\pi.$$

图 8-17

(4) 曲线所围成的平面图形如图 8-18 所示.

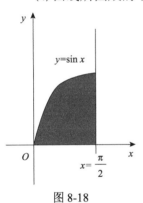

图 8-18

绕 x 轴旋转所产生的旋转体的体积为

$$V_x = \pi \int_0^{\frac{\pi}{2}} (\sin x)^2 \, \mathrm{d}x = \frac{\pi}{2} \int_0^{\frac{\pi}{2}} (1 - \cos 2x) \mathrm{d}x$$

$$= \left(\frac{\pi}{2}x - \frac{\pi}{4}\sin 2x\right)\Big|_0^{\frac{\pi}{2}} = \frac{\pi^2}{4}.$$

绕 y 轴旋转所产生的旋转体的体积为

$$V_y = \pi \int_0^1 \left(\frac{\pi}{2}\right)^2 \mathrm{d}y - \pi \int_0^1 (\arcsin y)^2 \mathrm{d}y = \frac{\pi^3}{4} - \pi \int_0^{\frac{\pi}{2}} x^2 \mathrm{d}\sin x.$$

$$= \frac{\pi^3}{4} - \pi x^2 \sin x\Big|_0^{\frac{\pi}{2}} + \pi \int_0^{\frac{\pi}{2}} \sin x \mathrm{d}x^2 = 2\pi \int_0^{\frac{\pi}{2}} x \sin x \mathrm{d}x$$

$$= -2\pi \int_0^{\frac{\pi}{2}} x \mathrm{d}\cos x = -2\pi x \cos x\Big|_0^{\frac{\pi}{2}} + 2\pi \int_0^{\frac{\pi}{2}} \cos x \mathrm{d}x$$

$$= 2\pi \sin x\Big|_0^{\frac{\pi}{2}} = 2\pi.$$

5. 计算由摆线 $\begin{cases} x = a(t - \sin t), \\ y = a(1 - \cos t) \end{cases}$ $(a > 0, 0 \leqslant t \leqslant 2\pi)$ 的一拱, 直线 $y = 0$ 所围成的图形分别绕 x 轴和 y 轴旋转而成的旋转体的体积.

解 曲线所围成的平面图形如图 8-19 所示.

绕 x 轴旋转所产生的旋转体的体积为

$$V_x = \pi \int_0^{2\pi a} (y)^2 \mathrm{d}x = \pi \int_0^{2\pi} a^2 (1 - \cos t)^2 \cdot a(1 - \cos t) \mathrm{d}t$$

$$= \pi a^3 \int_0^{2\pi} (1 - 3\cos t + 3\cos^2 t - \cos^3 t) \mathrm{d}t = 5\pi^2 a^3.$$

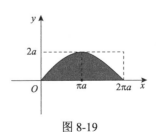

图 8-19

绕 y 轴旋转所产生的旋转体的体积为

$$V_y = \pi \int_0^{2a} (x_2)^2 \mathrm{d}y - \pi \int_0^{2a} (x_1)^2 \mathrm{d}y$$

$$= \pi \int_{2\pi}^{\pi} a^2 (t - \sin t)^2 a \sin t \mathrm{d}t - \pi \int_0^{\pi} a^2 (t - \sin t)^2 a \sin t \mathrm{d}t$$

$$= -\pi a^3 \int_0^{2\pi} (t - \sin t)^2 \sin t \mathrm{d}t = 6\pi^3 a^3.$$

6. 求以半径为 R 的圆为底、平行且等于底圆直径的线段为顶、高为 h 的正劈锥体的体积.

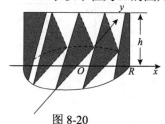

图 8-20

解　建立坐标系如图 8-20 所示, 则底面圆的方程为 $x^2 + y^2 = R^2$. 立体中过点 x 且垂直于 x 轴的截面面积为 $A(x) = hy = h\sqrt{R^2 - x^2}$, 所以所求正劈锥体的体积

$$V = \int_{-R}^{R} h\sqrt{R^2 - x^2} \mathrm{d}x = 2R^2 h \int_0^{\frac{\pi}{2}} \cos^2 \theta \mathrm{d}\theta = \frac{1}{2}\pi R^2 h .$$

7. 求曲线 $y = \ln x$ 上相应于 $\sqrt{3} \leqslant x \leqslant \sqrt{8}$ 的一段弧的长度.

解　$s = \int_{\sqrt{3}}^{\sqrt{8}} \sqrt{1 + y'^2} \mathrm{d}x = \int_{\sqrt{3}}^{\sqrt{8}} \frac{\sqrt{1 + x^2}}{x} \mathrm{d}x \xrightarrow{x = \tan t} \int_{\frac{\pi}{3}}^{\arctan\sqrt{8}} \frac{\sec^2 t}{\sin t} \mathrm{d}t$

$$= \int_{\frac{\pi}{3}}^{\arctan\sqrt{8}} \csc t \mathrm{d} \tan t = \tan t \csc t \Big|_{\frac{\pi}{3}}^{\arctan\sqrt{8}} - \int_{\frac{\pi}{3}}^{\arctan\sqrt{8}} \tan t \mathrm{d} \csc t$$

$$= \sqrt{8} \cdot \frac{1}{\sin(\arctan\sqrt{8})} - 2 + \int_{\frac{\pi}{3}}^{\arctan\sqrt{8}} \csc t \mathrm{d}t = 1 + \ln|\csc t - \cot t| \Big|_{\frac{\pi}{3}}^{\arctan\sqrt{8}}$$

$$= 1 + \ln\left|\frac{3}{\sqrt{8}} - \frac{1}{\sqrt{8}}\right| - \ln\left|\frac{2}{\sqrt{3}} - \frac{1}{\sqrt{3}}\right| = 1 + \ln\frac{\sqrt{3}}{\sqrt{2}}.$$

8. 已知星形线的参数方程为 $\begin{cases} x = a\cos^3 t, \\ y = a\sin^3 t \end{cases} (a > 0)$, 试求: (1)它所围的面积; (2)它绕 x 轴旋转而成的旋转体的体积; (3)全长.

解　曲线所围成的平面图形如图 8-21 所示.

(1)所围的面积为

$$S = 4\int_0^a y \mathrm{d}x = 4\int_{\frac{\pi}{2}}^0 a\sin^3 t \cdot (-3a\cos^2 t \sin t) \mathrm{d}t$$

$$= 12a^2 \int_0^{\frac{\pi}{2}} \sin^4 t \cos^2 t \mathrm{d}t$$

$$= \frac{3a^2}{2} \int_0^{\frac{\pi}{2}} \left(\frac{1}{2} - \cos 2t - \frac{1}{2}\cos 4t + \cos^3 2t\right) \mathrm{d}t$$

$$= \frac{3a^2}{2} \left(\frac{1}{2}t - \frac{1}{2}\sin 2t - \frac{1}{8}\sin 4t + \frac{1}{2}\sin 2t - \frac{1}{6}\sin^2 2t\right)\Big|_0^{\frac{\pi}{2}} = \frac{3a^2}{8}\pi.$$

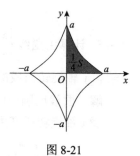

图 8-21

(2)绕 x 轴旋转而成的旋转体的体积

$$V_x = \pi \int_{-a}^{a} y^2 \mathrm{d}x = \pi \int_{\pi}^0 a^2 \sin^6 t \cdot (-3a\cos^2 t \sin t) \mathrm{d}t = 3a^3 \pi \int_0^{\pi} \sin^6 t \cdot \cos^2 t \cdot \sin t \mathrm{d}t$$

$$= -3a^3\pi\int_0^\pi (1-\cos^2 t)^3 \cdot \cos^2 t\,\mathrm{d}\cos t$$

$$= -3a^3\pi\int_0^\pi (\cos^2 t - 3\cos^4 t + 3\cos^6 t - \cos^8 t)\mathrm{d}\cos t$$

$$= -3a^3\pi\left(\frac{1}{3}\cos^3 t - \frac{3}{5}\cos^5 t + \frac{3}{7}\cos^7 t - \frac{1}{9}\cos^9 t\right)\bigg|_0^\pi = \frac{32}{105}a^3\pi.$$

(3) 全长

$$s = 4\int_0^{\frac{\pi}{2}} \sqrt{(3a\sin^2 t\cos t)^2 + (-3a\cos^2 t\sin t)^2}\,\mathrm{d}t$$

$$= 12a\int_0^{\frac{\pi}{2}} \sin t\cos t\,\mathrm{d}t = 6a\sin^2 t\bigg|_0^{\frac{\pi}{2}} = 6a.$$

9. 求极坐标系下曲线 $r = a\left(\sin\dfrac{\theta}{3}\right)^3\ (a>0, 0 \leqslant \theta \leqslant 3\pi)$ 的长.

解　$s = \displaystyle\int_0^{3\pi}\sqrt{r^2 + r'^2}\,\mathrm{d}\theta = \int_0^{3\pi}\sqrt{a^2\sin^6\dfrac{\theta}{3} + a^2\sin^4\dfrac{\theta}{3}\cos^2\dfrac{\theta}{3}}\,\mathrm{d}\theta$

$$= a\int_0^{3\pi}\sin^2\frac{\theta}{3}\,\mathrm{d}\theta = \frac{a}{2}\int_0^{3\pi}\left(1 - \cos\frac{2\theta}{3}\right)\mathrm{d}\theta = \frac{a}{2}\left(\theta - \frac{3}{2}\sin\frac{2\theta}{3}\right)\bigg|_0^{3\pi} = \frac{3a}{2}\pi.$$

10. 证明: 由平面图形 $0 \leqslant a \leqslant x \leqslant b, 0 \leqslant y \leqslant f(x)$ 绕 y 轴旋转所得旋转体的体积为

$$V = 2\pi\int_a^b xf(x)\mathrm{d}x.$$

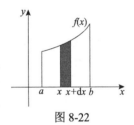

图 8-22

证明　(微元法) 曲线所围成的平面图形如图 8-22 所示. 任取 $x \in [a,b]$, 在区间 $[x, x+\mathrm{d}x]$ 上所截面积绕 y 轴旋转所得旋转体, 是一个厚度为 $\mathrm{d}x$ 的空心圆柱体, 从平行于 y 轴切开后, 得到一个长方体, 其长宽高分别为 $2\pi x, \mathrm{d}x, f(x)$, 所以体积微元 $\mathrm{d}V_y = 2\pi xf(x)\mathrm{d}x$, 因此

$$V = 2\pi\int_a^b xf(x)\mathrm{d}x.$$

习　题　三

1. 设 40 牛的力使弹簧从自然长度 10 厘米拉长成 15 厘米, 问需要做多大的功才能克服弹性恢复力, 将伸长的弹簧从 15 厘米处再拉长 3 厘米?

解　根据胡克定理, 有 $F(x) = kx$, 弹簧从自然长度 10 厘米拉长成 15 厘米, 弹簧被拉长 0.05 米, 有 $40 = k \cdot 0.05$, 即 $k = 800$, 因此弹性恢复力的表达式为 $F(x) = 800x$, 所以将伸长的弹簧从 15 厘米处再拉长 3 厘米所做的功为

$$W = \int_{0.05}^{0.08} 800x\mathrm{d}x = 400x^2\bigg|_{0.05}^{0.08} = 1.56\ (\mathrm{J}).$$

2. 把一个带 $+q$ 电量的点电荷放在 r 轴上坐标原点处, 它产生一个电场, 这个电场对周围的电荷有作用力. 由物理学知道, 如果一个单位正电荷放在这个电场中距离原点为 r 的地

方，那么电场对它的作用力的大小为

$$F = k\frac{q}{r^2} \quad (k \text{ 是常数}).$$

当这个单位正电荷在电场中从 $r=a$ 处沿 r 轴移动到 $r=b$ 处时，计算电场力 F 对它所做的功.

解　$W = \int_a^b k\frac{q}{r^2}\mathrm{d}r = -\frac{kq}{r}\bigg|_a^b = kq\left(\frac{1}{a}-\frac{1}{b}\right).$

3. 设有一圆锥形蓄水池，深 15m，口径 20m，盛满水，现将该水池中的水吸出池外，问需做功多少?

解　在区间 $[0,15]$ 上点 x 处任取一薄层水，高度为 $\mathrm{d}x$，则重力为 $980000\pi\mathrm{d}x$，所以功微元是 $\mathrm{d}W = 980000\pi x\mathrm{d}x$，即

$$W = \int_0^{15} 980000\pi x\mathrm{d}x = 490000\pi x^2\bigg|_0^{15} = 110250000\pi \text{ (J)}.$$

4. 设有一直径为 20m 的半球形水池，池内蓄满水，若要把水抽尽，问至少做多少功.

解　半球形水池可以看做 $x^2 + y^2 = 1$ 在第一象限的图形绕 x 轴旋转一周形成的旋转体. 在区间 $[0,10]$ 上点 x 处任取一薄层水，高度为 $\mathrm{d}x$，则重力为 $9800\pi(100-x^2)\mathrm{d}x$，所以功微元是 $\mathrm{d}W = 9800\pi(100-x^2)x\mathrm{d}x$，即

$$W = \int_0^{10} 9800\pi(100-x^2)x\mathrm{d}x = 4900\pi\int_0^{10}(100-x^2)\mathrm{d}x^2$$

$$= -4900\pi\int_0^{10}(100-x^2)\mathrm{d}(100-x^2) = -2450\pi(100-x^2)^2\bigg|_0^{10} = 2.45\pi\times10^7(\text{J}).$$

5. 在底面积为 S 的圆柱形容器中盛有一定量的气体. 在等温条件下，由于气体的膨胀，把容器中的一个活塞(面积为 S)从点 a 处推移到 b 处. 计算在移动过程中，气体压力所做的功.

解　取坐标系如图 8-23 所示. 由物理学知识可知，一定量的气体在等温条件下，压强 p 与体积 V 的乘积是常数 k，即

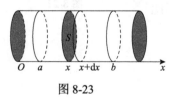

图 8-23

$$pV = k, \text{ 或 } p = \frac{k}{V}.$$

任取 $x \in [a,b]$，在点 x 处，作用在活塞上的力为 $F = pS = \frac{k}{xS}S = \frac{k}{x}$. 当活塞从 x 移动到 $x+\mathrm{d}x$ 时，变力所做的功元素为

$\mathrm{d}W = \frac{k}{x}\mathrm{d}x$，所以

$$W = \int_a^b \frac{k}{x}\mathrm{d}x = k\ln x\big|_a^b = k\ln\frac{b}{a}.$$

6. 一个横放着的圆柱形水桶，桶内盛有半桶水，设桶的底半径为 R，水的比重为 γ，计算桶的一端面上所受的压力.

解　取坐标系如图 8-24 所示. 在水深 x 处于圆片上取一窄条，宽为 $\mathrm{d}x$，则压力元素为 $\mathrm{d}P = 2\gamma x\sqrt{R^2-x^2}\mathrm{d}x$，所以

$$P = \int_0^R 2\gamma x\sqrt{R^2-x^2}\mathrm{d}x$$

$$= -\frac{2\gamma}{3}(R^2 - x^2)^{\frac{3}{2}}\Big|_0^R = \frac{2\gamma}{3}R^3$$

$$= -\gamma \int_0^R \sqrt{R^2 - x^2}\,\mathrm{d}(R^2 - x^2).$$

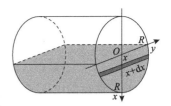

图 8-24

7. 高 100cm 的铅直水闸, 其形状是上底宽 200cm, 下底宽 100cm 的梯形, 当水深 50cm 时, 求水闸上的压力.

解 取坐标系如图 8-25 所示. AB 的方程为 $y = -\frac{1}{2}x + \frac{3}{4}$. 取 x 为积分变量, $x \in \left[0, \frac{1}{2}\right]$,

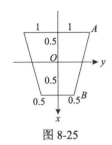

图 8-25

取小区间 $[x, x+\mathrm{d}x]$, 此时压力微元 $\mathrm{d}P = gx \cdot 2\left(-\frac{1}{2}x + \frac{3}{4}\right)\mathrm{d}x$. 所以

$$P = \int_0^{\frac{1}{2}} gx \cdot 2\left(-\frac{1}{2}x + \frac{3}{4}\right)\mathrm{d}x = g\left(-\frac{1}{3}x^3 + \frac{3}{4}x^2\right)\Big|_0^{\frac{1}{2}}$$

$$= \frac{7}{48}g\,(\mathrm{kN}).$$

8. 设有一长度为 l, 线密度为 ρ 的均匀细棒, 在与棒的一端垂直距离为 a 的单位处有一质量为 m 的质点 M, 试求这细棒对质点 M 的引力.

解 取坐标系如图 8-26 所示. 由对称性可知, 引力在垂直方向上的分量为零. 在 y 点处取长为 $\mathrm{d}y$ 的一小段, 则水平方向上的引力元素

$$\mathrm{d}F_x = G \cdot \frac{m\rho\,\mathrm{d}y}{a^2 + y^2} \cdot \frac{-a}{\sqrt{a^2 + y^2}}$$

$$= -G\frac{am\rho\,\mathrm{d}y}{(a^2 + y^2)^{\frac{3}{2}}},$$

所以引力在水平方向的分量为

$$F_x = -\int_{-\frac{l}{2}}^{\frac{l}{2}} G\frac{am\rho\,\mathrm{d}y}{(a^2 + y^2)^{\frac{3}{2}}} = -\frac{2Gm\rho l}{a} \cdot \frac{1}{\sqrt{4a^2 + l^2}}.$$

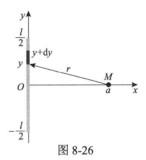

图 8-26

9. 求下列函数在给定区间上的平均值:

(1) $y = \sin x$, $[0, \pi]$;　　　　　(2) $y = xe^x$, $[0, 1]$.

解 (1) $\bar{y} = \dfrac{\displaystyle\int_0^{\pi} \sin x\,\mathrm{d}x}{\pi} = \dfrac{2}{\pi}$.

(2) $\bar{y} = \dfrac{\displaystyle\int_0^1 xe^x\,\mathrm{d}x}{1} = 1$.

10. 已知交流电电压 $V = V_m \sin \omega t$ 经半波整流后的电压在一个周期内的表达式为

$$V = \begin{cases} V_m \sin \omega t, & 0 \le t \le \dfrac{\pi}{\omega}, \\ 0, & \dfrac{\pi}{\omega} < t \le \dfrac{2\pi}{\omega}, \end{cases}$$

求半波整流后的电压在一定周期内的平均值.

解 $\overline{V} = \dfrac{\displaystyle\int_0^{\frac{2\pi}{\omega}} V \mathrm{d}t}{\dfrac{2\pi}{\omega}} = \dfrac{\displaystyle\int_0^{\frac{\pi}{\omega}} V_m \sin \omega t \mathrm{d}t + \displaystyle\int_{\frac{\pi}{\omega}}^{\frac{2\pi}{\omega}} 0 \mathrm{d}t}{\dfrac{2\pi}{\omega}} = \dfrac{V_m \displaystyle\int_0^{\frac{\pi}{\omega}} \sin \omega t \mathrm{d}t}{\dfrac{2\pi}{\omega}} = \dfrac{-\dfrac{V_m}{\omega} \cdot \cos \omega t \Big|_0^{\frac{\pi}{\omega}}}{\dfrac{2\pi}{\omega}} = \dfrac{V_m}{\pi}.$

11. 已知交流电电压 $V = V_m \sin \omega t$ 经全波整流后的电压为 $V = V_m |\sin \omega t|$, 求全波整流后的电压在一个周期内的平均值.

解 $\overline{V} = \dfrac{\displaystyle\int_0^{\frac{2\pi}{\omega}} V \mathrm{d}t}{\dfrac{2\pi}{\omega}} = \dfrac{\displaystyle\int_0^{\frac{2\pi}{\omega}} V_m |\sin \omega t| \mathrm{d}t}{\dfrac{2\pi}{\omega}} = \dfrac{V_m \left(\displaystyle\int_0^{\frac{\pi}{\omega}} \sin \omega t \mathrm{d}t - \displaystyle\int_{\frac{\pi}{w}}^{\frac{2\pi}{\omega}} \sin \omega t \mathrm{d}t \right)}{\dfrac{2\pi}{\omega}}$

$= \dfrac{\dfrac{V_m}{\omega} \left(-\cos \omega t \Big|_0^{\frac{\pi}{\omega}} + \cos \omega t \Big|_{\frac{\pi}{\omega}}^{\frac{2\pi}{\omega}} \right)}{\dfrac{2\pi}{\omega}} = \dfrac{2V_m}{\pi}.$

习 题 四

1. 某企业生产 x 吨产品时的边际成本为 $C'(x) = \dfrac{1}{50} x + 30$ (元/吨), 且固定成本为 900 元, 试求产量为多少时平均成本最低?

解 由已知条件得

$$C'(x) = \frac{1}{50} x + 30, \quad C(0) = 900.$$

因此生产 x 吨商品的总成本为

$$C(x) = \int_0^x C'(t) \mathrm{d}t + C(0) = \int_0^x \left(\frac{1}{50} t + 30 \right) \mathrm{d}t + 900 = \frac{1}{100} x^2 + 30x + 900 \ (\text{元}).$$

平均成本为

$$\overline{C}(x) = \frac{1}{100} x + 30 + \frac{900}{x},$$

并且

$$\overline{C}'(x) = \frac{1}{100} - \frac{900}{x^2}.$$

令 $\overline{C}'(x) = 0$, 得 $x_1 = 300 \ (x_2 = -300 \text{ 舍})$. 因此, $\overline{C}(x)$ 仅有一个驻点 $x_1 = 300$, 再由实际问题可知 $\overline{C}(x)$ 有最小值. 故当产量为 300 吨时, 平均成本最低.

2. 若一企业生产某产品的边际成本是产量 x 的函数 $C'(x) = 2e^{0.2x}$，固定成本 $C_0 = 90$，求总成本函数.

解 由已知条件得

$$C'(x) = 2e^{0.2x}, \quad C(0) = 90.$$

因此生产 x 件商品的总成本为

$$C(x) = \int_0^x C'(t)\mathrm{d}t + C(0) = \int_0^x 2e^{0.2t}\mathrm{d}t + 90 = 10e^{0.2x} + 80.$$

3. 已知某产品生产 x 件时，边际成本 $C'(x) = 0.4x - 12$（元/件），固定成本 200 元.

(1) 求其成本函数；

(2) 若此种商品的售价为 20 元且可全部售出，求其利润函数 $L(x)$，并求产量为多少时所获得的利润最大.

解 (1) 由已知条件得

$$C'(x) = 0.4x - 12, \quad C(0) = 200.$$

因此生产 x 件商品的总成本为

$$C(x) = \int_0^x C'(t)\mathrm{d}t + C(0) = \int_0^x (0.4t - 12)\mathrm{d}t + 200 = 0.2x^2 - 12x + 200.$$

(2) 总利润函数

$$L(x) = 20x - C(x) = -0.2x^2 + 32x - 200,$$

且

$$L'(x) = -0.4x + 32,$$

令 $L'(x) = 0$，得 $x = 80$. 因此，$L(x)$ 仅有一个驻点 $x = 80$，再由实际问题可知 $L(x)$ 有最大值. 故当产量为 80 吨时，所获得的利润最大.

4. 某种商品的成本函数 $C(x)$（万元），其边际成本为 $C'(x) = 1$，边际收益是生产量 x（百台）的函数，即 $R'(x) = 5 - x$.

(1) 求生产量为多少时，总利润最大？

(2) 从利润量最大的生产量又生产了 100 台，总利润减少了多少？

解 (1) 生产 x（百台）商品的总利润为

$$L(x) = \int_0^x (R'(t) - C'(t))\mathrm{d}t \int_0^x (4 - t)\mathrm{d}t = 4x - \frac{1}{2}x^2,$$

且

$$L'(x) = 4 - x,$$

令 $L'(x) = 0$，得 $x = 4$. 因此，$L(x)$ 仅有一个驻点 $x = 4$，再由实际问题可知 $L(x)$ 有最大值. 故当产量为 400 台时，所获得的利润最大.

(2) 当产量为 400 台时，即 $x = 4$，此时 $L(4) = 8$（万元）. 从利润量最大的生产量又生产了 100 台，则产量为 500 台时，有 $x = 5$，此时 $L(5) = 7.5$（万元）. 所以总利润减少了 0.5 万元.

5. 已知对某商品的需求量是价格 P 的函数, 且边际需求 $Q'(P)=-4$, 该商品的最大需求量为 80（即 $P=0$ 时, $Q=80$）, 求需求量与价格的函数关系.

解 由于 $Q'(P)=-4$, $Q(0)=80$. 因此需求量与价格的函数关系为

$$Q(P)=\int_0^P Q'(t)\mathrm{d}t+Q(0)=\int_0^P (-4)\mathrm{d}t+80=-4P+80.$$

6. 现购买一栋别墅价值 300 万元, 若首付 50 万元, 以后分期付款, 每年付款数目相同, 10 年付清, 年利率为 6%, 按连续复利计算, 问每年应付款多少？（$\mathrm{e}^{-0.6}\approx 0.5448$）

解 设每年应付款 x 万元, 则

$$250=\int_0^{10} x\mathrm{e}^{-0.06t}\mathrm{d}t=\left.\frac{x\mathrm{e}^{-0.06t}}{-0.06}\right|_0^{10}=\frac{x}{0.06}\cdot 0.4552,$$

解得 $x=32.95$, 所以每年应付款 32.95 万元.

7. 有一个大型投资项目, 投资成本为 $A=10000$（万元）, 投资年利率为 5%, 每年的均匀收入率为 $a=2000$（万元）, 求该投资为无限期时的纯收入的贴现值(或称为投资的资本价值).

解 投资纯收入的贴现值为

$$y=\int_0^{+\infty} a\mathrm{e}^{-rt}\mathrm{d}t=2000\int_0^{+\infty}\mathrm{e}^{-0.05t}\mathrm{d}t=-40000\mathrm{e}^{-0.05t}\Big|_0^{+\infty}=40000,$$

所以投资为无限期时的纯收入的贴现值为 $R=y-A=30000$（万元）.

复 习 题 八

1. 填空题

(1) 曲线 $y=x^3-5x^2+6x$ 与 x 轴所围成的图形的面积 $A=$ _____;

(2) 曲线 $y=\dfrac{\sqrt{x}}{3}(3-x)$ 上相应于 $1\leqslant x\leqslant 3$ 的一段弧长 $s=$ _____.

分析 (1) 曲线 $y=x^3-5x^2+6x$ 与 x 轴所围成的图形如图 8-27 所示. 则

$$A=\int_0^2 (x^3-5x^2+6x)\mathrm{d}x-\int_2^3 (x^3-5x^2+6x)\mathrm{d}x$$

$$=\frac{37}{12}.$$

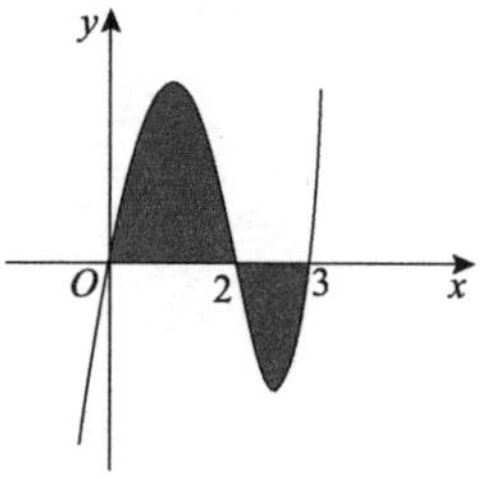

(2) 因为 $y'=\dfrac{1}{2}\cdot\dfrac{1-x}{\sqrt{x}}$, 所以

图 8-27

$$s=\int_1^3 \sqrt{1+y'^2}\mathrm{d}x=\left.\left(\sqrt{x}+\frac{1}{3}x^{\frac{3}{2}}\right)\right|_1^3=2\sqrt{3}-\frac{4}{3}.$$

2. 单选题

设在区间 $[a,b]$ 上, $f(x)>0$, $f'(x)>0$, $f''(x)<0$. 令

$$A_1 = \int_a^b f(x)\mathrm{d}x, \quad A_2 = f(a)(b-a), \quad A_3 = \frac{1}{2}[f(a)+f(b)](b-a),$$

则有（　　）.

  (A) $A_1 < A_2 < A_3$ (B) $A_2 < A_1 < A_3$

  (C) $A_3 < A_1 < A_2$ (D) $A_2 < A_3 < A_1$

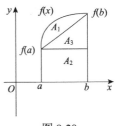

图 8-28

  分析　D. 由已知可得: $f(x)$ 在区间 $[a,b]$ 上是单调递增且是凸的, 且图形在 x 轴的上方, 那么 $f(x)$ 的图形如图 8-28 所示, 则 $A_2 < A_3 < A_1$.

  3. 求抛物线 $y = -x^2 + 4x - 3$ 及其在点 $(0,-3)$ 和 $(3,0)$ 处的切线所围成的图形的面积.

  解　曲线所围成图形如图 8-29 所示.

  因为 $y' = -2x + 4$, 所以 $k_1 = y'|_{x=0} = 4$, $k_2 = y'|_{x=3} = -2$. 那么过点 $(0,-3)$ 和 $(3,0)$ 处的切线分别为 $y = 4x - 3$ 和 $y = -2x + 6$. 由 $\begin{cases} y = 4x - 3, \\ y = -2x + 6 \end{cases}$ 可得交点坐标 $\left(\frac{3}{2}, 3\right)$. 过交点坐标 $\left(\frac{3}{2}, 3\right)$ 向 x 轴作垂线, 把图形分成左右两块. 则

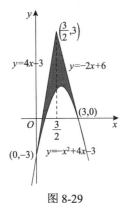

图 8-29

$$S = \int_0^{\frac{3}{2}} [(4x-3) - (-x^2+4x-3)]\mathrm{d}x$$
$$+ \int_{\frac{3}{2}}^3 [(-2x+6) - (-x^2+4x-3)]\mathrm{d}x = \frac{9}{4}.$$

  4. 求曲线 $y = -x^3 + x^2 + 2x$ 与 x 轴所围成的图形的面积.

  解　曲线所围成图形如图 8-30 所示.

  曲线 $y = -x^3 + x^2 + 2x$ 与 x 轴所围成的图形, 在 $x \in [-1,0]$ 位于 x 轴下方, 在 $x \in [0,2]$ 位于 x 轴上方, 所以

$$S = -\int_{-1}^0 (-x^3+x^2+2x)\mathrm{d}x + \int_0^2 (-x^3+x^2+2x)\mathrm{d}x$$
$$= \frac{37}{12}.$$

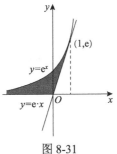

图 8-31

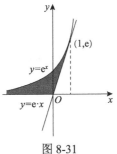

图 8-30

  5. 求位于曲线 $y = e^x$ 下方, 该曲线过原点的切线的左方以及 x 轴上方之间的图形的面积.

  解　曲线所围成图形如图 8-31 所示.

  设切点为 (a, e^a), 由切线斜率 $k = y'|_{x=a} = e^a$, 可得切线方程为 $y - e^a = e^a(x-a)$. 因为切线经过原点, 所以 $0 - e^a = e^a(0-a)$, 解得 $a = 1$. 即切点为 $(1, e)$, 切线方程为 $y = ex$. 于是

$$S = \int_{-\infty}^1 e^x \mathrm{d}x - \int_0^1 ex \,\mathrm{d}x = e^x \Big|_{-\infty}^1 - \frac{e}{2} x^2 \Big|_0^1 = \frac{e}{2}.$$

6. 求由曲线 $\rho = a\sin\theta$，$\rho = a(\sin\theta + \cos\theta)$（$a > 0$）所围图形公共部分的面积.

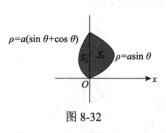

图 8-32

解　曲线所围成图形如图 8-32 所示. 曲线 $\rho = a\sin\theta$，$\rho = a(\sin\theta + \cos\theta)$ 的图形均表示圆. 第一象限的面积 S_1 为 $\rho = a\sin\theta$ 所表示的圆的面积的一半，半径为 $r = \dfrac{1}{2}a$，则面积为 $S_1 = \dfrac{\pi}{8} \cdot a^2$. 第二象限的面积 S_2 为 $\rho = a(\sin\theta + \cos\theta)$ 在 $\theta = \dfrac{\pi}{2}$ 到 $\theta = \dfrac{3\pi}{4}$ 所围成的面积，即

$$S_2 = \frac{1}{2}\int_{\frac{\pi}{2}}^{\frac{3\pi}{4}} [a(\sin\theta + \cos\theta)]^2 \, \mathrm{d}\theta = \frac{\pi a^2}{8} - \frac{a^2}{4}.$$

所以，

$$S = S_1 + S_2 = \frac{\pi a^2}{4} - \frac{a^2}{4}.$$

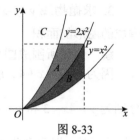

图 8-33

7. 如图 8-33 所示，从下到上依次是三条曲线：$y = x^2$，$y = 2x^2$ 和 C. 假设曲线 $y = 2x^2$ 上的任一点 P，所对应的面积 A 和 B 恒相等，求曲线 C 的方程.

解　设曲线 C 的方程为 $y = ax^2$，P 点坐标为 $(b, 2b^2)$，则

$$S_A = \int_0^{2b^2} \left(\sqrt{\frac{y}{2}} - \sqrt{\frac{y}{a}} \right) \mathrm{d}y = \left(\frac{1}{\sqrt{2}} - \frac{1}{\sqrt{a}} \right) \frac{4\sqrt{2}}{3} b^3, \quad S_B = \int_0^b (2x^2 - x^2) \mathrm{d}x = \frac{1}{3}b^3.$$

由 $S_A = S_B$ 可得：$a = \dfrac{32}{9}$，即曲线 C 的方程为 $y = \dfrac{32}{9}x^2$.

8. 求抛物线 $y = \dfrac{1}{2}x^2$ 被另外一条抛物线 $y = -x^2 + \dfrac{3}{2}$ 所截下的有限部分的弧长.

解　两条曲线的交点坐标为 $\left(\pm 1, \dfrac{1}{2} \right)$，对抛物线 $y = \dfrac{1}{2}x^2$ 求导函数，可得 $y' = x$，则

$$s = \int_{-1}^{1} \sqrt{1 + y'^2} \, \mathrm{d}x = \int_{-1}^{1} \sqrt{1 + x^2} \, \mathrm{d}x = 2\int_0^1 \sqrt{1 + x^2} \, \mathrm{d}x \xlongequal{x = \tan\theta} 2\int_0^{\frac{\pi}{4}} \sqrt{1 + \tan^2\theta} \, \mathrm{d}\tan\theta$$

$$= 2\int_0^{\frac{\pi}{4}} \sec^3\theta \, \mathrm{d}\theta = (\sec\theta\tan\theta + \ln|\sec\theta + \tan\theta|) \Big|_0^{\frac{\pi}{4}} = \sqrt{2} + \ln|1 + \sqrt{2}|.$$

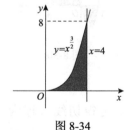

图 8-34

9. 求由曲线 $y = x^{\frac{3}{2}}$，直线 $x = 4$ 及 x 轴围图形绕 y 轴旋转而成的旋转体的体积.

解　曲线所围成图形如图 8-34 所示. 则

$$V_y = \pi \int_0^8 4^2 \, \mathrm{d}y - \pi \int_0^8 \left(y^{\frac{2}{3}} \right)^2 \mathrm{d}y = \frac{512\pi}{7}.$$

10. 求圆盘 $(x-2)^2 + y^2 \leqslant 1$ 绕 y 轴旋转而成的旋转体的体积.

解 曲线所围成图形如图 8-35 所示. 则由 $(x-2)^2 + y^2 \leqslant 1$ 可知边界为圆 $(x-2)^2 + y^2 = 1$,
解得左右半圆的方程分别为 $x_1 = 2 + \sqrt{1-y^2}$ 和 $x_2 = 2 - \sqrt{1-y^2}$, 则

$$\begin{aligned}
V_y &= \pi \int_{-1}^{1} (x_1)^2 \, \mathrm{d}y - \pi \int_{-1}^{1} (x_2)^2 \, \mathrm{d}y \\
&= \pi \int_{-1}^{1} (2+\sqrt{1-y^2})^2 \, \mathrm{d}y - \pi \int_{-1}^{1} (2-\sqrt{1-y^2})^2 \, \mathrm{d}y \\
&= 16\pi \int_{0}^{1} \sqrt{1-y^2} \, \mathrm{d}y = 16\pi \times \frac{1}{4} \cdot \pi \cdot 1^2 = 4\pi^2.
\end{aligned}$$

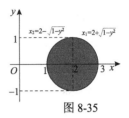

图 8-35

11. 求由下列已知曲线所围成的图形, 按指定的轴旋转所产生的旋转体的体积:

(1) $y = \mathrm{e}^x$ 与 $x = 1$, $y = 1$ 所围成的图形, 分别绕 x 轴, y 轴;

(2) $x^2 + (y-5)^2 \leqslant 16$, 绕 x 轴.

解 (1) 曲线所围成的平面图形如图 8-36 所示. 绕 x 轴旋转所产生的旋转体的体积为

$$V_x = \pi \int_{0}^{1} (\mathrm{e}^x)^2 \, \mathrm{d}x - \pi \int_{0}^{1} (1)^2 \, \mathrm{d}x = \frac{\pi}{2} (\mathrm{e}^2 - 3);$$

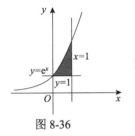

图 8-36

绕 y 轴旋转所产生的旋转体的体积为

$$\begin{aligned}
V_y &= \pi \int_{1}^{\mathrm{e}} (1)^2 \, \mathrm{d}y - \pi \int_{1}^{\mathrm{e}} (\ln y)^2 \, \mathrm{d}y \\
&= \pi(\mathrm{e}-1) - \pi y (\ln y)^2 \Big|_{1}^{\mathrm{e}} + 2\pi \int_{1}^{\mathrm{e}} \ln y \, \mathrm{d}y \\
&= -\pi + 2\pi \int_{1}^{\mathrm{e}} \ln y \, \mathrm{d}y = -\pi + 2\pi y \ln y \Big|_{1}^{\mathrm{e}} - 2\pi \int_{1}^{\mathrm{e}} \mathrm{d}y = \pi.
\end{aligned}$$

(2) 曲线所围成的平面图形如图 8-37 所示. 由 $x^2 + (y-5)^2 \leqslant 16$ 可知边界为圆 $x^2 + (y-5)^2 = 16$, 解得上下半圆的方程分别为 $y_1 = \sqrt{16-x^2} + 5$ 和 $y_2 = -\sqrt{16-x^2} + 5$, 则

$$\begin{aligned}
V_x &= \pi \int_{-4}^{4} (y_1)^2 \, \mathrm{d}x - \pi \int_{-4}^{4} (y_2)^2 \, \mathrm{d}x \\
&= \pi \int_{-4}^{4} (\sqrt{16-x^2}+5)^2 \, \mathrm{d}x - \pi \int_{-4}^{4} (-\sqrt{16-x^2}+5)^2 \, \mathrm{d}x \\
&= \pi \int_{-4}^{4} (41-x^2+10\sqrt{16-x^2}) \, \mathrm{d}x - \pi \int_{-4}^{4} (41-x^2-10\sqrt{16-x^2}) \, \mathrm{d}x \\
&= 40\pi \int_{0}^{4} \sqrt{16-x^2} \, \mathrm{d}x = 40\pi \cdot \frac{1}{4} \cdot \pi \cdot 4^2 = 160\pi^2.
\end{aligned}$$

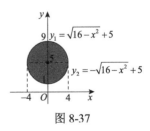

图 8-37

12. 求曲线 $y = 4 - x^2$ 及 $y = 0$ 所围成的图形绕直线 $x = 3$ 旋转所得旋转体的体积.

解 (微元法) 曲线所围成的平面图形如图 8-38 所示. 由曲线 $y = 4 - x^2$ 解得 $x_1 = \varphi_1(y) = -\sqrt{4-y}$, $x_2 = \varphi_2(y) = \sqrt{4-y}$. 任取 $y \in [0, 4]$, 在 $[y, y+\mathrm{d}y]$ 截取一小段旋转体, 则

$$\mathrm{d}V_{x=3} = \pi[|\varphi_1(y)|+3]^2 \, \mathrm{d}y - \pi[3-\varphi_2(y)]^2 \, \mathrm{d}y = 12\pi \sqrt{4-y} \, \mathrm{d}y,$$

所以

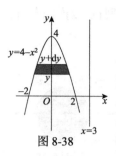

图 8-38

$$V_{x=3} = 12\pi \int_0^4 \sqrt{4-y}\,\mathrm{d}y = -12\pi \int_0^4 \sqrt{4-y}\,\mathrm{d}(4-y)$$

$$= -8\pi(4-y)^{\frac{3}{2}} \Big|_0^4 = 64\pi.$$

13. 设抛物线 $L: y = -bx^2 + a(a>0, b>0)$，确定常数 a，b 的值，使得

(1) L 与直线 $y = x+1$ 相切;

(2) L 与 x 轴所围图形绕 y 轴旋转所得旋转体的体积最大.

解　(1) 由抛物线 $L: y = -bx^2 + a(a>0, b>0)$ 可得 $y' = -2bx$. 设切点为 $(m, m+1)$，则 $k = 1 = y'|_{x=m} = -2mb$，解得 $m = -\dfrac{1}{2b}$，即切点为 $\left(-\dfrac{1}{2b}, -\dfrac{1}{2b}+1\right)$ 代入抛物线方程，$-\dfrac{1}{2b}+1 = -b\cdot\dfrac{1}{4b^2}+a$，解得 $\dfrac{1}{b} = 4(1-a)$.

(2) 曲线所围成的平面图形如图 8-39 所示. 所求旋转体的体积与第一象限的图形绕 y 轴旋转所得旋转体的体积相同，则

$$V_y = \pi \int_0^a x^2 \mathrm{d}y = \pi \int_0^a \frac{a-y}{b}\,\mathrm{d}y = 2\pi(a^2 - a^3),$$

且

$$V_y' = 2\pi(2a - 3a^2),$$

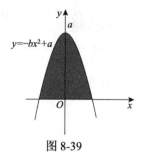

图 8-39

令 $V_y' = 0$，解得 $a = 0$（舍去）或 $a = \dfrac{2}{3}$，即 $a = \dfrac{2}{3}$. 由于

$$V_y'' = 2\pi(2 - 6a), \quad V_y''\left(\frac{2}{3}\right) = -4\pi < 0.$$

所以 $a = \dfrac{2}{3}$ 时，V_y 最大. 由 $\dfrac{1}{b} = 4(1-a)$，解得 $b = \dfrac{3}{4}$. 所以 $\begin{cases} a = \dfrac{2}{3}, \\ b = \dfrac{3}{4}. \end{cases}$

14. 证明: 正弦线 $y = a\sin x(0 \leqslant x \leqslant 2\pi)$ 的弧长等于椭圆

$$\begin{cases} x = \cos t, \\ y = \sqrt{1+a^2}\,\sin t \end{cases} \quad (0 \leqslant t \leqslant 2\pi)$$

的周长.

证明　正弦线 $y = a\sin x(0 \leqslant x \leqslant 2\pi)$ 的弧长

$$s_1 = \int_0^{2\pi} \sqrt{1+y'^2}\,\mathrm{d}x = \int_0^{2\pi} \sqrt{1+a^2\cos^2 x}\,\mathrm{d}x,$$

椭圆 $\begin{cases} x = \cos t, \\ y = \sqrt{1+a^2}\sin t \end{cases}$ $(0 \leqslant t \leqslant 2\pi)$ 的周长

$$s_2 = \int_0^{2\pi} \sqrt{x'^2 + y'^2}\,\mathrm{d}t = \int_0^{2\pi} \sqrt{\sin^2 t + (1+a^2)\cos^2 x}\,\mathrm{d}x$$

$$= \int_0^{2\pi} \sqrt{1+a^2\cos^2 t}\,\mathrm{d}t,$$

所以 $s_1 = s_2$.

15. 将直角边各为 a 及 $2a$ 的直角三角形薄板垂直地浸入水中，斜边朝下，直角边的长边与水面平行，且该边到水面的距离恰等于该边的边长，求薄板所受的侧压力.

解 建立坐标系，如图 8-40 所示. 取任一小区间 $[x, x+\mathrm{d}x]$，面积微元 $2(a-x)\mathrm{d}x$，压力微元

$$\mathrm{d}P = (x+2a) \cdot \gamma \cdot 2(a-x)\mathrm{d}x,$$

则所求压力

$$P = \int_0^a (x+2a) \cdot \gamma \cdot 2(a-x)\mathrm{d}x = \frac{7}{3}\gamma a^3.$$

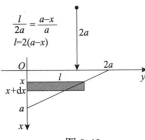

图 8-40

16. 已知生产某产品 x 单位时的边际收入为 $R'(x) = 100 - 2x$ （元/单位），求生产 40 单位时的总收入及平均收入，并求再增加生产 10 个单位时所增加的总收入.

解 总收入函数

$$R(x) = \int_0^x (100 - 2t)\mathrm{d}t = 100x - x^2,$$

生产 40 单位时的总收入 $R(40) = 2400$ （元），平均收入

$$\overline{R}(40) = \frac{2400}{40} = 60 \text{ （元）}.$$

再增加生产 10 个单位时所增加的总收入

$$\Delta R = R(50) - R(40) = 100 \text{ （元）}.$$

17. 已知某产品的边际收入 $R'(x) = 25 - 2x$，边际成本 $C'(x) = 13 - 4x$，固定成本为 $C_0 = 10$，求当 $x = 5$ 时的毛利和纯利.

解 边际利润

$$L'(x) = R'(x) - C'(x) = 12 + 2x,$$

所以，当 $x = 5$ 时的毛利

$$\int_0^5 L'(t)\mathrm{d}t = \int_0^5 (12 + 2t)\mathrm{d}t = 85,$$

当 $x=5$ 时的纯利

$$L(5) = \int_0^5 L'(t)\mathrm{d}t - C_0 = 75.$$

18. 已知需求函数 $D(Q) = (Q-5)^2$ 和消费函数 $S(Q) = Q^2 + Q + 3$,

(1)求平衡点;

(2)求平衡点处的消费者剩余;

(3)求平衡点处的生产者剩余.

解　(1)求需求函数 $D(Q) = (Q-5)^2$ 和消费函数 $S(Q) = Q^2 + Q + 3$ 的交点,得 $q^* = 2$,$p^* = 9$,即平衡点 $(2,9)$.

(2)消费者剩余 $\displaystyle\int_0^{q^*} D(q)\mathrm{d}q - p^* q^* = \int_0^2 (Q-5)^2 \mathrm{d}Q - 18 = \frac{44}{3}$.

(3)生产者剩余 $\displaystyle p^* q^* - \int_0^{q^*} S(q)\mathrm{d}q = 18 - \int_0^2 (Q^2 + Q + 3)\mathrm{d}Q = \frac{22}{3}$.

五、拓展训练

例　设 D_1 是由抛物线 $y = 2x^2$ 和直线 $x = a$,$x = 2$ 及 $y = 0$ 所围成的平面区域;D_2 是由抛物线 $y = 2x^2$ 和直线 $x = a$,$y = 0$ 所围成的平面区域,其中 $0 < a < 2$ (图 8-41).

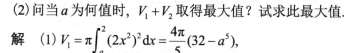

(1)试求 D_1 绕 x 轴旋转而成的旋转体体积 V_1,D_2 绕 y 轴旋转而成的旋转体体积 V_2;

(2)问当 a 为何值时,$V_1 + V_2$ 取得最大值? 试求此最大值.

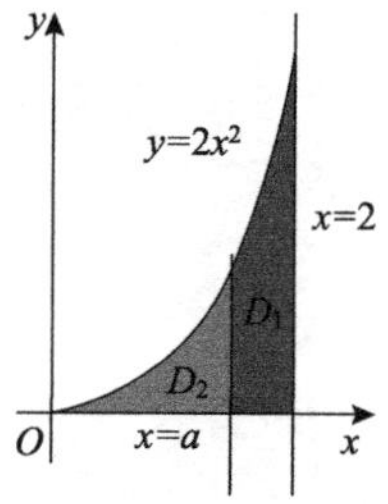

解　(1) $V_1 = \pi \displaystyle\int_a^2 (2x^2)^2 \mathrm{d}x = \frac{4\pi}{5}(32 - a^5)$,

$$V_2 = \pi \int_0^{2a^2} a^2 \mathrm{d}y - \pi \int_0^{2a^2} \left(\sqrt{\frac{y}{2}}\right)^2 \mathrm{d}y = \pi a^4.$$

图 8-41

(2) 设 $V = V_1 + V_2 = \dfrac{4\pi}{5}(32 - a^5) + \pi a^4$,　令 $V'(a) = 4\pi a^3 (1 - a) = 0$,在 $(0,2)$ 内解得唯一驻点 $a = 1$.

又因为 $V''(1) = -4\pi < 0$,所以 $a = 1$ 是极大值点,即为最大值点.此时 $V_1 + V_2$ 取得最大值,为 $\dfrac{129\pi}{5}$.

六、自测题

(一)单选题

1. 设 $f(x)$ 在 $[a,b]$ 上连续,则由曲线 $y = f(x)$ 与直线 $x = a, x = b, y = 0$ 所围成的平面图形的面积为(　　).

(A) $\displaystyle\int_a^b f(x)\,\mathrm{d}x$ 　　　　　　　　　　(B) $\left|\displaystyle\int_a^b f(x)\,\mathrm{d}x\right|$

(C) $\displaystyle\int_a^b |f(x)|\,\mathrm{d}x$　　　　　　　(D) $f(\xi)(b-a),\ a<\xi<b$

2. 曲线 $y=x^2$ 与 $y=2-x^2$ 所围成的图形的面积是（　　）

(A) $\dfrac{8}{3}$　　　　(B) 3　　　　(C) $\dfrac{3}{8}$　　　　(D) 2

3. 曲线 $y=\mathrm{e}^x$，$y=\mathrm{e}^{-x}$ 与直线 $x=1$ 所围图形绕 x 轴旋转一周所成旋转体的体积（　　）

(A) $\dfrac{\pi}{2}\left(\mathrm{e}^2+\dfrac{1}{\mathrm{e}^2}-2\right)$　　　　　　(B) $\dfrac{\pi}{2}\left(\mathrm{e}^2-\dfrac{1}{\mathrm{e}^2}-2\right)$

(C) $\dfrac{\pi}{2}\left(\mathrm{e}^2+\dfrac{1}{\mathrm{e}^2}+2\right)$　　　　　　(D) $\dfrac{\pi}{2}\left(\mathrm{e}^2-\dfrac{1}{\mathrm{e}^2}+2\right)$

(二) 多选题

正弦曲线 $y=\sin x(x\in[0,\pi])$ 与 x 轴围成的平面图形，分别绕 x 轴，y 轴旋转所成的旋转体体积分别记为 V_x 和 V_y，则有（　　）

(A) $V_x<V_y$　　　　　　　　(B) $V_x=\dfrac{\pi^2}{2}$

(C) $V_x>V_y$　　　　　　　　(D) $V_y+V_x=\dfrac{5}{2}\pi^2$

(三) 判断题

1. 由曲线 $y=f(x)$，直线 $x=1$，$x=3$ 及 x 轴围成的图形绕 x 轴旋转一周所形成的旋转体的体积为 $V_x=\displaystyle\int_1^3 \pi[f(x)]^2\,\mathrm{d}x$．（　　）

2. 函数 $f(x)=\sin x$ 在区间 $\left[0,\dfrac{\pi}{2}\right]$ 上的弧长 $s=$

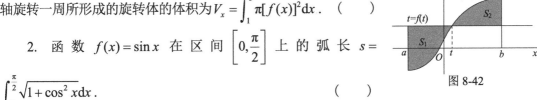

图 8-42

$\displaystyle\int_0^{\frac{\pi}{2}}\sqrt{1+\cos^2 x}\,\mathrm{d}x$．　　　　　（　　）

(四) 证明题

设函数 $y=f(x)$ 在 $[a,b]$ 上严格单调增加，且可导．设 S_1 是由曲线 $y=f(x)$ 与直线 $y=f(t)$ $(a<t<b)$ 及 $x=a$ 所围图形的面积，S_2 是由曲线 $y=f(x)$ 与直线 $y=f(t)$ $(a<t<b)$ 及 $x=b$ 所围图形的面积（图 8-42）．求证：当 $t=\dfrac{a+b}{2}$ 时，$S(t)=S_1+S_2$ 取到极小值 t 取何值时．

(五) 讨论题

设直线 $y=ax$ 与抛物线 $y=x^2$ 所围成图形的面积为 S_1，它们与直线 $x=1$ 所围成的图形面积为 S_2，并且 $a<1$．试确定 a 的值，使得 S_1+S_2 达到最小，并求出最小值．

(六) 应用题

设平面图形 D 由抛物线 $y=1-x^2$ 和 x 轴围成，试求：

(1) D 的面积；

(2) D 绕 x 轴旋转所得的旋转体的体积；

(3) 抛物线 $y=1-x^2$ 在 x 轴上方的曲线段的弧长．

参 考 文 献

林屏峰. 2010. 高等数学导教导学及习题全解. 成都: 电子科技大学出版社.
滕兴虎, 毛磊, 刘希强, 等. 2015. 高等数学全程学习指导与习题精解. 南京: 东南大学出版社.
同济大学数学系. 2008. 高等数学学习辅导与习题选解. 北京: 高等教育出版社.
王立冬, 齐淑华. 2016. 高等数学基础教程. 北京: 科学出版社.
于力, 马华, 任春明, 等. 2004. 微积分导教·导学·导考. 西安: 西北工业大学出版社.